数据结构与算法

（C语言）微课视频·在线题库版

刘朝霞 赵 静 李绍华 主 编
刁建华 李 敏 朴在吉 邵 峰 副主编

清华大学出版社
北京

内容简介

本书是一部系统论述数据结构与算法的立体化教程。本书共10章,内容主要包括绪论、线性表、栈和队列、串、递归、数组和广义表、树与二叉树、图、查找、排序等。本书以项目案例具体实现的方式引入知识点。每章都引入对应的案例,并进行详细的分析。并配以程序实现,理论讲解简洁明了。此外,还提供了教学大纲、PPT课件、习题答案、微视频和思政案例等配套资料,强调应用性和实践性。

本书主要面向新工科背景下计算机类相关专业学生学习使用,也可供相关学科学习者参考。

本书封面贴有清华大学出版社防伪标签,无标签者不得销售。

版权所有,侵权必究。举报: 010-62782989, beiqinquan@tup.tsinghua.edu.cn。

图书在版编目(CIP)数据

数据结构与算法: C语言: 微课视频·在线题库版/刘朝霞,赵静,李绍华主编. —北京: 清华大学出版社,2023.9(2025.3重印)
国家级实验教学示范中心联席会计算机学科组规划教材
ISBN 978-7-302-64467-5

Ⅰ.①数… Ⅱ.①刘… ②赵… ③李… Ⅲ.①数据结构—教材 ②算法分析—教材 ③C语言—程序设计—教材 Ⅳ.①TP311.12 ②TP312.8

中国国家版本馆CIP数据核字(2023)第147378号

责任编辑: 郑寅堃
封面设计: 刘 键
责任校对: 韩天竹
责任印制: 沈 露

出版发行: 清华大学出版社
网　址: https://www.tup.com.cn, https://www.wqxuetang.com
地　址: 北京清华大学学研大厦A座　　邮　编: 100084
社 总 机: 010-83470000　　邮　购: 010-62786544
投稿与读者服务: 010-62776969, c-service@tup.tsinghua.edu.cn
质量反馈: 010-62772015, zhiliang@tup.tsinghua.edu.cn
课件下载: https://www.tup.com.cn, 010-83470236

印 装 者: 三河市人民印务有限公司
经　销: 全国新华书店
开　本: 185mm×260mm　　印　张: 18.5　　字　数: 477千字
版　次: 2023年9月第1版　　印　次: 2025年3月第4次印刷
印　数: 6001~7500
定　价: 59.80元

产品编号: 096848-01

前言

新一轮科技革命和产业变革带动了传统产业的升级改造。党的二十大报告强调"必须坚持科技是第一生产力、人才是第一资源、创新是第一动力,深入实施科教兴国战略、人才强国战略、创新驱动发展战略,开辟发展新领域新赛道,不断塑造发展新动能新优势"。建设高质量高等教育体系是摆在高等教育面前的重大历史使命和政治责任。高等教育要坚持国家战略引领,聚焦重大需求布局,推进新工科、新医科、新农科、新文科建设,加快培养紧缺型人才。

数据结构与算法作为计算机类核心专业基础课程之一,是程序设计的重要理论技术基础,也是操作系统、软件工程等课程的先修课程。此外,它还是学科竞赛、专业笔试和面试以及研究生录取考试的重要内容。该书具有受众群体广、受重视程度高和专业性强的特点。

通过本教材的学习,应能熟练掌握线性结构、栈和队列、数组、树形结构和图形结构等数据逻辑结构的特点和性质,掌握顺序存储、链式存储等数据存储结构的特点及其应用。此外,还应该能够熟练运用查找、排序等数据处理技术,深入理解各种数据对象的特点,学会数据的组织方式和实现方法,掌握数据加工处理的基本理论和技能,提升分析问题和解决问题的能力,并初步具备科学研究的能力。

本书将思政元素有机融入数据结构与算法的内容中,旨在培养学生的专业认同感、探索未知、终身学习的能力,以及精益求精的工匠精神。

本书共分为10章,第1章介绍数据结构与算法这门课程的总体情况,重点介绍基本概念和术语、数据的逻辑结构和存储结构、数据类型和抽象数据类型以及算法和算法分析方法。第2章主要介绍线性表的定义和基本操作、典型案例、线性表的顺序存储、线性表的链式存储、案例分析与实现。第3章主要介绍栈的定义及特点、典型案例、栈的抽象数据类型定义、栈的顺序存储、栈的链式存储、栈的案例分析与实现、队列的定义及特点、典型案例、队列的抽象数据类型定义、队列的顺序存储、队列的链式存储、队列的案例分析与实现。第4章主要介绍串及其基本运算、典型案例、串的存储结构、匹配模式、案例分析与实现。第5章主要介绍递归定义、递归调用的实现原理、递归算法的设计。第6章主要介绍数组的逻辑结构、数组的物理结构、典型案例、特殊矩阵、广义表、案例分析与实现。第 7 章主要介绍树的基本概念、典型案例、二叉树、遍历二叉树和线索二叉树、树的存储结构、树和森林、二叉树的应用、案例分析与实现。第 8 章主要介绍图的定义和基本术语、典型案例、图的类型定义、图的存储结构、图的遍历、图的连通性、图的应用、案例分析与实现。第 9 章主要介绍查找的基本概念、典型案例、线性表查找、树表的查找、哈希表查找、案例分析与实现。第 10 章主要介绍排序的基本概念、典型案例、插入排序、交换排序、选择排序、归并排序、各种内排序方法的比较和选择、案例分析与实现。

本书由刘朝霞、赵静、李绍华担任主编，刁建华、李敏、朴在吉、邵峰担任副主编。全书由刘朝霞、赵静负责统稿。本书的编写得到了大连外国语大学软件学院领导以及任课教师的大力支持，在此表示衷心的感谢。

本书出版得到了辽宁省一流本科课程建设项目、辽宁省本科教学改革研究项目、大连外国语大学本科教学改革研究重点项目、大连外国语大学课程思政示范课建设项目的资助。

本教材示例的源程序、微视频及电子教案可在清华大学出版社网站上免费下载。

虽然编者力求完美，但水平有限，书中难免会出现疏漏，恳请广大读者批评指正。

编 者

2023 年 7 月

目 录

随书资源

第1章 绪论 ········· 1
1.1 数据结构与算法总览 ········· 2
1.2 基本概念和术语 ········· 4
1.3 数据的逻辑结构 ········· 5
1.4 数据的存储结构 ········· 7
1.5 数据类型和抽象数据类型 ········· 9
    1.5.1 数据类型 ········· 9
    1.5.2 抽象数据类型 ········· 9
1.6 算法和算法分析方法 ········· 10
    1.6.1 算法及算法的特性 ········· 10
    1.6.2 算法的时间复杂度 ········· 11
    1.6.3 算法的空间复杂度 ········· 13
1.7 本章小结 ········· 14
习题1 ········· 14

第2章 线性表 ········· 17
2.1 线性表的定义 ········· 18
2.2 典型案例 ········· 19
2.3 线性表的抽象数据类型定义 ········· 19
2.4 顺序表的定义和基本操作 ········· 20
    2.4.1 顺序表的定义 ········· 20
    2.4.2 顺序表的基本操作 ········· 22
2.5 链表的定义和基本操作 ········· 26
    2.5.1 单链表的定义 ········· 27
    2.5.2 单链表的基本操作 ········· 28
    2.5.3 循环链表 ········· 34
    2.5.4 双向链表 ········· 35

2.6　顺序表和链表的比较 ··· 36
2.7　案例分析与实践 ··· 37
2.8　小结 ··· 52
习题 2 ··· 53

第 3 章　栈和队列 56

3.1　栈的定义及特点 ··· 57
3.2　栈的典型案例 ··· 58
3.3　栈的抽象数据类型定义 ··· 60
3.4　栈的顺序存储 ··· 61
  3.4.1　顺序栈的定义 ·· 61
  3.4.2　顺序栈的存储形态 ·· 61
  3.4.3　顺序栈的入栈和出栈 ·· 62
  3.4.4　顺序栈的基本操作 ·· 63
3.5　栈的链式存储 ··· 64
  3.5.1　链栈的定义 ·· 64
  3.5.2　链栈的基本操作 ·· 65
3.6　栈的案例分析与实现 ··· 68
3.7　队列的定义及特点 ··· 75
3.8　队列的典型案例 ··· 76
3.9　队列的抽象数据类型定义 ··· 77
3.10　队列的顺序存储 ·· 78
  3.10.1　顺序队列的定义 ·· 78
  3.10.2　顺序队列的基本操作 ·· 80
  3.10.3　循环队列 ··· 81
  3.10.4　循环队列的基本操作 ·· 83
3.11　队列的链式存储 ·· 84
  3.11.1　链队列的定义 ·· 84
  3.11.2　链队列的基本操作 ·· 85
3.12　队列的案例分析与实现 ·· 87
3.13　小结 ··· 92
习题 3 ··· 92

第 4 章　串 98

4.1　串的定义及其基本运算 ··· 99
  4.1.1　串的基本概念 ·· 99
  4.1.2　串的基本运算 ·· 99
4.2　典型案例 ··· 101
4.3　串的存储结构 ··· 101

    4.3.1 串的顺序存储结构 ········· 101
    4.3.2 串的链式存储结构 ········· 105
  4.4 模式匹配 ······················· 110
  4.5 案例分析与实现 ··············· 111
  4.6 小结 ····························· 116
  习题 4 ································ 117

第 5 章　递归 ························· 119

  5.1 递归的定义 ····················· 120
    5.1.1 递归的基本概念 ············ 120
    5.1.2 何时使用递归 ··············· 120
    5.1.3 递归模型 ······················ 121
  5.2 递归调用的实现原理 ········ 122
  5.3 递归算法的设计 ··············· 123
    5.3.1 递归算法设计的步骤 ······ 123
    5.3.2 递归数据结构的递归算法设计 ··· 123
    5.3.3 递归求解方法的递归算法设计 ··· 124
  5.4 本章小结 ······················· 124
  习题 5 ································ 125

第 6 章　数组和广义表 ············· 126

  6.1 多维数组的定义 ··············· 127
    6.1.1 数组的逻辑结构 ············ 127
    6.1.2 数组的物理结构 ············ 127
  6.2 典型案例 ······················· 128
  6.3 特殊矩阵 ······················· 129
    6.3.1 对称矩阵 ······················ 129
    6.3.2 三角矩阵 ······················ 130
    6.3.3 对角矩阵 ······················ 131
  6.4 稀疏矩阵 ······················· 131
    6.4.1 稀疏矩阵的定义 ············ 131
    6.4.2 稀疏矩阵的三元组表存储 ··· 132
    6.4.3 稀疏矩阵的十字链表存储 ··· 132
  6.5 广义表 ·························· 134
    6.5.1 广义表的定义和基本运算 ··· 134
    6.5.2 广义表的存储 ··············· 134
    6.5.3 广义表的基本操作 ········ 135
  6.6 案例分析与实现 ··············· 136
  6.7 小结 ····························· 142

习题 6 ··· 143

第 7 章 树与二叉树 ··· 146

7.1 树的基本概念 ··· 147
7.1.1 树的定义 ··· 147
7.1.2 基本术语 ··· 149

7.2 典型案例 ··· 150

7.3 二叉树 ··· 150
7.3.1 二叉树的定义 ··· 150
7.3.2 二叉树的性质 ··· 152
7.3.3 二叉树的存储结构 ··· 153
7.3.4 二叉树的基本操作 ··· 156

7.4 遍历二叉树和线索二叉树 ··· 158
7.4.1 遍历二叉树 ··· 158
7.4.2 线索二叉树 ··· 160

7.5 树、森林与二叉树 ··· 161
7.5.1 树的存储结构 ··· 161
7.5.2 树和二叉树的转换 ··· 163
7.5.3 森林和二叉树的转换 ··· 165
7.5.4 树的遍历 ··· 166
7.5.5 森林的遍历 ··· 167

7.6 二叉树的应用 ··· 168
7.6.1 二叉排序树 ··· 168
7.6.2 哈夫曼树 ··· 168
7.6.3 哈夫曼编码 ··· 171

7.7 案例分析与实现 ··· 176

7.8 小结 ··· 181

习题 7 ··· 181

第 8 章 图 ··· 187

8.1 图的定义和基本术语 ··· 188
8.1.1 图的定义 ··· 188
8.1.2 图的基本术语 ··· 188

8.2 典型案例 ··· 192

8.3 图的类型定义 ··· 192

8.4 图的存储结构 ··· 193
8.4.1 邻接矩阵 ··· 193
8.4.2 邻接表 ··· 196
8.4.3 十字链表 ··· 198

8.5 图的遍历 ··· 200
　　8.5.1 深度优先搜索 ·· 200
　　8.5.2 广度优先搜索 ·· 202
8.6 图的连通性 ·· 204
8.7 图的应用 ··· 204
　　8.7.1 最小生成树 ··· 204
　　8.7.2 最短路径 ·· 209
　　8.7.3 拓扑排序 ·· 211
　　8.7.4 关键路径 ·· 213
8.8 案例分析与实现 ·· 216
8.9 小结 ··· 222
习题 8 ··· 223

第9章 查找 ··· **232**

9.1 查找的基本概念 ·· 233
9.2 典型案例 ··· 234
9.3 线性表查找 ·· 234
　　9.3.1 顺序查找 ·· 234
　　9.3.2 折半查找 ·· 235
　　9.3.3 分块查找 ·· 238
9.4 树表的查找 ·· 239
　　9.4.1 二叉排序树 ··· 239
　　9.4.2 平衡二叉树 ··· 243
9.5 哈希表查找 ·· 245
　　9.5.1 哈希表的基本概念 ·· 245
　　9.5.2 哈希表的构造方法 ·· 245
　　9.5.3 哈希冲突的解决方法 ··· 247
　　9.5.4 哈希表查找算法分析 ··· 248
9.6 案例分析与实现 ·· 249
9.7 小结 ··· 251
习题 9 ··· 251

第10章 排序 ·· **254**

10.1 排序的基本概念 ·· 255
10.2 典型案例 ·· 255
10.3 插入排序 ·· 256
　　10.3.1 直接插入排序 ··· 256
　　10.3.2 希尔排序 ··· 258
10.4 交换排序 ·· 259

  10.4.1 冒泡排序 ……………………………………………………………… 259
  10.4.2 快速排序 ……………………………………………………………… 261
 10.5 选择排序……………………………………………………………………… 264
  10.5.1 直接选择排序 ………………………………………………………… 264
  10.5.2 堆排序 ………………………………………………………………… 266
 10.6 归并排序……………………………………………………………………… 270
  10.6.1 一次归并 ……………………………………………………………… 270
  10.6.2 一趟归并排序 ………………………………………………………… 272
  10.6.3 二路归并排序 ………………………………………………………… 273
 10.7 各种内排序方法的比较和选择……………………………………………… 273
 10.8 案例分析与实现……………………………………………………………… 275
 10.9 小结…………………………………………………………………………… 281
 习题 10 ………………………………………………………………………………… 281

参考文献 …………………………………………………………………………………… 285

第 1 章

绪　论

本章学习目标
- 了解数据结构的基本概念
- 熟练掌握数据的逻辑结构和物理结构
- 熟练掌握算法的时间复杂度分析方法

在线自测题

　　本章首先介绍"数据结构"课程的主要任务,然后介绍数据结构的基本概念和术语,重点介绍数据的逻辑结构和存储结构,最后介绍算法的特性及时间、空间复杂度的分析。

　　数据结构是计算机及相关专业基础课程之一,主要学习用计算机实现数据组织和数据处理的方法。在教学中有着承上启下的作用,它不仅是程序设计的重要理论技术基础,而且是设计和实现编译程序、操作系统、数据库系统及其他系统程序和大型应用程序的重要基础。为高年级的 Web 应用开发、大数据、人工智能等专业方向提供重要的理论基础,是学科竞赛、专业笔试和面试、研究生录取考试的重要内容,具有受众面广、受重视程度高和专业性强等特点。

　　在大数据、人工智能技术飞速发展的时代,计算机处理的数据大多是非数值性数据,数据与数据之间的关系也变得越来越复杂,用普通的数学公式已无法表达,在系统设计、应用软件开发、大数据组织与分析等方面都会用到各种复杂的数据结构,因此掌握好"数据结构"课程的知识对于提高解决实际问题的能力将会有很大的帮助。

1.1 数据结构与算法总览

视频讲解

自从世界上第一台电子计算机问世以来，计算机产业的飞速发展和广泛应用已远远超过人们对它的预期。如今，计算机技术的应用已深入人类社会的各个领域。计算机的应用已不再局限于科学计算，而是更多地用于控制、管理及数据处理等非数值计算的工作。与此对应，计算机处理的对象由纯粹的数值发展到字符、表格和图像等具有一定结构的数据，这就给程序设计带来一些新的问题。为了编写出一个"好"的程序，必须分析待处理对象的特征以及各处理对象之间存在的关系。这就是"数据结构"这门学科形成和发展的背景。

数据结构是一门研究非数值计算的程序设计问题的课程，主要研究数据的逻辑结构、存储结构和算法。通过对本门课程的学习，学生应熟练掌握线性结构、栈和队列、数组、树形结构和图形结构等数据逻辑结构的特点和性质，掌握顺序存储、链式存储等数据存储结构的特点及应用，能熟练应用查找、排序等数据处理技术，可以透彻地理解各种数据对象的特点，学会数据的组织方式和实现方法，掌握数据加工处理的基本理论和技能，增强分析问题和解决问题的能力，具备初步的科学研究能力。

一般来说，用计算机解决一个具体问题时，大致需要经过以下几个步骤：

(1) 从具体问题抽象出适当的数学模型；

(2) 设计求解数学模型的算法；

(3) 编写程序，调试，直到解决实际问题。

建立数学模型的实质是分析问题，提取操作的对象，找出这些操作对象之间的关系，然后用数学语言加以描述。实际上，很多数值计算问题可以用数学方程描述，但更多的非数值计算问题却无法用数学方程描述。

下面请看几个例子。

【例 1-1】 学生信息登记表(见表 1.1)。

表 1.1 学生信息登记表

学 号	姓 名	性 别	年 龄	专 业
220450306	韩沂霏	女	19	计算机科学与技术
220450307	郭馨忆	女	18	计算机科学与技术
220450308	庞佳慧	女	19	计算机科学与技术
220450309	王玥涵	女	18	计算机科学与技术

表 1.1 展示了一种数据结构，表中的每一行称为一个结点，或称为一条记录(Record)，它由学号、姓名、性别、年龄和专业等数据项(Item)组成。第一条记录没有直接前驱结点，称为开始结点；最后一条记录没有直接后继结点，称为终端结点。除了第一个结点和最后一个结点以外，其余的结点都有且仅有一个直接前驱结点和一个直接后继结点。这些结点之间是"一对一"的关系，称为线性结构，它构成了"学生信息登记表"的逻辑结构。

同时，"学生信息登记表"的结点以及结点间的关系在计算机存储器中的存储方式，构成了"学生信息登记表"的存储结构，又称物理结构。

根据实际需要，常对"学生信息登记表"的记录进行查找、插入、删除，以及排序、分析等，构成了数据的各种算法。

诸如此类的线性表结构还有图书馆的书目管理系统、库存管理系统等。在这类问题中，计算机处理的对象是各种表，元素之间存在简单"一对一"的线性关系。这类问题的数学模型就是各种线性表，施加于对象上的操作有查找、插入和删除等，这类数学模型称为"线性"的数据结构。

【例 1-2】 计算机和人对弈问题

计算机之所以能和人对弈是因为事先将对弈策略存入其中。由于对弈的过程是在一定规则下随机进行的，所以为使计算机能灵活对弈就必须将对弈过程中所有可能的情况以及相应的对策都考虑周全。并且一个"好"的棋手在对弈时不仅要能分析棋盘当时的状态，还要能预测棋局发展的趋势，甚至最后结局。因此在对弈问题中，计算机操作的对象是对弈过程中可能出现的棋盘状态（称为格局）。例如，图 1.1(a) 所示为井字棋的棋盘格局示例，任何一方只要使相同的三个棋子连成一条直线（可以是一行、一列或一条对角线）即获胜。如果下一步由"×"方下，可以派生出 5 个子格局，如图 1.1(b) 所示；随后由"○"方接着下，对于每一个子格局又可以派生出 4 个可能出现的子格局。

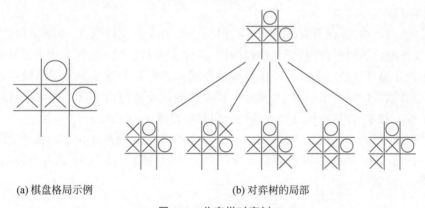

(a) 棋盘格局示例　　　　　　(b) 对弈树的局部

图 1.1　井字棋对弈树

因此，若将从对弈开始到结束的过程中所有可能出现的格局都画在一张图上，即形成一棵倒挂的"树"。"树根"是对弈开始的第一步棋盘格局，而所有"叶子"便是可能出现的结局，对弈过程就是从"树根"沿"树权"到某个"叶子"的过程。对弈开始之前的棋盘格局没有直接前驱结点，称为根结点，以后每走一步棋，都有多种应对的策略，即结点之间存在着"一对多"的关系，称为树形结构，这种结构构成了井字棋对弈的逻辑结构。

人机对弈问题的数学模型就是如何用树形结构表示棋盘和棋子，算法是博弈的规则和策略。诸如此类的树形结构还有计算机的文件系统、一个单位的组织机构等。在这类问题中，计算机处理的对象是树形结构，元素之间是"一对多"的关系，施加于对象上的操作有查找、插入和删除等。这类数学模型称为"树"的数据结构。

【例 1-3】 旅行家旅行最短路径的问题

N 个城市之间有道路相连，道路长度已知，现在要求设计旅行线路来满足旅行家提出的一些问题：如要从 A 城到 B 城去旅行，需要选择一条总路程最短或是途中中转次数最少的路径。这是一个以城市为顶点，以城市和城市之间相连的道路为连线构成的图形结构或网状结构，如图 1.2 所示。诸如此类的图形结构还有网络工程图和网络通信图等，在这类问

图 1.2 城市道路示意图

题中,元素之间是多对多的网状关系,施加于对象上的操作依然有查找、插入和删除等。这类数学模型称为"图"的数据结构。

综上可见,描述这类非数值计算问题的数学模型不再是数学方程,而是诸如表、树和图之类的数据结构。因此,**数据结构**是一门研究非数值计算的程序设计问题的学科,主要研究数据的逻辑结构、存储结构和算法。

20 世纪 60 年代初期,"数据结构"有关的内容散见于"操作系统""编译原理"等课程中。1968 年,"数据结构"作为一门独立的课程被列入美国部分大学计算机科学系的教学计划。同年,著名计算机科学家 D. E. Knuth 教授发表了《计算机程序设计艺术》第一卷《基本算法》。这是第一本系统地阐述"数据结构"基本内容的著作。之后,随着大型程序和大规模文件系统的出现,结构化程序设计成为程序设计方法学的主要研究方向,人们普遍认为程序设计的实质就是为所处理的问题选择一种好的数据结构,并在此结构基础上施加一种好的算法,著名科学家 Wirth 教授的《算法+数据结构=程序》正是这种观点的集中体现。

目前,"数据结构"是计算机科学中的一门综合性的专业基础课。"数据结构"课程的研究范围不仅涉及计算机硬件(特别是编码理论、存储装置和存取方法等),也涉及计算机软件的研究,无论是编译程序还是操作系统都涉及数据元素在存储器中的分配问题。在研究信息检索时也必须考虑如何组织数据,使查找和存取数据元素更为方便。因此,可以认为"数据结构"是涉及数学、计算机硬件和软件的一门核心课程。

有关"数据结构"的研究仍不断深入,一方面,面向各专门领域中特殊问题的数据结构正在研究和发展;另一方面,从抽象数据类型的观点来讨论数据结构,已成为一种新的趋势,越来越被人们所重视。

1.2 基本概念和术语

1. 数据

数据(Data)是信息的载体,是对客观事物的符号表示。通俗地说,凡是能被计算机识别、存取和加工处理的符号、字符、图形、图像、声音和视频等一切信息都可以称为数据。

在计算机科学中,数据就是计算机加工处理的对象,包括数值数据和非数值数据。数值数据包括:整数、实数、浮点数和复数等,主要用于科学计算、金融、财会等领域;非数值数据则包括:文字、符号、图形、动画、语音、视频等。随着多媒体技术的飞速发展,计算机中处理的非数值数据逐渐增多。

2. 数据元素

数据元素(Data Element)是数据的基本单位,在计算机程序中通常作为一个整体进行处理。数据元素也称为结点(Node),例如,例 1-1 中每个学生的信息,例 1-2 中的"树"中的一个棋盘格局都被称为一个数据元素。

3. 数据项

数据项(Data Item)是数据不可分割的、具有独立意义的最小数据单位,是对数据元素属性的描述。数据项也称为**域**或**字段**(Field)。例如,例 1-1 中每个学生基本信息的每一项(如学号、姓名、性别等)为一个数据项。

数据、数据元素、数据项反映了数据组织的三个层次,即数据由若干数据元素组成,数据元素又由若干数据项组成。

4. 数据对象

数据对象(Data Object)是性质相同的数据元素的集合,是数据的一个子集。例如,整数数据对象表示集合 N={0,±1,±2…},字母字符数据对象表示集合 C={'A','B',…,'Z','a','b',…,'z'},学生基本信息表也是一个数据对象。由此可见,不论数据元素集合是无限集(如整数集),或是有限集(如字母字符集),还是由多个数据项组成的复合数据元素(如学生表)集合,只要集合内元素的性质相同,都可被称为一个数据对象。

5. 数据结构

数据结构是相互之间存在一种或多种特定关系的数据元素的集合。即数据结构是带"结构"的数据元素的集合,"结构"就是指数据元素之间存在的关系。

数据结构包括逻辑结构和存储结构两个层次。

1.3 数据的逻辑结构

数据元素之间的逻辑关系,称为数据的逻辑结构(Data Structure)。一个数据的逻辑结构包含数据元素和关系两个要素,可用二元组描述:

$$G = (D, R)$$

其中,G 表示数据逻辑结构的名称;第一元 D 表示数据元素的有限集合;第二元 R 表示 D 上所有元素之间关系的有限集合。

根据数据元素之间的逻辑关系的不同特性,有以下四种基本的数据逻辑结构,如图 1.3 所示。

1) 集合结构

数据元素之间除了"同属于一个集合"的关系之外,没有其他关系。例如,如果确定一名同学是否为班级成员,需要将班级看作一个集合结构。

2) 线性结构

数据元素之间存在着"一对一"的关系。例如,将学生信息数据按照入学报到的时间先后顺序进行排列,将组成一个线性结构。

在线性结构中,集合中的元素除了开始结点和终端结点之外,其余结点都有且仅有一个直接前驱结点和一个直接后继结点。

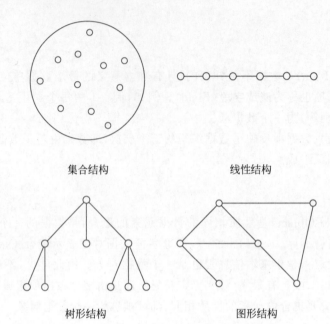

图 1.3 四种基本结构示意图

【例 1-4】 一种数据结构 Line=(D,R),其中:

D = {1,2,3,4,5,6,7,8}, R = {r},
r = {<3,2>,<2,1>,<1,5>,<5,6>,<6,4>,<4,7>,<7,8>}

其中 r 是关系集合,尖括号表示数据元素的关系是有向的,如<3,2>表示从 3 指向 2。除了开始结点"3"和终端结点"8"之外,其余结点都有且仅有一个直接前驱结点和一个直接后继结点。数据元素之间存在着"一对一"的关系,如图 1.4 所示。把具备此类特点的数据结构称为线性结构。学生按照学号排序可以用线性结构表示。

图 1.4 线性结构示例

3) 树形结构

数据元素之间存在着"一对多"的关系。例如,在班级的管理体系中,班长管理多个组长,每位组长管理多名组员,从而构成树形结构。

树形结构除了起始结点(即根结点)以外,各个结点都有唯一的直接前驱结点;所有结点都有 0 个到多个直接后继结点。

【例 1-5】 一种数据结构 Tree=(D,R),有:

D = {a,b,c,d,e,f,g,h,i}, R = {r},
r = {<a,b>,<a,c>,<a,d>,<b,e>,<b,f>,<b,g>,<c,h>,<c,i>}

结点 a 无直接前驱结点,称为根结点,其余结点都只有一个直接前驱结点。每个结点可以有 0 个或多个直接后继结点。结构中的数据元素之间存在着"一对多"的关系,如图 1.5 所示。把具有这种特点的数据结构称为树形结构,简称"树"。

树形结构能反映出结点之间的层次关系,有向的箭头体现了结点之间的从属关系,考虑画图简便的因素,本书中所画树形结构图都忽略了箭头,用直线代替。若表示一个学校的组织结构图可以用树形结构表示。

4) 图形结构

数据元素之间存在着"多对多"的关系。例如,多位同学之间的朋友关系,任何两位同学都可以是朋友,从而构成图形结构或网状结构。

图形结构的每个结点都有多个直接前驱结点和多个直接后继结点。

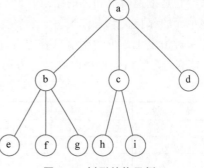

图 1.5　树形结构示例

【例 1-6】 一种数据结构 Graph=(D,R),有:

```
D={A,B,C,D,E,F}, R={r},
r={(A,B),(A,C),(A,D),(B,E),(B,F),(C,E),(D,F),(E,F)}
```

其中,圆括号表示数据元素之间的关系是无向的,如(A,B)表示从 A 到 B 之间的边是双向的。每个结点都有多个直接前驱或多个直接后继,即结构中的数据元素之间存在着"多对多"的关系,如图 1.6 所示。把具备此类特点的数据结构称为图形结构,简称"图"。若要表示交通路线、社交关系等可以用图形结构表示。

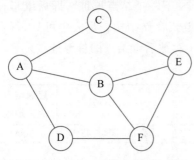

图 1.6　图形结构示例

为了把数据元素之间存在"一对一"关系的线性结构和其他结构区分,通常把数据元素之间存在"一对多"关系的树形结构和数据元素之间存在多对多关系的图形结构统称为**非线性结构**。

线性结构包括线性表(典型的线性结构)、栈和队列(具有特殊限制的线性表,数据操作只能在表的一端或两端进行)、字符串(也是特殊的线性表,其特殊性表现在它的数据元素仅由一个字符组成)、数组(是线性表的推广,它的数据元素是一个线性表)、广义表(也是线性表的推广,它的数据元素是一个线性表,但不同构,即为单元素,或是线性表)。非线性结构包括树(具有多个分支的层次结构)和二叉树(具有两个分支的层次结构)、有向图(一种图形结构,边是顶点的有序对)和无向图(另一种图形结构,边是顶点的无序对)。

1.4　数据的存储结构

讨论数据结构的目的是在计算机中实现对数据的操作,因此研究数据的逻辑结构,还需要研究如何在计算机中存储数据元素及其关系。

数据元素及其关系在计算机存储器中的表示称为**数据的存储结构**,也称为**数据的物理结构**。数据元素在计算机中主要有以下四种存储结构。

1. 顺序存储结构

顺序存储结构的特点是借助元素在存储器中的相对位置来表示数据元素之间的逻辑关

系。它是把逻辑上相邻的结点存储在物理位置相邻的存储单元里,结点间的逻辑关系由存储单元的邻接关系来体现。

对于表1.1中学生信息登记表,假定每个结点(学生记录)占用50个存储单元,数据从0号单元开始由低地址向高地址方向存储,对应的顺序存储结构如表1.2所示。

表1.2 顺序存储结构

地 址	学 号	姓 名	性 别	年 龄	专 业
0	220450306	韩沂霏	女	19	计算机科学与技术
50	220450307	郭馨忆	女	18	计算机科学与技术
100	220450308	庞佳慧	女	19	计算机科学与技术
150	220450309	王玥涵	女	18	计算机科学与技术

顺序存储结构是一种最基本的存储方法,通常借助于程序设计语言(如C、Java)中的数组来实现。

2. 链式存储结构

链式存储结构的特点是借助指示元素存储地址的指针(Pointer)来表示数据元素之间的逻辑关系。它不要求逻辑上相邻的结点在物理位置上相邻,结点间的逻辑关系由附加的指针域表示。

假定给表1.1学生信息登记表中的每个结点附加一个"下一个结点地址",即后继指针字段,用于存放后继结点的首地址,得到如表1.3所示的链式存储结构。从表中可见,每个结点用两个连续的存储单元,一个存放结点的信息,另一个存放后继结点的首地址。

表1.3 链式存储结构

地址	学号	姓名	性别	年龄	专 业	后继结点的首地址
0	220450306	韩沂霏	女	19	计算机科学与技术	500
⋮						
150	220450309	王玥涵	女	18	计算机科学与技术	^
⋮						
500	220450307	郭馨忆	女	18	计算机科学与技术	550
550	220450308	庞佳慧	女	19	计算机科学与技术	150

为了更清晰地反映链式存储结构,可采用更直观的图示来表示,如图1.7所示。

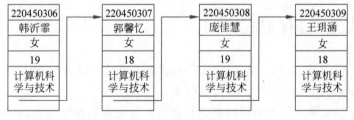

图1.7 链式存储结构示意图

链式存储结构通常借助于程序设计语言(如C、C++)中的指针类型来实现。用指针来实现链式存储时,数据元素不一定存放在地址连续的存储单元,存储处理较为灵活。

3. 索引存储结构

索引存储结构除了需要建立存储结点信息外,还需要建立附加的索引表。索引表中的每一项都由关键字(能唯一标识一个结点的数据项)和地址组成。索引表反映了所有结点信息按某一个关键字递增或递减排列的逻辑次序。采取索引存储结构的主要作用是为了提高数据的检索速度,类似于图书的目录。

4. 散列(或哈希)存储结构

散列技术是一种将数据元素的存储位置与关键字之间建立确定对应关系的查找技术。散列技术除了用于查找外,还可用于存储。

散列存储结构是通过构造散列函数来确定数据存储地址。散列存储结构的内存存放形式称为**散列表**,也称为**哈希(Hash)表**。

例如,存储某地区解放后每年出生的人口数,可以用"出生年份－1948＝存储地址"构造出散列函数,存放地址如表 1.4 所示。若要查 2021 年出生的人数,则只需查表中存储地址 73(2021－1948)对应的存放数据(15200)即可。

表 1.4 某地区年出生人口散列存储表

存储地址	出生年份	人　　数	存储地址	出生年份	人　　数
01	1949	10000	60	2008	17000
02	1950	10100	…	…	…
03	1951	14600	73	2021	15200
…	…	…	74	2022	14500

1.5 数据类型和抽象数据类型

视频讲解

1.5.1 数据类型

数据类型(Data Type,DT)是高级程序设计语言中的基本概念,在程序设计语言中,每一个数据都属于某种数据类型。类型明显或隐含地规定了数据的取值范围、存储方式以及允许进行的运算。例如,C 语言中的整型变量,其值为某个区间上的整数(区间大小依赖于不同的机器),定义在其上的操作为加、减、乘、除和取模等算术运算;而实型变量也有相应的取值范围和运算,例如取模运算是不能用于实型变量的。C 语言除了提供整型、实型、字符型等基本数据类型外,还允许用户自定义各种数据类型,例如数组、结构体和指针等。前面提到过顺序存储结构可以借助程序设计语言的数组类型描述,链式存储结构可以借助指针类型描述,因此数据类型和数据结构的概念密切相关。

1.5.2 抽象数据类型

抽象数据类型(Abstract Data Type,ADT)是指由用户定义的、表示应用问题的数学模型,以及定义在此数学模型上的一组操作的总称。包括三部分:数据对象、数据对象上关系的集合以及对数据对象的基本操作的集合。抽象数据类型不考虑计算机的具体存储结构,也不考虑运算的具体实现算法。

其实,数据类型和抽象数据类型可以看成一种概念。在计算机中使用二进制数来表示数据,在汇编语言中则可给出各种数据的十进制表示,它们是二进制数据的抽象。使用者在编程时可以直接使用,不必考虑实现细节。在高级语言中,则给出更高一级的数据抽象,出现了数据类型(如整型、实型、字符型等),进一步利用这些数据类型构造出线性表、栈、队列、树、图等复杂的抽象数据类型。

抽象数据类型的定义格式如下:

```
ADT 抽象数据类型名 {
    数据对象:<数据对象的定义>
    数据关系:<数据关系的定义>
    基本操作:<基本操作的定义>
}
```

其中,数据对象和数据关系的定义采用数学符号和自然语言描述,基本操作的定义格式为:

```
基本操作名(参数表)
    初始条件:<初始条件描述>
    操作结果:<操作结果描述>
```

基本操作有两种参数:赋值参数只为操作提供输入值;引用参数以"&"打头,除可提供输入值外,还将返回操作结果。"初始条件"描述了操作执行之前数据结构和参数应满足的条件,若初始条件为空,则省略。"操作结果"说明了操作正常完成之后,数据结构的变化状况和应返回的结果。

抽象数据类型的特征是实现与操作分离,从而实现封装。

就像某个经典的游戏,我们给游戏主角定义了基本操作,前进、后退、跳、射击等。这就是一个抽象数据类型,定义了一个数据对象、对象中各元素之间的关系及对数据元素的操作。至于到底是哪些操作,这由设计者根据实际需要来定。像主角开始只能走和跳,后来增加射击的操作,之后有了按住射击键后前进就出现跑的操作。这都是根据实际情况来定的。

事实上,抽象数据类型体现了程序设计中问题分解和信息隐藏的特征。它将问题分解为多个规模较小且容易处理的问题,然后让每个功能模块的实现为一个独立单元,通过一次或多次调用来处理整个问题。

1.6 算法和算法分析方法

算法和数据结构的关系紧密,在算法设计之前先要明确相应的逻辑结构和物理结构,而在研究某一种数据结构时也必然会涉及相应的算法。任何一个算法设计都取决于选定数据的逻辑结构,而算法的实现则依赖于数据所采用的存储结构。

1.6.1 算法及算法的特性

1. 算法

算法(Algorithm)是对特定问题求解步骤的一种描述,是指令的有限序列。其中每一条指令表示一个或多个操作。

2. 算法的特性

(1) 有穷性：一个算法必须在有限个步骤之后结束，并且每一步必须在有限时间内完成。

(2) 确定性：算法中每一条指令必须有确定的含义，无二义性。并且在任何条件下，算法只有唯一的执行路径，即对于相同的输入只能得到相同的输出。

(3) 可行性：算法所描述的操作可以通过执行有限次基本运算来实现。

(4) 有输入：一个算法有零个或多个输入，用来刻画运算对象的初始情况。零个输入是指算法本身定义了初始条件。

(5) 有输出：一个算法有一个或多个输出，用来反映对输入数据加工后的结果。

3. 评价算法优劣的基本标准

一个算法的优劣应该从以下几方面来评价。

(1) 正确性：在合理的数据输入下，能够在有限的运行时间内得到正确的结果。

(2) 可读性：一个好的算法，首先应便于人们理解和相互交流，其次才是机器可执行性。应当层次分明、思路清晰、易于理解。

(3) 健壮性：当发生误操作或输入非法数据时，算法应能作出适当的反应和处理，而不会引起意想不到的后果。

(4) 高效性：高效性包括时间和空间两个方面。时间高效是指算法设计合理，执行效率高，可以用时间复杂度来度量；空间高效是指算法占用存储容量合理，可以用空间复杂度来度量。时间复杂度和空间复杂度是衡量算法的两个主要指标。

当然，一个算法很难做到十全十美，上述因素有时会相互冲突。例如，追求算法的高效性可能要以牺牲一定存储空间为代价。所以，实际操作中应以算法正确性为前提，根据实际情况权衡，有所取舍。

1.6.2 算法的时间复杂度

视频讲解

算法执行时间需依据该算法编制的程序在计算机上的执行时间来度量。而度量一个程序的执行时间通常有两种方法。

1. 事后统计法

事后统计法可以通过计算机内部的计时功能来统计。缺点有两个：一是必须先运行依据算法编制的程序；二是所得时间的统计量依赖于计算机的软、硬件等环境因素，容易掩盖算法本身的优劣。

2. 事前分析估算法

将一个算法转换成程序并在计算机上执行时，其所需要的时间主要取决于以下因素。

(1) 算法采取的策略。

(2) 算法涉及问题的规模。

(3) 使用的程序设计语言。

(4) 编译程序所产生的机器代码的质量。

(5) 机器执行指令的速度。

显然,在各种因素不确定的情况下,使用执行算法的绝对时间来衡量算法的效率是不合适的。在上述与计算机相关的软、硬件因素确定的情况下,可以认为一个特定算法运行工作量的大小只依赖于问题的规模(通常用整数量 n 表示),或说是问题规模的函数。

一个算法由三种控制结构(顺序、分支、循环)和原操作(对固有数据类型的操作)构成,则算法时间取决于两者的综合效果。为了便于比较同一问题的不同算法,通常是从算法中选取一种对于所研究的问题的基本操作作为原操作,以该原操作重复执行的次数作为算法的时间量度。

例如,如下所示是求一个 N×N 阶矩阵所有元素之和的算法,sum += a[i][j]的"加法"运算是"矩阵元素求和问题"的原操作。整个算法的执行时间与该操作(加法)重复执行的次数 n^2 成正比,记作 $T(n)=O(n^2)$。

```
1.  for(i = 0;i < n;i++)
2.    for(j = 0;j < n;j++)
3.    {
4.      sum += a[i][j];
5.    }
```

一般情况下,算法中原操作重复执行的次数是问题规模 n 的某个函数 f(n),算法的执行时间记作:

$$T(n) = O(f(n))$$

它表示随着问题规模 n 的增加,算法执行时间的增长率和 f(n)的增长率相同,称为算法的**渐进时间复杂度**,简称**时间复杂度**。

下面举例说明。

【例 1-7】 有以下三条语句:t=a;a=b;b=t;求其时间复杂度。

3 条语句的执行的频度(语句重复执行的次数称为频度)均为 1,执行时间是与问题规模 n 无关的常数,算法的时间复杂度为常数阶,即 $T(n)=O(1)$。

【例 1-8】 有以下语句,求其时间复杂度。

```
1.  x++;                        //频度为 1
2.  for(i = 1;i <= n;i++)
3.    x++;                      //频度为 n
4.  for(i = 1;i < n;i++)
5.    for(j = 1;j < n;j++)
6.    {
7.      x++;                    //频度为 n²
8.    }
```

该算法中基本操作"x++"的语句出现了 3 次,频度分别是 1、n 和 n^2,则这三个程序段的时间复杂度分别是 O(1)、O(n) 和 $O(n^2)$。但考虑整体,需要从中选取一个"x++"作为原操作。多数情况下选取最深层循环内的语句,它的频度和算法的执行时间成正比,所以我们选取频度为 n^2 的原操作"x++",即整个算法的时间复杂度为 $O(n^2)$。

【例 1-9】 实现 n 阶矩阵加法,求其时间复杂度。

```
1.  for( i = 0; i < n; i++)
2.    for( j = 0; j < n; j++)
3.      c[i][j] = a[i][j] + b[i][j];
```

该算法中的基本操作"c[i][j] = a[i][j] + b[i][j]",该语句的频度为 n^2,则该算法的时间复杂度为:

$$T(n) = O(n^2)$$

即矩阵加法的运算量和问题的规模 n 的平方是同一个量级。

【例 1-10】 实现二维数组中各行数据之和,求其时间复杂度。

```
1. #define M 100
2. void exam ( float x[ ][ ], int m, int n ) {
3.     float sum [M];
4.     for ( int i = 0; i < m; i++) {    //x 中各行
5.         sum[i] = 0.0;                 //存储数据累加
6.         for ( int j = 0; j < n; j++)
7.             sum[i] += x[i][j];        //关键操作
8.     }
9.     for ( i = 0; i < m; i++)          //打印各行数据和
10.        printf("%f;",sum [i] );       //关键操作
11. }
```

该算法中,"sum[i] = 0.0"执行 m 次,"sum[i] += x[i][j]"执行 m*n 次,"printf("%f;",sum [i])"执行 m 次,时间复杂度为 O(max(m*n,m)),记作 T(n) = O(m*n)。

常见的算法时间复杂度有 $O(1)$、$O(n)$、$O(n^2)$、$O(lgn)$ 和 $O(2^n)$ 等。其增长率如图 1.8 所示。

从图中可见,当 n 越大时,其关系如下:
$O(1)<O(lgn)<O(n)<O(nlgn)<O(n^2)<O(2^n)$

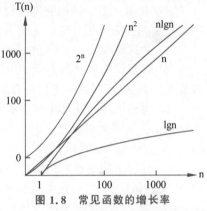

图 1.8 常见函数的增长率

1.6.3 算法的空间复杂度

类似于算法的时间复杂度,以**空间复杂度**(Space Complexity)作为算法所需存储空间的量度,记作:

$$S(n) = O(f(n))$$

其中,n 为问题的规模。一个程序上机执行时,除了需要存储空间来存放本身所用的指令、变量、常量和输入数据以外,还需要一些对数据的工作单元和实现算法必需的辅助空间。若输入数据所占空间只取决于问题本身,和算法无关,则只需要分析除输入和程序之外的辅助空间,否则应同时考虑输入本身所需空间。若辅助空间相对于输入数据量来说是常数,则称此算法为原地工作。如果所占的空间量依赖于特定的输入,一般按最坏情况分析。

【例 1-11】 数组逆序,将一维数组 a 中的 n 个数逆序存放到原数组中,求两种算法的空间复杂度。

【算法 1】

```
1. for(i = 0;i < n/2;i++)
2. {
3.     t = a[i];
4.     a[i] = a[n-i-1];
5.     a[n-i-l] = t;
6. }
```

【算法 2】

```
1. for (i = 0; i < n; i++)
2.     b[i] = a[n - i - 1];
3. for(i = 0; i < n; i++)
4.     a[i] = b[i];
```

算法 1 仅需要另外借助一个变量 t 与问题规模 n 大小无关,所以其空间复杂度为 O(1)。
算法 2 需要另外借助一个大小为 n 的辅助数组 b,所以其空间复杂度为 O(n)。
对于一个算法,其时间复杂度和空间复杂度往往是相互影响的,当追求一个较好的时间复杂度时,可能会导致占用较多的存储空间,即可能会使空间复杂度的性能变差,反之亦然。通常情况下,鉴于运算空间较为充足,人们都以算法的时间复杂度的大小作为算法优劣的衡量指标。

1.7 本章小结

本章介绍了数据结构的基本概念和术语、数据的逻辑结构和存储结构、抽象数据类型,以及算法和算法分析方法。主要内容如下:

(1) 数据结构是一门研究非数值计算程序设计中操作对象、对象之间的关系和操作的学科。

(2) 数据结构包括两方面的内容:数据的逻辑结构和存储结构。同一逻辑结构采用不同的存储方法,可以得到不同的存储结构。

(3) 逻辑结构是从具体问题抽象出来的数学模型,从逻辑关系上描述数据,它与数据的存储无关。根据数据元素之间关系的不同特性,通常有四类基本逻辑结构:集合结构、线性结构、树形结构和图形结构。

(4) 存储结构是逻辑结构在计算机中的存储表示,数据的存储结构包括:顺序存储结构、链式存储结构、索引存储结构和散列存储结构。

(5) 抽象数据类型是指由用户定义的表示应用问题的数学模型,以及定义在这个模型上的一组操作的总称。具体包括三部分:数据对象、数据对象上关系的集合,以及对数据对象的基本操作的集合。

(6) 算法是对特定问题求解步骤的一种描述,是指令的有限序列。算法具有有穷性、确定性、可行性、有输入、有输出等特性。一个算法的优劣应该从以下四方面来评价:正确性、可读性、健壮性和高效性。

(7) 算法的效率通常用时间复杂度和空间复杂度来评价。一个算法的时间和空间复杂度越好,则算法的效率就越高。

学完本章后,要求掌握数据结构相关的基本概念,包括数据、数据元素、数据项、数据对象、数据结构、逻辑结构、存储结构等;重点掌握数据的逻辑结构和存储结构及其相互关系;了解抽象数据类型的定义;了解算法的特性和评价标准;重点掌握算法时间复杂度的分析方法。

习题 1

一、填空题

1. 数据有逻辑结构和_____两种结构。

2. 数据逻辑结构除了集合以外，还包括：线性结构、树形结构和_____。
3. 数据结构按逻辑结构可分为两大类，它们是线性结构和_____。
4. 在树形结构中，除了树根结点以外，其余每个结点只有_____个直接前驱结点。
5. 数据的存储结构形式包括：顺序存储、链式存储、索引存储和_____。
6. 一个算法具有 5 个特性：_____、_____、_____、有零个或多个输入、有一个或多个输出。
7. 算法的空间复杂度是指该算法所耗费的_____，它是该算法求解问题规模 n 的函数。
8. 若一个算法中的语句频度之和为 $T(n)=6n+3n\lg n$，则算法的时间复杂度为_____。
9. 若一个算法中的语句频度之和为 $T(n)=n\lg n+n^2$，则算法的时间复杂度为_____。

二、选择题

1. 数据在计算机存储器内表示时，物理地址和逻辑地址的顺序一致并且是连续的，称为（　　）。
   A. 存储结构　　　B. 逻辑结构　　　C. 顺序存储结构　　　D. 链式存储结构
2. 每一个存储结点不仅含有一个数据元素，还包含一组指针，该存储方式是（　　）存储方式。
   A. 顺序　　　B. 链式　　　C. 索引　　　D. 散列
3. 每一个存储结点只含有一个数据元素，存储结点存放在连续的存储空间，另外有一组指明结点存储位置的表，该存储方式是（　　）存储方式。
   A. 顺序　　　B. 链式　　　C. 索引　　　D. 散列
4. 算法能正确地实现预定功能的特性称为算法的（　　）。
   A. 正确性　　　B. 易读性　　　C. 健壮性　　　D. 高效性
5. 算法在发生非法操作时可以作出处理的特性称为算法的（　　）。
   A. 正确性　　　B. 易读性　　　C. 健壮性　　　D. 高效性
6. 下列时间复杂度中最坏的是（　　）。
   A. $O(1)$　　　B. $O(n)$　　　C. $O(\log_2 n)$　　　D. $O(n^2)$
7. 算法分析的两个主要方面是（　　）。
   A. 空间复杂度和时间复杂度　　　B. 正确性和简明性
   C. 可读性和文档性　　　D. 数据复杂性和程序复杂性

三、判断题

1. 数据元素是数据的最小单位。　　　　　　　　　　　　　　　　　　　　（　　）
2. 记录是数据处理的最小单位。　　　　　　　　　　　　　　　　　　　　（　　）
3. 数据的逻辑结构是指数据的各数据项之间的逻辑关系。　　　　　　　　　（　　）
4. 算法的优劣与算法描述语言无关，但与所用计算机有关。　　　　　　　　（　　）
5. 健壮的算法不会因非法地输入数据而出现意想不到的状态。　　　　　　　（　　）
6. 程序一定是算法。　　　　　　　　　　　　　　　　　　　　　　　　　（　　）
7. 数据的物理结构是指数据在计算机内的实际存储形式。　　　　　　　　　（　　）
8. 顺序存储方式的优点是存储密度大，而且插入、删除效率高。　　　　　　（　　）

四、简答题

1. 若有 100 名学生,每名学生有学号、姓名和平均成绩的信息。要处理这些信息,采用什么样的数据结构比较合理?

2. 评价一个好的算法,应该从哪几方面来考虑?

3. 本章表 1.1 描述的是一种线性结构,用二元组表示出该表按学号升序排序的逻辑结构。(提示:数据元素可以用学号表示)

4. 根据二元组关系,画出对应逻辑图形,并指出它们属于哪种数据结构。

(1) A=(D,R),其中:

```
D = {a,b,c,d,e,f}, R = {r},
R = {<a,b>,<b,c>,<c,d>,<d,e>,<e,f>}
```

(2) B=(D,R),其中:

```
D = {50,25,64,57,82,36,75,55},
R = {<50,25>,<50,64>,<25,36>,<64,57>,<64,82>,<57,55>,<57,75>}
```

(3) C=(D,R),其中:

```
D = {1,2,3,4,5,6},
R = {(1,2),(2,3),(2,4),(3,4),(3,5),(3,6),(4,5),(4,6)}
```

5. 分析下面各程序段的时间复杂度。

(1)

```
1.  for(i = 0; i < n; i++)
2.      for(j = 0; j < m; j++)
3.          A[i][j]++;
```

(2)

```
1.  s = 0;
2.  for(i = 0; i < n; i++)
3.      for(j = 0; j < n; j++)
4.          s += B[i][j];
5.  sum = s;
```

(3)

```
1.  s1(int n)
2.  {
3.      int p = 1, s = 0;
4.      for(i = 1; i <= n; i++)
5.      {
6.          p *= i; s += p;
7.      }
8.      return(s);
9.  }
```

第2章

线 性 表

CHAPTER 2

本章学习目标
- 理解线性表的逻辑结构
- 掌握顺序表的物理结构和基本操作
- 掌握链表的物理结构和基本操作
- 运用线性表的特点解决实际问题

在线自测题

本章首先介绍线性表的逻辑定义和基本操作,然后介绍如何使用顺序存储方式实现顺序表,接着介绍如何使用链式存储方式实现单链表、循环链表和双向链表,最后介绍线性表的常见应用。

2.1 线性表的定义

线性表是一种最常用的数据结构。

线性表(**Linear List**)是一种线性数据结构,其特点是数据元素之间存在"一对一"的关系。一个线性表是 n 个类型相同数据元素的有限序列。至于每个数据元素的具体含义,在不同的情况下各不相同,可以是一个数、一个符号、一名学生,甚至其他更复杂的信息。

例如,26 个大写英文字母:

$$(A,B,C,D,\cdots,Z)$$

是一个线性表,表中的数据元素是单个字母字符,它在 C 语言中定义为 char 字符类型。

例如,某工厂近五年员工人数的变化情况,可以用线性表的形式写作:

$$(196,220,235,242,237)$$

表中的数据元素是整数,它在 C 语言中定义为 int 整数类型。

第 1 章【例 1-1】学生信息登记表,每一行学生信息(学号、姓名、性别、年龄和专业)是一个学生数据元素,在 C 语言中定义为 struct Student 结构体类型。各学生数据元素之间存在"一对一"的关系,所以也是一个线性表。

在一个复杂的线性表中,一个数据元素可以由若干个**数据项**(**Item**)组成。在这种情况下,常把数据元素称为**记录**(**Record**)。含有大量记录的线性表又称为**文件**(**File**)。

综合上述三个例子可知,线性表的数据元素可以是各种数据类型,但同一线性表的数据元素必须具有相同特性,即属于同一数据类型。

因此,**线性表**是具有相同数据类型的 n(n≥0)个数据元素的有限序列,记为:

$$(a_1,a_2,\cdots,a_{i-1},a_i,a_{i+1},\cdots,a_n)$$

其中,n 是线性表长度,n=0 时的线性表称为**空表**。在非空表中,每个元素都有一个确定的位置,a_1 表示第一个数据元素,a_n 表示最后一个数据元素,a_i 表示第 i 个数据元素,称 i 为数据元素 a_i 的**逻辑位序**。

非空线性表中相邻元素之间存在着顺序关系,称 a_{i-1} 是 a_i 的**直接前驱元素**,a_{i+1} 是 a_i 的**直接后继元素**。也就是说:

(1) 有且仅有一个开始元素(a_1),没有直接前驱元素。

(2) 有且仅有一个终端元素(a_n),没有直接后继元素。

(3) 除开始元素和终端元素以外,其余元素都有且仅有一个直接前驱元素和一个直接后继元素。

线性表二元组表示为:

```
LinearList = (D,R)
D = { a_i | 1≤i≤n,n≥0 }
R = { <a_{i-1},a_i> | a_{i-1},a_i∈D,2≤i≤n }
```

关系 R 中 <a_{i-1},a_i> 是一个序偶集合,表示线性表中数据元素的相邻关系。

对应的逻辑结构图形如图 2.1 所示。

图 2.1 线性表逻辑结构的图形表示

2.2 典型案例

管理信息系统(Management Information System，MIS)是一个以人为主导，利用计算机硬件、软件、网络通信设备及其他设备，进行信息收集、传输、加工、存储、更新、拓展和维护的系统。

【例 2-1】 学生成绩管理信息系统。

某班级学生成绩统计如表 2.1 所示，学生数据元素包含学号、姓名、性别、计算机成绩、数学成绩、英语成绩和总成绩 7 个数据项，而学生数据元素之间是"一对一"的关系。请编写一个简易版的学生成绩管理信息系统，实现对学生的成绩进行新增、删除、查询和打印等功能。

表 2.1 学生成绩统计表

学 号	姓 名	性 别	计算机成绩	数学成绩	英语成绩	总 成 绩
1001	小赵	F	89	85	90	264
1002	小钱	M	90	95	89	274
1003	小孙	F	93	85	92	270
…	…	…	…	…	…	…
1031	小李	M	78	80	80	238
1032	小周	M	92	92	93	277
1033	小五	F	88	85	87	260

2.3 线性表的抽象数据类型定义

线性表是一个相当灵活的数据结构，其长度可根据需要增长或缩短，即对线性表的数据元素不仅可以进行访问，而且可以进行插入和删除等操作。下面给出线性表的抽象数据类型定义：

ADT List{

  数据对象：$D=\{a_i|1\leqslant i\leqslant n, n\geqslant 0, a_i$ 是 ElemType 类型$\}$，D 是具有相同特性的数据元素的集合。

  数据关系：

  $R=\{<a_{i-1}, a_i>|a_{i-1}, a_i \in D, 1\leqslant i\leqslant n\}$。

  基本操作：

  1) 初始化线性表：void InitList(&L)

  初始条件：线性表不存在。

  操作结果：构造一个空的线性表 L。

  2) 求线性表长度：int ListLength(L)

  初始条件：线性表 L 已存在。

视频讲解

视频讲解

操作结果：返回线性表 L 的数据元素个数。

3）输出线性表：void DispList(L)

初始条件：线性表 L 已存在，且非空。

操作结果：根据数据元素的逻辑位序，依次显示线性表 L 的所有数据元素。

4）判空操作：bool ListEmpty(L)

初始条件：线性表 L 已存在。

操作结果：如果线性表 L 没有数据元素，则返回 true，否则返回 false。

5）按位置查找操作：bool GetElemByPos(L, i, &e)

初始条件：线性表 L 已存在，$1 \leqslant i \leqslant n$，n 为线性表 L 的长度，e 用来存储第 i 个数据元素。

操作结果：在线性表 L 中查找是否存在第 i 个数据元素，如果存在则返回 true，并用 e 来存储第 i 个数据元素，否则返回 false。

6）按值查找操作：int GetElemByElem(L, e)

初始条件：线性表 L 已存在，e 是一个待查找的数据元素。

操作结果：在线性表 L 中查找是否存在数据元素 e，并返回 L 中首次出现值为 e 的那个数据元素的位序，表示查找成功；如果在 L 中不存在这样的数据元素，则返回一个特殊整数值（例如，0），表示查找失败。

7）插入操作：bool ListInsert(&L, i, e)

初始条件：线性表 L 已存在，$1 \leqslant i \leqslant n+1$，n 为插入前线性表 L 的长度，e 是一个待插入的数据元素。

操作结果：在线性表 L 中第 i 个位置之前插入新的数据元素 e，使原来位序为 i，i+1，…，n 的元素位序变成 i+1，i+2，…，n+1，并且线性表 L 长度加 1。如果第 i 个插入位置合法，则返回 true，否则返回 false。

8）删除操作：bool ListDelete(&L, i, &e)

初始条件：线性表 L 已存在，且非空，$1 \leqslant i \leqslant n$，n 为删除前线性表 L 的长度，e 用来存储待删除的第 i 个数据元素。

操作结果：用 e 来存储线性表 L 中第 i 个待删除的数据元素值，删除后原来位序为 i+1，i+2，…，n 的元素的位序变成 i，i+1，…，n−1，并且表 L 长度减 1。如果第 i 个删除位置合法，则返回 true，否则返回 false。

9）销毁操作：void DestroyList(&L)

初始条件：线性表 L 已存在。

操作结果：释放线性表 L 所占用的存储空间。

}ADT List

2.4 顺序表的定义和基本操作

视频讲解

2.4.1 顺序表的定义

线性表的顺序存储是指用一组地址连续的存储单元依次存储线性表中的数据元素，用这种形式存储的线性表称为**顺序表**（Sequential List）。其特点是线性表中相邻元素 a_i 和 a_{i+1} 存储在相邻存储位置 $LOC(a_i)$ 和 $LOC(a_{i+1})$ 中，即逻辑顺序和物理顺序是一致的，如图 2.2 所示。

设线性表中每个元素需占用 d 个字节存储单元，并以所占第一个单元的存储地址作为数据元素的存储地址，则第 i 个数据元素的地址为：

$$LOC(a_i) = LOC(a_1) + (i-1) \times d \quad (1 \leqslant i \leqslant n)$$

其中，$LOC(a_1)$ 是线性表第一个数据元素 a_1 的存储地址，通常称为顺序表的起始地址或首地址。只要知道顺序表的首地址和每个元素所占存储单元的个数，就可以求出第 i 个数据元素的存储地址。

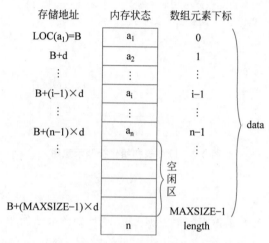

图 2.2 线性表的顺序存储示意图

因此，顺序表中任一数据元素都可以通过逻辑次序 i 实现随机存取，是一种可以随机存取的存储结构。

在 C 语言中，数组在内存中占用的存储空间是一组连续的存储区域，数组元素下标具有随机存取的特性，因此用一维数组来表示顺序表的数据存储最为合适。考虑到顺序表需要插入、删除等运算，则需要表的长度是可变的。用 data[MAXSIZE] 来表示数组，其中 MAXSIZE 是一个根据实际问题规模定义的足够大的整数。

顺序表中实际元素个数可能达不到 MAXSIZE，因此引入一个整型变量 length 来记录当前顺序表中实际元素的个数。从 data[length] 到 data[MAXSIZE-1] 为数组的空闲区；当 length=0 时，表示顺序表为空。

在 C 语言中将数组 data 和变量 length 封装在一个结构体中作为顺序表的类型定义。

```
1. typedef struct SequenceList
2. {
3.     ElemType data[MAXSIZE];
4.     int length;
5. }SqList;
```

其中，ElemType 表示数组 data 可以定义为任意类型，如数值型、字符型或者其他结构体类型。本小节通过"typedef ElemType int;"语句，定义数据元素为 int 类型。

2.4.2 顺序表的基本操作

1. 初始化顺序表

即构造一个空表,设置引用型指针参数 L,动态分配存储空间,然后将结构体成员 length 值赋为 0,表示空表,如图 2.3 所示,其算法如下:

```
1. void InitList(SqList * &L)
2. {
3.   //动态申请内存空间,并返回空间的首地址,强制类型转换后赋给指针 L
4.     L = (SqList *)malloc(sizeof(SqList));
5.     L->length = 0;       //设置顺序表为空
6. }
```

本算法的时间复杂度为 O(1)。

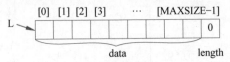

图 2.3　顺序表初始化存储示意图

2. 创建顺序表

将数组 a 的 n 个数组元素值,添加到顺序表 L 中,如图 2.4 所示,其算法如下:

```
1. void CreateList(SqList * &L,ElemType a[],int n)
2. {
3.     int i;
4. //通过循环语句,将数组 a 中的元素值,依次赋值给顺序表的 data 数组
5.     for(i = 0;i < n;i++)
6.     {
7.         L->data[i] = a[i];
8.         L->length++;       //顺序表长度加 1
9.     }
10. }
```

本算法的时间复杂度为 O(n)。

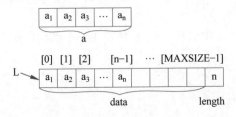

图 2.4　数组元素添加到空顺序表存储示意图

3. 求顺序表长度

返回顺序表 L 中实际包含的元素个数,即 length 的值,其算法如下:

```
1. int ListLength(SqList * L)      //当顺序表不发生变化时,函数不需要定义引用型的指针参数
2. {
3.     return L->length;
4. }
```

本算法的时间复杂度为 O(1)。

4. 输出顺序表

将顺序表 L 中实际包含的数据元素依次打印输出,其算法如下:

```
1.  void DispList(SqList * L)
2.  {
3.      int i;
4.      printf("\n顺序表元素值为:");
5.      for(i = 0;i < L->length;i++)
6.      {
7.          printf("%-4d",L->data[i]);
8.      }
9.      printf("\n");
10. }
```

本算法的时间复杂度为 O(n)。

5. 判断顺序表是否为空

判断顺序表 L 是否为空表,当 length=0 时返回 true,否则返回 false,其算法如下:

```
1. bool ListEmpty(SqList * L)
2. {
3.     return L->length == 0 ;
4. }
```

本算法的时间复杂度为 O(1)。

6. 按位置查找顺序表

在顺序表 L 中查找是否存在逻辑位序 i 的元素,如果存在则通过引用型参数 e 存储对应的数据元素值并返回 true,否则返回 false,其算法如下:

```
1. bool GetElemByPos(SqList * L,int i,ElemType &e)
2. {
3.     if(i<1 || i>L->length)      //判断查找的逻辑位序是否合法
4.     {
5.         return false;
6.     }
7.     e = L->data[i-1];            //将查找到的元素值赋值给引用型参数 e
8.     return true;
9. }
```

本算法的时间复杂度为 O(1)。

7. 按值查找顺序表

在顺序表 L 中查找是否存在元素值 e，如果存在则返回第一个等于 e 的数据元素的逻辑位序，否则返回 0，其算法如下：

```
1.  int GetElemByElem(SqList * L,ElemType e)
2.  {
3.      int i;
4.      for(i = 0;i < L-> length;i++)    //循环遍历顺序表的 data 数组
5.      {
6.          if( L-> data[i] == e )
7.          {
8.              return i + 1;             //返回查找到的元素的逻辑位序
9.          }
10.     }
11.     return 0;                         //返回 0 表示查找失败
12. }
```

本算法的时间复杂度为 O(n)。

8. 在顺序表中插入元素值

在顺序表 L 的第 i 个逻辑位序插入新的元素 e，顺序表的长度加 1，运算步骤如下：

（1）将 $a_n \sim a_i$ 之间的所有结点依次后移一个逻辑位序，为新元素让出第 i 个逻辑位序。
（2）将新元素 e 插入第 i 个逻辑位序。
（3）将 length 值加 1。如图 2.5 所示。

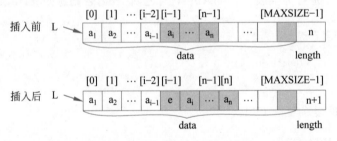

图 2.5 顺序表的插入运算示意图

其算法如下：

```
1.  bool ListInsert(SqList * &L,int i,ElemType e)
2.  {
3.      int j;
4.      if(MAXSIZE == L-> length)           //判断顺序表是否已满
5.      {
6.          return false;
7.      }
8.      if( i < 1 || i > L-> length + 1)    //判断插入的逻辑位序是否合法
9.      {
10.         return false;
11.     }
12.     //从后向前,将顺序表第 i 个逻辑位序以后元素值依次向后平移一位
13.     for(j = L-> length;j >= i;j-- )
```

```
14.        {
15.            L->data[j] = L->data[j-1];
16.        }
17.        L->data[i-1] = e;                //将元素值插入第 i 个逻辑位序
18.        L->length++;                     //顺序表长度加 1
19.        return true;
20.    }
```

需要注意如下问题。

(1) 顺序表中数据域 data 有 MAXSIZE 个存储单元,所以在插入前先检查顺序表是否已满,在表满的情况下不能插入,否则将产生溢出错误。

(2) 检查插入位置的有效性,插入位置 i 的有效范围是:$1 \leqslant i \leqslant L\text{->length}+1$。

(3) 注意数据的移动方向,必须从最后一个结点(a_n)起依次往后移动。

时间复杂度分析:

从算法可知,在顺序表中某个位置上插入一个数据元素时,其时间主要消耗在移动元素上,而移动元素的个数取决于插入元素的位置。

假设 P_i 是在第 i 个位置上插入新元素的概率,则在长度为 n 的线性表中插入一个元素所需平均移动次数为

$$E_{in} = \sum_{i=1}^{n+1} P_i(n-i+1) \tag{2-1}$$

假定在顺序表的任何位置上插入元素概率相等,即 $P_i = 1/(n+1)$,则:

$$E_{in} = \sum_{i=1}^{n+1} P_i(n-i+1) = \frac{1}{n+1} \sum_{i=1}^{n+1}(n-i+1) = \frac{n}{2} \tag{2-2}$$

在顺序表中插入的操作平均需要移动表中一半的数据元素,时间复杂度为 $O(n)$。

9. 在顺序表中删除元素值

将顺序表 L 的第 i 个逻辑位序的数据元素删除,顺序表长度减 1,运算步骤如下:

(1) 将第 i 个数据元素赋值给引用型参数 e。

(2) 将 $a_{i+1} \sim a_n$ 之间的结点依次顺序向前移动一个逻辑位序。

(3) 将 length 值减 1。如图 2.6 所示。

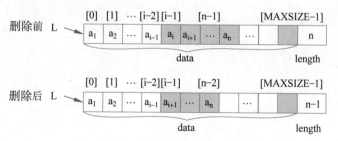

图 2.6 顺序表的删除运算示意图

其算法如下:

```
1. bool ListDelete(SqList * &L, int i, ElemType &e)
2. {
3.     int j;
```

```
4.     if(i<1||i>L->length)      //判断删除的逻辑位序是否合法
5.     {
6.         return false;
7.     }
8.     e = L->data[i-1];           //将删除的第 i 个元素值赋值给引用型参数 e
9.  //从前向后,将顺序表第 i+1 个逻辑位序以后元素值依次向前平移一位
10.    for(j=i-1;j<L->length-1;j++)
11.    {
12.        L->data[j] = L->data[j+1];
13.    }
14.    L->length--;                //顺序表长度减 1
15.    return true;
16. }
```

需要注意如下问题：

(1) 检查删除位置的有效性,删除位置 i 的取值为：$1 \leqslant i \leqslant L->length$。

(2) 注意数据的移动方向,必须从原线性表的第 i+1 个结点(a_{i+1})起依次往前移动。

时间复杂度分析：

与插入算法相同,其时间主要消耗在移动元素上,删除第 i 个元素时,其后的元素 $a_{i+1} \sim a_n$ 都要向前移动一个位置,共移动了 n-i 个元素,假设 P_i 是删除第 i 个元素的概率,则在长度为 n 的顺序表中删除第 i 个元素所需平均移动次数：

$$E_{de} = \sum_{i=1}^{n} P_i(n-i) \tag{2-3}$$

在等概率情况下,$P_i=1/n$,则如公式(2-4)

$$E_{de} = \sum_{i=1}^{n} P_i(n-i) = \frac{1}{n}\sum_{i=1}^{n}(n-i) = \frac{n-1}{2} \tag{2-4}$$

在顺序表中删除操作平均也需要移动表中一半的数据元素,和插入操作相同,时间复杂度为 O(n)。

10. 销毁顺序表

释放顺序表 L 所占用的存储空间,其算法如下：

```
1.  void DestroyList(SqList * &L)
2.  {
3.      free(L);        //释放顺序表 L 所占的存储空间
4.      L = NULL;       //将 L 设置为空指针
5.  }
```

本算法的时间复杂度为 O(1)。

2.5 链表的定义和基本操作

从 2.3 节可知,线性表顺序存储结构的特点是逻辑位置上相邻的两个元素在物理位置上也相邻,因此可以随机存取线性表中的任意一个元素。然而,这个优点也造成了这种存储结构的缺陷：

(1) 对顺序表做插入或删除操作时,需要移动大量的数据元素,影响运行效率;
(2) 顺序表预分配空间时,必须按最大空间分配,存储空间可能得不到充分利用;
(3) 对于某些高级语言而言,顺序表的容量难以扩充。

本节介绍线性表的另外一种表示方法——链式存储结构,由于它不要求逻辑上相邻元素在物理位置上也相邻,因此可以有效解决顺序存储结构存在的问题,但同时会失去了顺序表随机存取的优点。

视频讲解

2.5.1 单链表的定义

线性表链式存储结构的特点是用一组任意的存储单元存储线性表的数据元素。存储单元可以是连续的,也可以是不连续的。为了表示每个数据元素 a_i 与其直接后继 a_{i+1} 之间的逻辑关系,存储数据元素 a_i,除了存储其本身的信息之外,还需存储一个指示其直接后继元素的信息(即直接后继元素的存储位置)。

因此结点 a_i 需要包括两个区域,其中存储数据元素信息的域称为**数据域**,存储直接后继元素存储位置的域称为**指针域**。n 个结点链接成一个链表(Linked List),即为线性表的链式存储结构。若每个结点中只包含一个指针域,则称为**单链表**。

如图 2.7 所示为线性表(a_1,a_2,a_3,a_4,a_5,a_6,a_7,a_8)对应的链式存储结构。整个链表的存取必须从头指针开始进行,头指针指示链表中第一个数据元素的存储位置。最后一个数据元素没有直接后继元素,其指针域置为"空"(NULL)。

通常把链表表示成用箭头相链接的结点序列,结点之间的箭头表示指针域中的指针。可将图 2.7 的链表转换为如图 2.8 所示的形式。在使用链表时,往往关心的是结点间的逻辑顺序,对每个结点的实际地址并不关心。

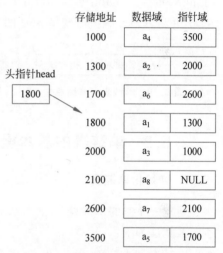

图 2.7 线性表的链式存储示意图

图 2.8 单链表示意图

单链表由若干结点构成,在 C 语言中可以用"结构体指针"来描述。

```
1. typedef struct LNode
2. {
3.     ElemType data;         //数据域,存储元素值
4.     struct LNode * next;   //指针域,存储下一个结点的首地址
5. }LinkNode;
```

其中,ElemType 表示数据域 data 可以定义为任意类型,如数值型、字符型或者其他结构体类型。本小节通过"typedef ElemType int;"语句,假定数据元素为 int 类型。

为了方便运算,通常在单链表的第一个结点之前附设一个结点,称为**头结点**。头结点的数据域可以不存储任何信息,也可存储如线性表的长度等数据信息,头结点的指针域存储第

一个数据结点的地址。

如图 2.9(a)所示,此时单链表的头指针 head 指向头结点,头结点的指针域指向首结点,尾结点的指针域为"空"。若单链表为空表,则头结点的指针域为"空",如图 2.9(b)所示。本节所有算法如未作特殊说明则默认为带头结点的单链表。

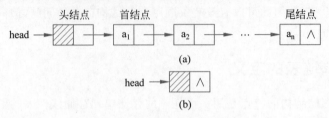

图 2.9 带头结点的单链表示意图

将指向某结点的指针变量定义为 LinkNode * 类型,如 LinkNode * p;则 p=(LinkNode *)malloc(sizeof(LinkNode));语句的作用是申请一块 LinkNode 类型的存储单元,并将其地址赋值给变量 p,如图 2.10 所示。

图 2.10 单链表申请结点

通常将指针 p 所指向的结点直接称为 p 结点,结点的数据域表示为 (* p).data 或 p—>data,指针域表示为 (* p).next 或 p—>next。在 C 语言中用 free(p)表示释放 p 结点的存储空间。

视频讲解

视频讲解

2.5.2 单链表的基本操作

1. 初始化单链表

建立一个空的单链表 L,如图 2.11 所示,即创建一个头结点并将其指针域 next 设置为空。其算法如下:

```
1. void InitList(LinkNode * &L)
2. {
3.     //为头结点动态申请空间,返回首地址赋给头指针
4.     L = (LinkNode * )malloc(sizeof(LinkNode));
5.     L->next = NULL;      //设置头结点的指针域为空
6. }
```

本算法的时间复杂度为 O(1)。

2. 创建单链表

图 2.11 创建一个空的单链表

1) 在单链表头部插入结点创建单链表(头插法)

单链表和顺序表不同,它是一种动态管理的存储结构。单链表中每个结点占用的存储空间不是预先分配的,而是运行时系统根据需要生成的。因此单链表从建立空表开始,每读入一个数据元素则申请一个结点,然后插入单链表的头部。如图 2.12 演示了线性表(1,2,3,4)的链式存储建立的过程,由于是从单链表 L 的头部插入,所以读取数据的顺序和线性表的逻辑顺序相反。其算法如下:

```
1.  void CreateListByHead(LinkNode * &L,ElemType a[],int n)
2.  {
3.      LinkNode * s;                    //定义指向新结点的指针
4.      int i;
5.      for(i = 0;i < n;i++)
6.      {
7.          //为新结点动态申请空间,返回首地址赋给指针 s
8.          s = (LinkNode *)malloc(sizeof(LinkNode));
9.          s -> data = a[i];            //设置新结点的数据域
10.         s -> next = L -> next;       //设置新结点的指针域
11.         L -> next = s;               //设置头结点的指针域指向新结点
12.     }
13. }
```

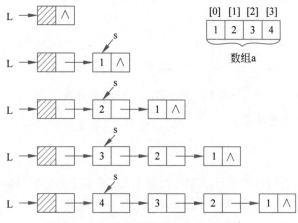

图 2.12 头部插入结点建立单链表

本算法的时间复杂度为 O(n)。

2) 在单链表尾部插入结点创建单链表(尾插法)

首先建立单链表空表,每次将新结点插入到单链表的尾部,加入一个指针 r 始终指向单链表中的尾结点,以便能够将新结点插入到单链表的尾部,如图 2.13 演示了在单链表 L 的尾部插入结点,创建单链表(1,2,3,4)的过程。采用这种方法建立单链表,读取数据的顺序和线性表的逻辑顺序相同。其算法如下:

```
1.  void CreateListByTail(LinkNode * &L,ElemType a[],int n)
2.  {
3.      LinkNode * s;                    //定义指向新结点的指针
4.      LinkNode * r;                    //定义尾指针
5.      int i;
6.      r = L;                           //尾指针指向头结点
7.      for(i = 0;i < n;i++)
8.      {
9.          //为新结点动态申请空间,返回首地址赋给指针 s
10.         s = (LinkNode *)malloc(sizeof(LinkNode));
11.         s -> data = a[i];            //设置新结点的数据域
12.         s -> next = NULL;            //设置新结点的指针域为空指针
```

```
13.        r->next = s;           //设置尾结点的指针域指向新结点
14.        r = s;                 //设置尾指针指向新结点
15.    }
16. }
```

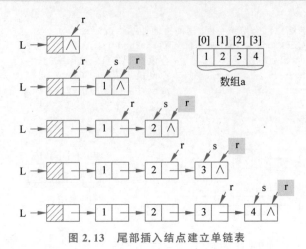

图 2.13 尾部插入结点建立单链表

本算法的时间复杂度为 O(n)。

3. 求单链表的长度

设一个指向首结点的移动指针 p 和计数器 cnt。当 p 不为空时,通过循环执行 p=p->next 语句,实现指针 p 向后"移动",计数器加 1。其算法如下:

```
1. int ListLength(LinkNode * L)
2. {
3.     LinkNode * p = L->next;
4.     int cnt = 0;
5.     while(p != NULL)
6.     {
7.         cnt++;
8.         p = p->next;
9.     }
10.    return cnt;
11. }
```

本算法的时间复杂度为 O(n)。

4. 输出单链表

设一个指向首结点的移动指针 p。当 p 不为空时,通过循环执行 p=p->next 语句,实现指针 p 向后"移动",输出结点数据域的值。其算法如下:

```
1. void DispList(LinkNode * L)
2. {
3.     LinkNode * p = L->next;
4.     printf("\n单链表元素值为:");
```

```
5.      while(p != NULL)
6.      {
7.          printf("%4d",p->data);
8.          p = p->next;
9.      }
10.     printf("\n");
11. }
```

本算法的时间复杂度为 O(n)。

5. 判断单链表是否为空

即判断头结点的指针域是否为空。若返回为 true 则单链表为空,否则返回 false。其算法如下:

```
1. bool ListEmpty(LinkNode * L)
2. {
3.     return L->next == NULL;
4. }
```

本算法的时间复杂度为 O(1)。

6. 查找单链表

1) 按逻辑位序查找单链表

从单链表 L 的头结点开始查找第 i 个数据结点,若存在第 i 个数据结点,则将其数据域 data 的值赋给引用型参数 e。其过程是让 p 指向头结点,用 cnt 来统计遍历过的数据结点个数,当 cnt<i 且 p 不为空时进行循环: cnt 加 1,p 指向下一个结点。循环有两个结束条件:若 p 为空,表示单链表 L 中不存在第 i 个结点,则返回 false;若找到第 i 个结点,则返回 true。其算法如下:

```
1. bool GetElemByPos(LinkNode * L,int i,ElemType &e)
2. {
3.     LinkNode * p = L;
4.     int cnt = 0;
5.     if(i <= 0)
6.         return false;
7.     while(p!= NULL && cnt < i )
8.     {
9.         cnt++;
10.        p = p->next;
11.    }
12.    if(p == NULL)
13.    {
14.        return false;
15.    }
16.    else
17.    {
18.        e = p->data;
19.        return true;
20.    }
21. }
```

2) 按值查找单链表

从单链表 L 的头结点开始,判断当前结点数据域的值是否等于 e,若相等,则返回该结点的逻辑位序,若不等,则继续查找下一个结点,直到查完所有结点。其过程首先是让 p 指向头结点,用 cnt 来统计遍历过的数据结点个数,当 p 所指向结点数据域的值和 e 不相等,且 p 不为空时进行循环:cnt 加 1,p 指向下一个结点。循环有两个结束条件:若 p 为空,表示单链表 L 中不存在元素值 e,返回 0;p->data 与 e 相等,返回该结点的逻辑位序。其算法如下:

```
1.  int GetElemByElem(LinkNode * L,ElemType e)
2.  {
3.      LinkNode * p = L->next;
4.      int cnt = 1;
5.      while( p != NULL && p->data!= e )
6.      {
7.          cnt++;
8.          p = p->next;
9.      }
10.     if(p == NULL)
11.     {
12.         return 0;
13.     }
14.     else
15.     {
16.         return cnt;
17.     }
18. }
```

以上两个算法的时间复杂度均为 O(n)。

7. 在单链表中插入元素值

定义指针 p 指向单链表 L 的头结点,接着在单链表 L 中查找第 i-1 个结点,由 p 指向它。若存在这样的结点,将值 e 插入到 p 所指向结点的后面,返回 true;否则返回 false,表示参数 i 错误。其算法如下:

```
1.  bool ListInsert(LinkNode * &L, int i,ElemType e)
2.  {
3.      LinkNode * p = L;
4.      int cnt = 0;
5.      LinkNode * s;
6.      if(i <= 0)
7.          return false;
8.      while( p != NULL && cnt < i-1)
9.      {
10.         cnt++;
11.         p = p->next;
12.     }
13.     if(p != NULL)
14.     {
15.         s = (LinkNode *)malloc(sizeof(LinkNode));
16.         s->data = e;
17.         s->next = p->next;
```

```
18.            p->next = s;
19.            return true;
20.        }
21.        else
22.        {
23.            return false;
24.        }
25. }
```

在第 i 个结点之前插入一个新结点,必须先找到第 i-1 个结点,即找到需修改的指针域的结点,本算法时间的复杂度为 O(n)。

8. 在单链表中删除元素值

定义指针 p 指向单链表 L 的头结点,接着在单链表 L 中找到第 i-1 个结点,由 p 指向它。若存在这样的结点,其也存在后继结点(由 q 指向它),则删除 q 所指向的结点,返回 true;否则返回 false,表示参数 i 错误。其算法如下:

```
1. bool ListDelete(LinkNode * &L, int i, ElemType &e)
2. {
3.     LinkNode * p = L;
4.     int cnt = 0;
5.     LinkNode * q;
6.     if(i <= 0)
7.         return false;
8.     while( p != NULL && cnt < i-1)
9.     {
10.        cnt++;
11.        p = p->next;
12.    }
13.        if(p != NULL)
14.        {
15.            q = p->next;
16.            if(q == NULL)
17.            {
18.                return false;
19.            }
20.            e = q->data;
21.            p->next = q->next;
22.            free(q);
23.            return true;
24.        }
25.        else
26.        {
27.            return false;
28.        }
29. }
```

和插入算法一样,为删除第 i 个结点,也必须先找到第 i-1 个结点,本算法的时间复杂度也为 O(n)。

9. 销毁单链表

释放单链表 L 占用的内存单元,即逐一释放全部结点空间。其算法如下:

```
1.  void DestroyList(LinkNode * &L)
2.  {
3.      LinkNode * p = L->next;
4.      while(p != NULL )
5.      {
6.          p = p->next;
7.          free(L->next);
8.          L->next = p;
9.      }
10.     free(L);
11.     L = NULL;
12. }
```

本算法的时间复杂度为 O(n)。

2.5.3 循环链表

循环链表(Circular Linked List)是另一种形式的链式存储结构。特点是表中最后一个结点的指针域指向头结点,整个链表头尾结点相连形成一个环。由此,从表中任一结点出发均可找到表中其他结点。如图 2.14 所示。

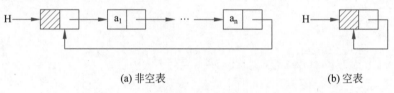

(a) 非空表   (b) 空表

图 2.14 带头结点的单循环链表示意图

1. 循环链表上的操作

循环链表的操作和单链表基本相同,差别在于算法中的循环条件不再是 p!=NULL 或 p->next!=NULL,而是判断当前结点的指针域是否为头指针,即 p->next!=head。

2. 循环链表设置尾指针

单链表只能从头结点开始遍历整个链表,对于单循环链表则可以从表中任意结点开始遍历整个链表。而且,对链表常做的操作是在表尾、表头进行,此时可以不用头指针标识链表,而用一个指向尾结点的指针 tail 来标识,使得某些操作简化。

当知道循环链表的尾指针 tail 后,其另一端的头指针是 tail->next->next(表中带头结点),仅改变两个指针值即可,其时间复杂度为 O(1)。

例如,将两个单循环链表 L1、L2 合并成一个表时,将 L2 的第一个数据结点接到 L1 的尾结点,如用头指针表示,则需要找到第一个链表的尾结点,其时间复杂度为 O(n),而链表若用尾指针 t1 和 t2 来标识,操作如下:

```
1.  p = t1->next;                      //记录表 L1 的头结点指针
2.  t1->next = t2->next->next;         //将表 L1 的尾结点和表 L2 的首结点连接
3.  free(t2->next);                    //释放表 L2 的头结点
4.  t2->next = p;                      //组成循环链表
```

过程如图 2.15 所示。其时间复杂度为 O(1)。

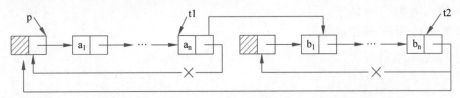

图 2.15　两个用尾结点标记的单循环链表的合并示意图

2.5.4　双向链表

以上讨论的链式存储结构的结点中只有一个指示直接后继结点的指针域,即从某个结点出发只能顺时针往后寻查其他结点。若要寻找结点的直接前驱结点,则需从表头指针出发。换句话说,在单向链表中,已知某结点地址,查询直接后继结点的时间复杂度为 O(1),而查询直接前驱结点的时间复杂度为 O(n)。为了克服上述缺点,可以采用双向链表 (Double Linked List)。

1. 双向链表的结构

双向链表的结点由一个数据域和两个指针域组成。两个指针其一指向直接前驱结点,另一个指向直接后继结点。结点的结构如图 2.16 所示。

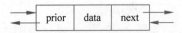

图 2.16　双向链表的结点结构示意图

在 C 语言中可以描述如下：

```
1. typedef struct DuLNode
2. {
3.     datatype data;
4.     struct DuLNode * prior;
5.     struct DuLNode * next;
6. }DuLNode, * DuLinkList;
```

和单循环链表类似,双向链表也可以有循环链表。空的双向循环链表只有一个表头结点,如图 2.17 所示。

非空的双向循环链表中存在两个环,如图 2.18 所示。

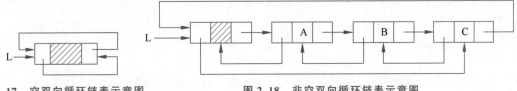

图 2.17　空双向循环链表示意图　　　　图 2.18　非空双向循环链表示意图

在双向链表中,若 p 为指向某一结点的指针,则有：p—> next—> prior 和 p—> prior—> next 与 p 相同,这个表达式反映了这种结构的特性。

2. 双向链表的操作

双向链表中,有的操作如求表长、查找、显示等仅需涉及一个方向的指针域,它们的算法与单链表的相同。但在插入、删除操作时有很大的不同,因为要修改两个方向的指针域,所以这里介绍这两个算法。

1) 插入结点

如图 2.19 所示，操作描述为：

① p->prior = q;
② p->next = q->next;
③ p->next->prior = p;
④ q->next = p;

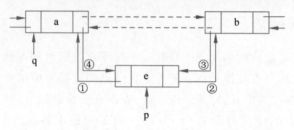

图 2.19　双向链表插入结点时指针的变化情况示意图

2) 删除结点

如图 2.20 所示，操作描述为：

① p->prior->next = p->next;
② p->next->prior = p->prior;
③ free(p);

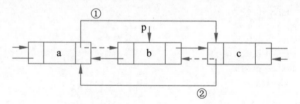

图 2.20　双向链表删除结点时指针的变化情况示意图

2.6　顺序表和链表的比较

1. 存取方式

顺序表可以顺序存取，也可以随机存取，链表只能从表头顺序存取元素。

2. 逻辑结构与物理结构

采用顺序存储时，逻辑上相邻的元素，其对应的物理存储位置也相邻。而采用链式存储时，逻辑上相邻的元素，其物理存储位置则不一定相邻，其对应的逻辑关系是通过指针链接来表示的。这里请注意区别存取方式和存储方式。

3. 查找、插入和删除操作

对于按值查找,当数据元素无序时,顺序表和链表的时间复杂度均为 $O(n)$;而当数据元素有序时,顺序表可采用折半查找(第 9 章讲解),时间复杂度为 $O(\log_2 n)$。

对于按位序查找,由于顺序表支持随机访问,时间复杂度仅为 $O(1)$,而链表的平均时间复杂度为 $O(n)$。顺序表的插入、删除操作,平均需要移动半个表长的元素。链表的插入、删除操作,只需要修改相关结点的指针域即可。由于链表每个结点带有指针域,通常情况下在存储空间上比顺序表要占用更多,存储密度不够大。

4. 空间分配

顺序存储一旦存储空间装满就不能扩充,如果再加入新元素将出现内存溢出,因此需要预先分配足够大的存储空间。预先分配过大,可能会导致顺序表后部大量闲置;预先分配过小,又会造成溢出。链表的结点空间只在需要的时候申请分配,只要内存有空间就可以分配,操作灵活、高效。

那么,在实际应用中应该如何选取哪种存储结构呢?

1) 基于存储的考虑

当线性表的长度或存储规模难以估计时,不宜采用顺序表;而链表不用事先估计存储规模,但链表的存储密度较低,显然链式存储结构的存储密度是小于 1 的。

2) 基于运算的考虑

在顺序表中按位序访问 a_i 的时间复杂度为 $O(1)$,而链表中按位序访问 a_i 的时间复杂度为 $O(n)$,所以如果经常做的运算是按位序访问数据元素,显然顺序表优于链表。

在顺序表中做插入、删除操作时,平均移动表中一半的元素,当数据元素的信息量较大且表较长时,这一点是不应忽视的;在链表中做插入、删除操作时,虽然也要查找插入位置,但操作主要是比较操作,从这个角度考虑后者优于前者。

3) 基于环境的考虑

顺序表容易编程实现,因为绝大部分高级语言中都有数组类型;而链表的操作是基于指针的,需要编程语言支持指针。前者的代码实现较为简单,这也是需要考虑的因素之一。

总之,两种存储结构各有优缺点,选择哪一种结构由实际问题的主要因素决定。通常较稳定的线性表选择顺序存储,而频繁做插入、删除操作的线性表宜选择链式存储。

2.7 案例分析与实践

对于 2.2 节中的学生成绩管理信息系统,学生信息包含学号、姓名、性别、计算机成绩、数学成绩、英语成绩和总成绩,通过结构体来自定义 struct Student 数据类型,代码如下所示。

【案例实现】

1. 学生结构体类型定义

```
1. typedef struct Student
2. {
```

```
3.     char sno[10];
4.     char sname[20];
5.     char gender;
6.     int computer;
7.     int maths;
8.     int english;
9.     int total;
10. }ElemType;
```

如果采用顺序存储结构,则通过结构体来定义 struct SequenceList 顺序表类型,代码如下所示。

```
1. typedef struct SequenceList
2. {
3.     ElemType data[LEN];
4.     int length;
5. }SqList;
```

如果采用链式存储结构,则通过结构体来定义 struct LNode 单链表结点类型,代码如下所示。

```
1. typedef struct LNode
2. {
3.     ElemType data;
4.     struct LNode * next;
5. }LinkNode;
```

2. 程序实现

分别使用顺序存储和链式存储实现学生成绩管理信息系统。参考代码如下。
1) 使用顺序表实现学生成绩管理信息系统

```
1. #include <stdio.h>
2. #include <malloc.h>
3. #include <stdlib.h>
4. #include <string.h>
5.
6. #define LEN 50
7.
8. typedef struct Student
9. {
10.    char sno[10];
11.    char sname[20];
12.    char gender;
13.    int computer;
14.    int maths;
15.    int english;
16.    int total;
17. }ElemType;
18.
19.    typedef struct SequenceList
```

```
20.    {
21.        ElemType data[LEN];
22.        int length;
23.    }SqList;
24.
25.    void InitList(SqList * &L);
26.    void Menu();
27.    void CreateList(SqList * &L,ElemType a[],int n);
28.    void DispList(SqList * L);
29.    int ListLength(SqList * L);
30.    bool ListEmpty(SqList * L);
31.    void DestroyList(SqList * &L);
32.    bool GetElemByPos(SqList * L,int i,ElemType &e);
33.    int GetElemByElem(SqList * L,ElemType e);
34.    bool ListInsert(SqList * &L,int i,ElemType e);
35.    bool ListDelete(SqList * &L,int i,ElemType &e);
36.
37.    int main()
38.    {
39.        SqList * sq = NULL;
40.        int choice;
41.        int num;
42.        int i;
43.        ElemType arr[LEN];
44.        char confirm[4];
45.        int pos;
46.        ElemType elem;
47.        do
48.        {
49.            Menu();
50.            scanf("%d",&choice);
51.            system("cls");
52.            switch(choice)
53.            {
54.                case 1:
55.                    InitList(sq);
56.                    if(sq!=NULL)
57.                    {
58.                        printf("init succsess!\n");
59.                    }
60.                    else
61.                    {
62.                        printf("init failed!\n");
63.                    }
64.                    break;
65.                case 2:
66.                    printf("pls Enter the number of students:");
67.                    scanf("%d",&num);
68.                    for(i=0;i<num;i++)
69.                    {
70.                        printf("sno:");
71.                        scanf("%s",arr[i].sno);
72.                        getchar();
```

```
73.                    printf("sname:");
74.                    gets(arr[i].sname);
75.                    printf("gender:");
76.                    scanf(" %c",&arr[i].gender);
77.                    printf("computer:");
78.                    scanf(" %d",&arr[i].computer);
79.                    printf("maths:");
80.                    scanf(" %d",&arr[i].maths);
81.                    printf("english:");
82.                    scanf(" %d",&arr[i].english);
83.                    arr[i].total = arr[i].computer + arr[i].maths + arr[i].english;
84.                }
85.                CreateList(sq,arr,num);
86.                DispList(sq);
87.                break;
88.            case 3:
89.                DispList(sq);
90.                break;
91.            case 4:
92.                printf("the lengh of seqList is %d\n", ListLength(sq) );
93.                break;
94.            case 5:
95.                if( ListEmpty(sq) )
96.                {
97.                    printf("List is empty!\n");
98.                }
99.                else
100.               {
101.                   printf("List is not empty!\n");
102.               }
103.               break;
104.           case 6:
105.               printf("are you sure?input yes or no:");
106.               scanf(" %s",confirm);
107.               if( strcmp(strlwr(confirm),"yes") == 0 )
108.               {
109.                   DestroyList(sq);
110.                   if(sq == NULL)
111.                   {
112.                       printf("Destroy success!\n");
113.                   }
114.                   else
115.                   {
116.                       printf("Destroy failed!\n");
117.                   }
118.               }
119.               break;
120.           case 7:
121.               printf("pls Enter position:");
122.                scanf(" %d",&pos);
123.               if( GetElemByPos(sq,pos,elem) )
124.               {
```

```
125.                         printf("the No. %d student is %s,%s,%c,%d,%d,%d,%d\n",
     pos,elem.sno,elem.sname,elem.gender,elem.computer,elem.maths,elem.english,elem.
     total);
126.                     }
127.                     else
128.                     {
129.                         printf("get failed!\n");
130.                     }
131.                     break;
132.                 case 8:
133.                     printf("pls Enter Sname:");
134.                     getchar();
135.                     gets(elem.sname);
136.                     pos = GetElemByElem(sq,elem);
137.                     if(pos == 0)
138.                     {
139.                         printf("there is not %s\n",elem.sname);
140.                     }
141.                     else
142.                     {
143.                         printf("%s is No.%d student.\n",elem.sname,pos);
144.                     }
145.                     break;
146.                 case 9:
147.                     printf("pls Enter insert position:");
148.                     scanf("%d",&pos);
149.                     printf("pls Enter Student info\n");
150.                     printf("sno:");
151.                     scanf("%s",elem.sno);
152.                     printf("sname:");
153.                     getchar();
154.                     gets(elem.sname);
155.                     printf("gender:");
156.                     scanf("%c",&elem.gender);
157.                     printf("computer:");
158.                     scanf("%d",&elem.computer);
159.                     printf("maths:");
160.                     scanf("%d",&elem.maths);
161.                     printf("english:");
162.                     scanf("%d",&elem.english);
163.                     elem.total = elem.computer + elem.maths + elem.english;
164.                     if( ListInsert(sq,pos,elem) )
165.                     {
166.                         printf("insert success!\n");
167.                         DispList(sq);
168.                     }
169.                     else
170.                     {
171.                         printf("insert failed!\n");
172.                     }
173.                     break;
174.                 case 10:
175.                     printf("pls Enter delete position:");
```

```
176.                    scanf("%d",&pos);
177.                    if( ListDelete(sq,pos,elem) )
178.                    {
179.                        printf("delete success!\n");
180.                        DispList(sq);
181.                    }
182.                    else
183.                    {
184.                        printf("delete failed!\n");
185.                    }
186.                    break;
187.            case 0:
188.                    exit(0);
189.            default:
190.                    printf("input error!\n");
191.            }
192.    }while(1);
193.    return 0;
194. }
195.
196. void Menu()
197. {
198.     printf("STUDENT INFO MANAGEMENT(顺序表)\n");
199.     printf("------------------------- \n");
200.     printf("1.initial List\n");
201.     printf("2.Create List\n");
202.     printf("3.Display List\n");
203.     printf("4.List Length\n");
204.     printf("5.List is Empty \n");
205.     printf("6.Destroy List\n");
206.     printf("7.GetElemByPosition\n");
207.     printf("8.GetElemBySname\n");
208.     printf("9.List Insert\n");
209.     printf("10.List Delete\n");
210.     printf("0.exit\n");
211.     printf("------------------------- \n");
212.     printf("pls Enter your choice:");
213. }
214.
215. void InitList(SqList * &L)
216. {
217.     L = (SqList *)malloc(sizeof(SqList));
218.     L->length = 0;
219. }
220.
221. void CreateList(SqList * &L,ElemType a[],int n)
222. {
223.     int i;
224.     for(i = 0;i < n;i++)
225.     {
226.         L->data[i] = a[i];
227.         L->length++;
228.     }
```

```
229.    }
230.
231.    void DispList(SqList * L)
232.    {
233.        int i;
234.        printf("学号\t姓名\t性别\t计算机成绩\t数学成绩\t英语成绩\t总成绩\n");
235.        printf("-------------------------------------------------------------\n");
236.        for(i = 0;i < L -> length;i++)
237.        {
238.            printf("%s\t%s\t%c\t%d\t%d\t%d\t%d\n",L -> data[i].sno,L -> data[i].sname,L -> data[i].gender,L -> data[i].computer,L -> data[i].maths,L -> data[i].english,L -> data[i].total);
239.        }
240.    }
241.
242.    int ListLength(SqList * L)
243.    {
244.        return L -> length;
245.    }
246.
247.    bool ListEmpty(SqList * L)
248.    {
249.        return L -> length == 0 ;
250.    }
251.
252.    void DestroyList(SqList * &L)
253.    {
254.        free(L);
255.        L = NULL;
256.    }
257.
258.    bool GetElemByPos(SqList * L,int i,ElemType &e)
259.    {
260.        if(i < 1 || i > L -> length)
261.        {
262.            return false;
263.        }
264.        e = L -> data[i - 1];
265.        return true;
266.    }
267.
268.    int GetElemByElem(SqList * L,ElemType e)
269.    {
270.        int i;
271.        for(i = 0;i < L -> length;i++)
272.        {
273.            if( strcmp(L -> data[i].sname,e.sname) == 0 )
274.            {
275.                return i + 1;
276.            }
277.        }
278.        return 0;
279.    }
```

```
280.
281. bool ListInsert(SqList * &L,int i,ElemType e)
282. {
283.     int j;
284.     if(LEN == L->length)
285.     {
286.         return false;
287.     }
288.     if( i<1 || i>L->length+1 )
289.     {
290.         return false;
291.     }
292.     for(j=L->length;j>=i;j--)
293.     {
294.         L->data[j] = L->data[j-1];
295.     }
296.     L->data[i-1] = e;
297.     L->length++;
298.     return true;
299. }
300.
301. bool ListDelete(SqList * &L,int i,ElemType &e)
302. {
303.     int j;
304.     if(i<1||i>L->length)
305.     {
306.         return false;
307.     }
308.     e = L->data[i-1];
309.     for(j=i-1;j<L->length-1;j++)
310.     {
311.         L->data[j] = L->data[j+1];
312.     }
313.     L->length--;
314.     return true;
315. }
```

2) 使用单链表实现学生成绩管理信息系统

```
1. #include <stdio.h>
2. #include <malloc.h>
3. #include <stdlib.h>
4. #include <string.h>
5.
6. #define LEN 50
7.
8. typedef struct Student
9. {
10.     char sno[10];
11.     char sname[20];
12.     char gender;
13.     int computer;
14.     int maths;
```

```
15.        int english;
16.        int total;
17.   }ElemType;
18.
19.   typedef struct LNode
20.   {
21.        ElemType data;
22.        struct LNode * next;
23.   }LinkNode;
24.
25.   void Menu();
26.   void InitList(LinkNode * &L);
27.   void CreateListByHead(LinkNode * &L,ElemType a[],int n);
28.   void CreateListByTail(LinkNode * &L,ElemType a[],int n);
29.   void DispList(LinkNode * L);
30.   int LengthList(LinkNode * L);
31.   bool ListEmpty(LinkNode * L);
32.   void DestroyList(LinkNode * &L);
33.   bool GetElemByPos(LinkNode * L, int i,ElemType &e);
34.   int GetElemBySno(LinkNode * L,ElemType e);
35.   bool ListInsert(LinkNode * &L, int i,ElemType e);
36.   bool ListDelete(LinkNode * &L, int i,ElemType &e);
37.
38.   int main()
39.   {
40.        LinkNode * head = NULL;
41.        int choice;
42.        int num;
43.        ElemType arr[LEN];
44.        int i;
45.        int pos;
46.        ElemType elem;
47.        do
48.        {
49.            Menu();
50.            printf("pls Enter your choice:");
51.            scanf(" % d",&choice);
52.            system("cls");
53.            switch(choice)
54.            {
55.                case 1:
56.                    InitList(head);
57.                    if(head != NULL)
58.                    {
59.                        printf("init success!\n");
60.                    }
61.                    else
62.                    {
63.                        printf("init failed!\n");
64.                    }
65.                    break;
66.                case 2:
67.                    printf("1.CreateListByHead\n");
```

```
68.            printf("2.CreateListByTail\n");
69.            printf("pls Enter your choice:");
70.            scanf("%d",&choice);
71.            system("cls");
72.            printf("pls Enter the number of students:");
73.            scanf("%d",&num);
74.            for(i = 0;i < num;i++)
75.            {
76.                printf("sno:");
77.                scanf("%s",arr[i].sno);
78.                getchar();
79.                printf("sname:");
80.                gets(arr[i].sname);
81.                printf("gender:");
82.                scanf("%c",&arr[i].gender);
83.                printf("computer:");
84.                scanf("%d",&arr[i].computer);
85.                printf("maths:");
86.                scanf("%d",&arr[i].maths);
87.                printf("english:");
88.                scanf("%d",&arr[i].english);
89.                arr[i].total = arr[i].computer + arr[i].maths + arr[i].english;
90.            }
91.            if(choice == 1)
92.            {
93.                CreateListByHead(head,arr,num);
94.            }
95.            else
96.            {
97.                CreateListByTail(head,arr,num);
98.            }
99.            DispList(head);
100.           break;
101.       case 3:
102.           DispList(head);
103.           break;
104.       case 4:
105.           printf("the length of Linklist is %d\n", LengthList(head) );
106.           break;
107.       case 5:
108.           if( ListEmpty(head) )
109.           {
110.               printf("List is empty.\n");
111.           }
112.           else
113.           {
114.               printf("List is not empty.\n");
115.           }
116.           break;
117.       case 6:
118.           DestroyList(head);
119.           if(head == NULL)
120.           {
```

```
121.                    printf("destroy successful.\n");
122.                }
123.                else
124.                {
125.                    printf("destroy failed.\n");
126.                }
127.                break;
128.            case 7:
129.                printf("pls Enter position:");
130.                scanf("%d",&pos);
131.                if(GetElemByPos(head,pos,elem))
132.                {
133.                    printf("the No.%d student is %s,%s,%c,%d,%d,%d,%d\n",
    pos,elem.sno,elem.sname,elem.gender,elem.computer,elem.maths,elem.english,elem.total);
134.                }
135.                else
136.                {
137.                    printf("failed!\n");
138.                }
139.                break;
140.            case 8:
141.                printf("pls Enter sno:");
142.                scanf("%s",elem.sno);
143.                pos = GetElemBySno(head,elem);
144.                if(pos != 0)
145.                {
146.                    printf("%s is No.%d student.\n",elem.sno,pos);
147.                }
148.                else
149.                {
150.                    printf("there is not %s\n",elem.sno);
151.                }
152.                break;
153.            case 9:
154.                printf("pls Enter insert position:");
155.                scanf("%d",&pos);
156.                printf("pls Enter student info.\n");
157.                printf("sno:");
158.                scanf("%s",elem.sno);
159.                printf("sname:");
160.                getchar();
161.                gets(elem.sname);
162.                printf("gender:");
163.                scanf("%c",&elem.gender);
164.                printf("computer:");
165.                scanf("%d",&elem.computer);
166.                printf("maths:");
167.                scanf("%d",&elem.maths);
168.                printf("english:");
169.                scanf("%d",&elem.english);
170.                elem.total = elem.computer + elem.maths + elem.english;
171.                if( ListInsert(head,pos,elem) )
172.                {
```

```
173.                    printf("insert success!\n");
174.                    DispList(head);
175.                }
176.                else
177.                {
178.                    printf("insert failed!\n");
179.                }
180.                break;
181.            case 10:
182.                printf("pls Enter delete position:");
183.                scanf("%d",&pos);
184.                if( ListDelete(head,pos,elem) )
185.                {
186.                    printf("delete success!\n");
187.                    DispList(head);
188.                }
189.                else
190.                {
191.                    printf("delete failed!\n");
192.                }
193.                break;
194.            case 0:
195.                exit(0);
196.            default:
197.                printf("input Error!\n");
198.        }
199.    }while(1);
200.    return 0;
201. }
202.
203. void Menu()
204. {
205.     printf("STUDENT INFO MANAGEMENT(单链表)\n");
206.     printf("------------------------------------\n");
207.     printf("1.initial List\n");
208.     printf("2.Create List\n");
209.     printf("3.Display List\n");
210.     printf("4.List Length\n");
211.     printf("5.List is Empty \n");
212.     printf("6.Destroy List\n");
213.     printf("7.GetElemByPos\n");
214.     printf("8.GetElemBySno\n");
215.     printf("9.List Insert\n");
216.     printf("10.List Delete\n");
217.     printf("0.exit\n");
218.     printf("------------------------------------\n");
219. }
220.
221. void InitList(LinkNode * &L)
222. {
223.     L = (LinkNode * )malloc(sizeof(LinkNode));
224.     L->next = NULL;
225. }
```

```
226.
227.    void CreateListByHead(LinkNode * &L, ElemType a[ ], int n)
228.    {
229.        LinkNode * s;
230.        int i;
231.        for(i = 0; i < n; i++)
232.        {
233.            s = (LinkNode * )malloc(sizeof(LinkNode));
234.            s->data = a[i];
235.            s->next = L->next;
236.            L->next = s;
237.        }
238.    }
239.
240.    void CreateListByTail(LinkNode * &L, ElemType a[ ], int n)
241.    {
242.        LinkNode * s, * r;
243.        int i;
244.        r = L;
245.        for(i = 0; i < n; i++)
246.        {
247.            s = (LinkNode * )malloc(sizeof(LinkNode));
248.            s->data = a[i];
249.            s->next = NULL;
250.            r->next = s;
251.            r = s;
252.        }
253.    }
254.
255.    void DispList(LinkNode * L)
256.    {
257.        LinkNode * p = L->next;
258.        printf("学号\t姓名\t性别\t计算机成绩\t数学成绩\t英语成绩\t总成绩\n");
259.        printf("-------------------------------------------------------- \n");
260.        while(p != NULL)
261.        {
262.            printf("%s\t%s\t%c\t%d\t%d\t%d\t%d\n", p->data.sno, p->data.sname, p->data.gender, p->data.computer, p->data.maths, p->data.english, p->data.total);
263.            p = p->next;
264.        }
265.    }
266.
267.    int LengthList(LinkNode * L)
268.    {
269.        LinkNode * p = L->next;
270.        int cnt = 0;
271.        while(p != NULL)
272.        {
273.            cnt++;
274.            p = p->next;
275.        }
276.        return cnt;
```

```
277.    }
278.
279.    bool ListEmpty(LinkNode * L)
280.    {
281.        return L->next == NULL;
282.    }
283.
284.    void DestroyList(LinkNode * &L)
285.    {
286.        LinkNode * p = L->next;
287.        while(p != NULL )
288.        {
289.            p = p->next;
290.            free(L->next);
291.            L->next = p;
292.        }
293.        free(L);
294.        L = NULL;
295.    }
296.
297.    bool GetElemByPos(LinkNode * L, int i, ElemType &e)
298.    {
299.        LinkNode * p = L;
300.        int cnt = 0;
301.        while(p != NULL)
302.        {
303.            if(cnt == i)
304.            {
305.                break;
306.            }
307.            cnt++;
308.            p = p->next;
309.        }
310.        if(p == NULL)
311.        {
312.            return false;
313.        }
314.        else
315.        {
316.            e = p->data;
317.            return true;
318.        }
319.    }
320.
321.    int GetElemBySno(LinkNode * L, ElemType e)
322.    {
323.        LinkNode * p = L->next;
324.        int cnt = 1;
325.        while( p != NULL && strcmp(p->data.sno, e.sno) != 0 )
326.        {
327.            cnt++;
328.            p = p->next;
329.        }
```

```
330.        if(p == NULL)
331.        {
332.            return 0;
333.        }
334.        else
335.        {
336.            return cnt;
337.        }
338.    }
339.
340.    bool ListInsert(LinkNode * &L, int i, ElemType e)
341.    {
342.        LinkNode * p = L;
343.        int cnt = 0;
344.        LinkNode * s;
345.        while( p != NULL && cnt < i - 1)
346.        {
347.            cnt++;
348.            p = p->next;
349.        }
350.        if(p != NULL)
351.        {
352.            s = (LinkNode * )malloc(sizeof(LinkNode));
353.            s->data = e;
354.            s->next = p->next;
355.            p->next = s;
356.            return true;
357.        }
358.        else
359.        {
360.            return false;
361.        }
362.    }
363.
364.    bool ListDelete(LinkNode * &L, int i, ElemType &e)
365.    {
366.        LinkNode * p = L;
367.        int cnt = 0;
368.        LinkNode * q;
369.        while( p != NULL && cnt < i - 1)
370.        {
371.            cnt++;
372.            p = p->next;
373.        }
374.        if(p != NULL)
375.        {
376.            q = p->next;
377.            if(q == NULL)
378.            {
```

```
379.            return false;
380.        }
381.        e = q->data;
382.        p->next = q->next;
383.        free(q);
384.        return true;
385.    }
386.    else
387.    {
388.        return false;
389.    }
390. }
```

【结果显示】

运行结果如图 2.21 所示。

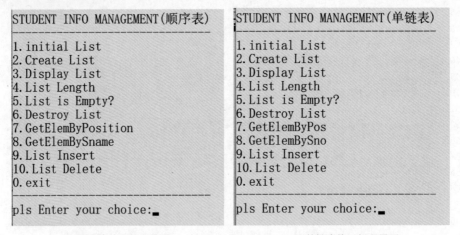

(a) 顺序表的运行主界面　　　　　(b) 单链表的运行主界面

图 2.21　程序运行主界面示意图

2.8　小结

(1) 线性表是一种最简单的数据结构,数据元素之间存在"一对一"的关系。其存储方式通常采用顺序存储方式和链式存储方式。

(2) 线性表的顺序存储结构称为顺序表,可以采用结构体的形式表示,包含两个成员:一个用来定义存放所有结点数据的数组,其类型可以根据需要而定;另一个是表示顺序表实际长度的整型变量。顺序表的最大优点是可以随机存取,缺点是表的扩充困难,插入、删除操作需要移动大量的元素。

(3) 线性表的链式存储结构称为链表,是通过结点之间的链接得到的。每个结点采用结构体类型定义,结点包括两部分信息:一是数据域,用来存放结点数据;二是指针域,用来指向相关联的其他结点。线性链表的优点是插入、删除操作不需要移动数据元素,缺点是不能随机存取。

(4) 根据链接方式不同,线性表的链式存储形式有:单链表、双向链表和循环链表等。

习题 2

一、填空题

1. 在单链表中,要在已知结点 p 之前插入一个新结点,需要找到 p 的直接前驱结点的地址,其查找的时间复杂度为_____。

2. 在双向链表中要删除已知结点 p,其时间复杂度为_____。

3. 当线性表的元素总数基本稳定,且很少进行插入和删除操作,但要求以最快速度存取线性表中的元素时,应采用_____存储结构。

4. 对一个需要经常进行插入和删除操作的线性表,采用_____存储结构为宜。

5. 线性表 L=(a_1,a_2,…,a_n)用数组表示,假定删除表中任一元素的概率相同,则删除一个元素平均需要移动元素的个数是_____。

6. 设单链表的结点结构为(data,next),其中 next 为指针域,已知指针 px 指向单链表中 data 为 x 的结点,指针 py 指向 data 为 y 的新结点,若将结点 y 插入结点 x 之后,则需要执行语句_____。

7. 已知一个长度为 n 的顺序表,在第 i 个元素(1≤i≤n)之前插入一个新元素,需向后移动_____个元素。

8. 对于一个具有 n 个结点的单链表,在已知的结点 p 后插入一个新结点的时间复杂度为_____。在给定值为 x 的结点后插入一个新结点的时间复杂度为_____。

9. 对于双向链表,在两个结点之间插入一个新结点需修改的指针共有_____个,而对于单链表为_____个。

10. 已知指针 p 指向单链表 L 中的某结点,则删除其后继结点的语句是_____。

11. 带头结点的双循环链表 L 中只有一个元素结点的条件是_____。

12. 在单链表 L 中,指针 p 所指结点有后继结点的条件是_____。

13. 在单链表 p 结点之后插入 s 结点的操作是_____。

二、选择题

1. 在具有 n 个结点的单链表中,实现(   )的操作,其算法的时间复杂度是 O(n)。

    A. 遍历链表或求链表的第 i 个结点

    B. 在地址为 P 的结点之后插入一个结点

    C. 删除开始结点

    D. 删除地址为 P 的结点的后继结点

2. 已知一个顺序存储的线性表,设每个结点占 m 个存储单元,若第一个结点的地址为 B,则第 i 个结点的地址为(   )。

    A. B+(i−1)*m   B. B+i*m   C. B−i*m   D. B+(i+1)*m

3. 用链表存储的线性表,其优点是(   )。

    A. 便于随机存取   B. 需要的存储空间比顺序表少

    C. 便于插入和删除   D. 数据元素物理顺序与逻辑顺序相同

4. 设 p 为指向单循环链表上某结点的指针,则 *p 的直接前驱(　　)。
   A. 找不到　　　　　　　　　　B. 查找时间复杂度为 O(1)
   C. 查找时间复杂度为 O(n)　　　D. 查找结点的次数约为 n

5. 等概率情况下,在有 n 个结点的顺序表上做插入结点运算,需平均移动结点的数目为(　　)。
   A. n　　　　B. (n−1)/2　　　C. n/2　　　D. (n+1)/2

6. 在下列链表中不能从当前结点出发访问到其余各结点的是(　　)。
   A. 双向链表　　B. 单循环链表　　C. 单链表　　D. 双向循环链表

7. 在双向链表中做插入运算的时间复杂度为(　　)。
   A. O(1)　　B. O(n)　　C. $O(n^2)$　　D. $O(\log_2 n)$

8. 若长度为 n 的线性表采用顺序存储结构,在其第 i 个位置(1≤i≤n+1)插入一个新元素的算法的时间复杂度为(　　)。
   A. O(0)　　B. O(1)　　C. O(n)　　D. O(n2)

9. 线性表($a_1, a_2, \cdots, a_n$)采用顺序存储结构,访问第 i 个位置元素的时间复杂度为(　　)。
   A. O(i)　　B. O(1)　　C. O(n)　　D. O(i−1)

10. 链表不具有的特点是(　　)。
    A. 插入、删除不需要移动元素　　　B. 可随机访问任一元素
    C. 不必事先估计存储空间　　　　　D. 所需空间与线性长度成正比

11. 对于一个头指针为 head 的带头结点的单链表,判定该表为空表的条件是(　　)。
    A. head==NULL　　　　　　　B. head→next==NULL
    C. head→next==head　　　　D. head!=NULL

12. 在双向链表指针 p 的结点前插入一个指针 q 的结点操作是(　　)。
    A. p−>prior=q; q−>next=p; p−>prior−>next=q; q−>prior=q;
    B. p−>prior=q; p−>prior−>next=q; q−>next=p; q−>prior=p−>prior;
    C. q−>next=p; q−>prior=p−>prior; p−>prior−>next=q; p−>prior=q;
    D. q−>prior=p−>prior; q−>next=q; p−>prior=q; p−>prior=q;

三、判断题

1. 链表中的头结点仅起到标识的作用。　　　　　　　　　　　　　　　　(　　)
2. 顺序存储结构的主要缺点是不利于插入或删除操作。　　　　　　　　　(　　)
3. 线性表采用链表存储时,结点和结点内部的存储空间可以是不连续的。　(　　)
4. 顺序存储方式插入和删除时效率太低,因此它不如链式存储方式好。　　(　　)
5. 对任何数据结构链式存储结构一定优于顺序存储结构。　　　　　　　　(　　)
6. 线性表的特点是每个元素都有一个直接前驱和一个直接后继。　　　　　(　　)
7. 取线性表的第 i 个元素的时间同 i 的大小有关。　　　　　　　　　　　(　　)
8. 链表的每一个结点都恰好包含一个指针域。　　　　　　　　　　　　　(　　)

四、简答题

1. 线性表有两种存储结构:一是顺序表,二是链表。试问:

(1) 如果有 n 个线性表同时并存,并且在处理过程中各表的长度会动态变化,线性表的总数也会自动地改变。在此情况下,应选用哪种存储结构?为什么?

(2) 若线性表的总数基本稳定,且很少进行插入和删除,但要求以最快的速度存取线性表中的元素,那么应采用哪种存储结构?为什么?

2. 线性表(a_1,a_2,…,a_n)用顺序存储时,a_i 和 a_{i+1}($1 \leq i < n$)的物理位置相邻吗?链式存储时呢?

3. 说明在线性表的链式存储结构中,头指针与头结点之间的区别。

4. 在单链表和双向链表中,能否从当前结点出发访问到任何一个结点?为什么?

五、算法题

1. 写出顺序表按值查找的函数 int LocateElem(SqList * L,ElemType e),即在顺序表中查找与给定值 e 相等的数据元素,如查找成功,返回该元素在顺序表的序号,若整个表都未找到与 e 相等的元素,返回 -1。并分析该算法的时间复杂度。

2. 编写算法 bool ListInsert(LinkNode * &L, ElemType a,ElemType x),实现在一个带头结点的单链表 L 中,向数据域为 a 的结点后插入数据域为 e 的结点。

3. 编写函数 bool ListDelete(LinkNode * &L,ElemType x),实现在给定的带头结点的单链表 L 中,删除值为 x 的结点。

4. 已知一个带头结点的单链表,编写一个函数 bool DeleteList2(LinkNode * &L,int i, int n)实现从单链表中删除自第 i 个结点起的 n 个结点(假设该单链表结点个数大于 i+n)。

5. 已知单链表 L 是一个非空递减有序表,编写算法实现将值为 x 的结点插入 L 中并保持 L 仍然有序。

第 3 章

栈和队列

CHAPTER 3

本章学习目标
- 理解栈的逻辑结构
- 掌握顺序栈的物理结构和基本操作
- 掌握链栈的物理结构和基本操作
- 运用栈的特点解决实际问题
- 理解队列的逻辑结构
- 掌握顺序队列的物理结构和基本操作
- 掌握顺序循环队列的物理结构和基本操作
- 掌握链队列的物理结构和基本操作
- 运用队列的特点解决实际问题

在线自测题

本章首先介绍栈的定义和特点,栈的抽象数据类型定义及典型案例,栈的顺序存储和链接式存储方法,以及在这两种存储结构上如何实现栈的基本运算,栈的案例分析与实现。接着介绍队列的定义及特点及典型案例,队列的抽象数据类型定义,队列顺序存储、链式存储方法,队列的初始化、插入、删除、修改、查找操作,溢出的概念、顺序队列假溢出的解决方法,循环队列的概念、特点及相关操作,队列的典型案例分析与实现。

3.1 栈的定义及特点

栈(Stack)是操作限定在表的一端进行的线性表。允许进行插入、删除等操作的一端称为**栈顶**(Top)。另一端是固定的,不允许插入和删除,称为**栈底**(Bottom)。向栈中插入一个新元素称为**入栈**(或压栈),从栈中删除一个元素称为**出栈**(或退栈)。

栈通常记为:$S = (a_1, a_2, \cdots, a_n)$,$a_1$ 为栈底元素,a_n 为栈顶元素。当栈中没有数据元素时称为**空栈**(Empty Stack)。n 个数据元素按照 $a_1, a_2, \cdots, a_n$ 的顺序依次入栈,而出栈的次序相反,a_n 第一个出栈,a_1 最后一个出栈。所以,栈的操作是按照**后进先出**(Last In First Out,LIFO)或先进后出(First In Last Out,FILO)的原则进行的。因此,栈又称为 LIFO 表或 FILO 表。

栈的操作示意图如图 3.1 所示,其中 top 为栈顶指针,用于记录栈顶元素的位置。

由于栈仅可在栈顶进行操作,不能在栈的其他位置插入或删除元素,因此栈的操作是线性表操作的一个子集。栈的操作主要包括在栈顶插入元素、删除元素、取栈顶元素和判断栈是否为空等。

视频讲解

日常生活中也包含栈的使用场景。例如,刷洗盘子时,把洗净的盘子一个接一个地往上放(相当于元素入栈);取用盘子时,则从最上面依次往下拿(相当于元素出栈),如图 3.2 所示。

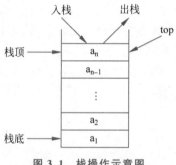

图 3.1 栈操作示意图

图 3.2 盘子摆放示例图

例如,薯片加工过程中,向包装桶添加薯片时为入栈操作,用户食用薯片时取出最上面的薯片为出栈操作,如图 3.3 所示。

用户在网站上查找信息时,假设先浏览页面 A,然后关闭页面 A 跳转到页面 B,随后又关闭页面 B 跳转到页面 C。此时,如果想重新回到页面 A,有两个选择:一是重新搜索找到页面 A;二是使用浏览器的"回退"功能,浏览器会先回退到页面 B,而后再回退到页面 A。浏览器"回退"功能的实现,使用的就是栈存储结构。当关闭页面 A 时,浏览器会将页面 A 入栈;同样,当关闭页面 B 时,浏览器也会将 B 入栈。因此,当执行回退操作时,首先看到的是页面 B,然后是页面 A,这是栈中数据依次出栈的效果。

【例 3-1】 设有 4 个元素(a、b、c、d)入栈,元素的入栈和出栈是可以交替进行的,请找出所有可能的出栈次序。

【解】 依次列出四个元素所有 24 种排列组合的出栈次序,逐一判断,共 14 种出栈次序

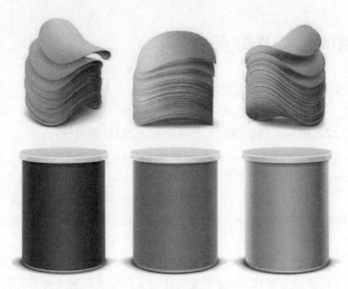

图 3.3 桶装薯片示例图

是合法的：abcd、abdc、acbd、acdb、adcb、bacd、badc、bcad、bcda、bdca、cbad、cbda、cdba、dcba。

3.2 栈的典型案例

【例 3-2】 将 54 转换为二进制数。

如图 3.4 所示，在上述计算过程中，第一次求出的 X 值为最低位，最后一次求出的 X 值为最高位。而打印时应从高位至低位进行，与计算过程相反。根据此特点，可以通过入栈出栈来实现，将计算过程中依次得到的二进制数码按顺序进栈，计算结束后，再顺序出栈，并按出栈顺序打印输出，即可得到十进制数对应的二进制数。

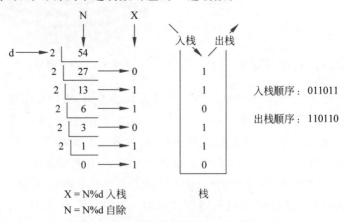

图 3.4 利用栈实现不同进制数转换示例图

【例 3-3】 算术表达式转换

算术表达式转换是实现程序设计语言的基本问题之一，也是栈的应用的一个典型例子。算术表达式分为前缀表达式、中缀表达式和后缀表达式。

1) 中缀表达式

常见的数学表达式就是中缀表达式,例如:a+b,这种类似经常见到的表达式叫作中缀表达式,这个表达式的特点就是将运算符放在两个操作数中间。

2) 前缀表达式

前缀表达式(波兰式)就是将运算符放在操作数的前面,比如上面的中缀表达式 a+b,转换成前缀表达式之后为+ab。

3) 后缀表达式

后缀表达式(逆波兰式)将运算符放在操作数后面,比如上面的中缀表达式 a+b,转换成后缀表达式就为 ab+。

三种表达式之间是可以直接或间接转换的,如图 3.5 所示。

前缀表达式(波兰式) ⇌ 中缀表达式 ⇌ 后缀表达式(逆波兰式)

图 3.5 三种表达式的相互转换示意图

接下来,通过下列三个表达式讲解表达式之间的转换过程:

中缀表达式　　(a+b)×c+d−(e+g)×h
前缀表达式　　−+×+abcd×+egh
后缀表达式　　ab+c×d+eg+h×−

1) 中缀转前缀

首先,从左向右,根据优先级,每 2 个操作数和 1 个运算符,就用括号括起来(已用括号括起来的,看作 1 个操作数)。

$$(a+b)\times c+d-(e+g)\times h$$
$$((a+b)\times c)+d-((e+g)\times h)$$
$$(((a+b)\times c)+d)-((e+g)\times h)$$
$$((((a+b)\times c)+d)-((e+g)\times h))$$

然后,把运算符移到对应括号的前面。注意只需要移动到该运算符原来所在的括号前面即可,切勿一次移动多层。

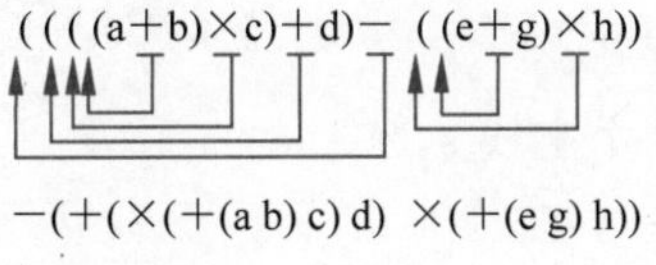

$$((((a+b)\times c)+d)-\ ((e+g)\times h))$$
$$-(+(\times(+(a\ b)\ c)\ d)\ \times(+(e\ g)\ h))$$

最后,去掉括号完成中缀转前缀,得到:

$$-+\times+abcd\times+egh$$

2) 中缀转后缀

中缀转后缀与中缀转前缀的思路是相似的,只需要把运算符移动到括号后面即可。

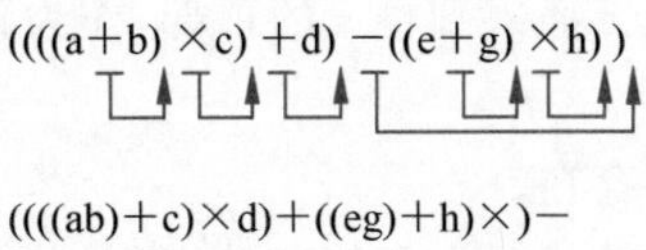

$$((((a+b)\times c)+d)-((e+g)\times h))$$

$$((((ab)+c)\times d)+((eg)+h)\times)-$$

$$ab+c\times d+eg+h\times-$$

3) 前缀转中缀

前缀转中缀时,从后向前扫描前缀表达式,每遇到 2 个操作数和 1 个运算符就把运算符放到两个操作数中间。注意可能会连续遇到 3 个及以上的操作数的情况,这种情况下需继续向前找,直到找到运算符,然后结合后面的 2 个操作数组合在一起。

$$-+\times+\text{abcd}\times+\textbf{egh}$$
$$-+\times+\text{abcd}\times(\textbf{e+g})\textbf{h}$$
$$-+\times+\textbf{abcd}((e+g)\times h)$$
$$-+\times(\textbf{a+b})\textbf{cd}((e+g)\times h)$$
$$-+((\textbf{a+b})\times\textbf{c})\textbf{d}((e+g)\times h)$$
$$-(((\textbf{a+b})\times\textbf{c})+\textbf{d})((e+g)\times\textbf{h})$$
$$((((\textbf{a+b})\times\textbf{c})+\textbf{d})-((e+g)\times\textbf{h}))$$
$$(a+b)\times c+d-(e+g)\times h$$

4) 后缀转中缀

后缀转中缀与前缀转中缀的思路是相似的,从前向后扫描后缀表达式。

由此可见,算术表达式转换问题是栈的一个非常典型的应用实例,具体实现见 3.6 节。

3.3 栈的抽象数据类型定义

栈的基本操作除了入栈和出栈外,还包含栈的初始化、栈空的判定,以及取栈顶元素等。下面给出栈的抽象数据类型定义:

ADT Stack{

数据对象:$D=\{a_i|1\leqslant i\leqslant n, n\geqslant 0, a_i$ 是 ElemType 类型$\}$,D 是具有相同特性的数据元素的集合。

数据关系:

$R=\{<a_{i-1}, a_i>|a_{i-1}、a_i\in D, 1\leqslant i\leqslant n\}$,假定 a_n 端为栈顶,a_1 端为栈底。

基本操作:

　　InitStack(&s)

　　初始条件:栈不存在。

　　操作结果:构造一个空栈 s。

　　StackEmpty(s)

　　初始条件:栈 s 已存在。

　　操作结果:判断栈 s 是否为空,若为空则返回 true,否则返回 false。

　　Push(&s,e)

　　初始条件:栈 s 已存在,e 是一个给定的待入栈的数据元素。

　　操作结果:将元素 e 插入到栈 s 的顶部,作为新的栈顶元素。

　　Pop(&s,&e)

　　初始条件:栈 s 已存在。

　　操作结果:将栈 s 的栈顶元素值赋给引用型参数 e,并出栈栈顶元素。

　　GetTop(s,&e)

初始条件：栈 s 已存在。
操作结果：读取栈 s 中的栈顶元素，并将其值赋给 e，栈顶不发生变化。
DestroyStack(&s)
初始条件：栈 s 已存在。
操作结果：释放栈 s 占用的存储空间。
}

和线性表类似，栈也包含两种存储表示方法，分别为顺序栈和链栈。

3.4 栈的顺序存储

3.4.1 顺序栈的定义

顺序栈（Sequence Stack）是用一片连续的存储空间来存储栈中的数据元素。类似于顺序表，可以用一维数组表示用一个记录栈顶位置的整型变量（栈顶指针）来表示栈顶元素的位置。

顺序栈的定义如下：

```
1.  #define MAXSIZE 100        //MAXSIZE 是顺序栈最多可能存储的元素个数
2.  typedef int ElemType;      //以整数类型的数据元素为例
3.  typedef struct SequnceStack
4.  {
5.       ElemType data[MAXSIZE];
6.       int top;              //栈顶指针,表示栈顶元素的数组下标
7.  } SqStack;                 //顺序栈类型
```

其中，top 称为栈顶指针，用于指示栈顶元素在数组中的下标值，其初值为 -1，即 $top=-1$。

3.4.2 顺序栈的存储形态

根据顺序栈中元素的数目和栈的容量将顺序栈分为三种形态：空栈、非空非满栈和满栈。如定义一个长度为 6 的顺序栈 s，将栈底设在数组底端。top 为栈顶指针，记录栈顶元素位置如图 3.6 所示。图 3.6(a)中栈顶指针 $top=-1$，表示栈中没有任何元素，即空栈；图 3.6(b)中栈顶指针 $top=3$，栈顶元素为 D，A 为栈底元素，栈中一共有 A、B、C、D 4 个元素，栈的最大容量为 6，因此该栈为**非空非满栈**；图 3.6(c)中栈顶指针 $top=5$，即 F 为栈顶

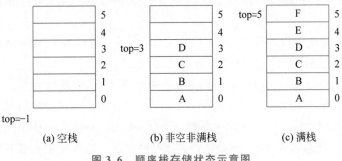

图 3.6 顺序栈存储状态示意图

元素,栈内一共有 6 个元素,顺序栈的最大容量为 6,栈中不能再插入任何元素,此时栈的状态为满,称为**满栈**。

3.4.3 顺序栈的入栈和出栈

顺序栈有插入和删除两种基本操作,即入栈和出栈。以图 3.7 为例讲解顺序栈的两种操作,设定 s 是指向顺序栈的指针。

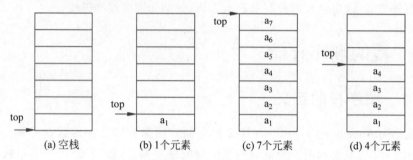

图 3.7 顺序栈的栈顶指针与栈中数据元素的关系图

1. 入栈操作

图 3.7(a)为空栈,进行入栈操作时只需要将栈顶指针 top 加 1,再把元素 a_1 存放在此位置上,如图 3.7(b)所示。按照此操作可以实现 $a_2,a_3,\cdots,a_n$ 的入栈操作,如图 3.7(c)所示,其核心操作为:s—>top++,s—>data[top]=a_i。在图 3.7(c)满栈时插入一个元素时,由于栈已满会产生溢出错误,称为**上溢出**。故入栈操作前,需判断栈是否为满,满栈入栈则产生上溢出错误。

2. 出栈操作

在图 3.7(c)栈中删除一个元素时只需将栈顶指针 top 减 1,使其指向新的栈顶元素即可,按照此操作可以实现 a_7,a_6,a_5 的出栈操作,如图 3.7(d)所示,其核心操作为:s—>top——。在图 3.7(a)空栈时删除一个元素时,由于空栈中没有元素,会产生溢出错误,称为"**下溢出**"。故进行出栈操作前,需要检查栈是否为空,对空栈进行出栈操作时会产生下溢出错误。

注意:向一个满栈插入元素或从一个空栈删除元素的操作都是不允许的,应该停止程序运行或进行特殊处理。"上溢出"是一种错误状态,应当避免其发生;而"下溢出"有可能是正常现象,因为栈的初始状态或终止状态都是空栈,所以程序中常用下溢出作为控制转移的条件。

【**例 3-4**】 假设顺序栈 s 依次入栈(A,B,C,D,E,F),栈中最多能存储 6 个元素。请给出顺序栈 s 进栈和退栈时,其栈顶指针 top 和栈的变化情况。

【**解**】 如图 3.8 所示为顺序栈 s 进栈和退栈运算时,其栈顶指针 top 和栈中元素的变化情况。顺序栈 s 的初始状态为空,top=−1,图 3.8(a)就是空栈时的情况。若向栈中插入一个元素 A 后,则顺序栈 s 的变化情况如图 3.8(b)所示。若依次向栈中插入元素(B,C,D,E,F)后,则 top=5,此时栈满,图 3.8(c)就是满栈时的情况。删除栈顶元素 F 后如图 3.8(d)所示。依次删除 E 和 D 后如图 3.8(e)所示。

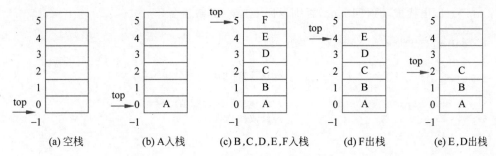

图 3.8　栈的顺序存储结构及其操作过程示意图

3.4.4　顺序栈的基本操作

1. 顺序栈的初始化

创建一个空栈，由指针 s 指向它，并将栈顶指针 top 设置为 -1。其算法如下：

```
1. void InitStack(SqStack * &s)
2. {
3.     s = (SqStack * )malloc(sizeof(SqStack));   //为顺序栈动态申请空间
4.     s -> top = -1;                              //空顺序栈的标识
5. }
```

2. 判断顺序栈是否为空

如果顺序栈 s 的 top 为 -1，则顺序栈为空，返回 true，否则返回 false。其算法如下：

```
1. bool StackEmpty(SqStack * s)
2. {
3.     return s -> top == -1;
4. }
```

3. 入栈操作

入栈操作是在顺序栈 s 未满的情况下，先使栈顶指针 top 加 1，然后在栈顶添加一个新元素 e，入栈成功返回 true，否则返回 false。其算法如下：

```
1. bool Push(SqStack * &s, ElemType e)
2. {
3.     if (s -> top == MAXSIZE - 1)       //栈满的情况,即栈上溢出
4.         return false;
5.     s -> top++;                         //修改栈顶指针,加 1
6.     s -> data[s -> top] = e;            //元素入栈
7.     return true;
8. }
```

4. 出栈操作

出栈操作是指在顺序栈 s 不为空的情况下，将栈顶元素值赋给引用型参数 e，再使栈顶

指针 top 减 1,出栈成功返回 true,否则返回 false。其算法如下:

```
1. bool Pop(SqStack * &s,ElemType &e)
2. {
3.     if (s->top == -1)             //栈为空的情况,即栈下溢出
4.         return false;
5.     e = s->data[s->top];          //将栈顶元素值赋值给形参 e
6.     s->top--;                     //修改栈顶指针,减 1
7.     return true;
8. }
```

5. 读取栈顶元素

在顺序栈 s 不为空的情况下,将栈顶元素值赋给引用型参数 e,返回 true,否则返回 false。其算法如下:

```
1. bool GetTop(SqStack * s,ElemType &e)
2. {
3.     if (s->top == -1)             //栈为空的情况,即栈下溢出
4.         return false;
5.     e = s->data[s->top];          //将栈顶元素值赋值给形参 e
6.     return true;
7. }
```

6. 销毁顺序栈

释放顺序栈 s 所占用的存储空间。其算法如下:

```
1. void DestroyStack(SqStack * &s)
2. {
3.     free(s);                      //销毁指针 s 指向的顺序栈空间
4.     s = NULL;
5. }
```

上述 6 个顺序栈基本操作的时间复杂度均为 O(1),说明顺序栈是一种高效的算法设计。

视频讲解

3.5 栈的链式存储

3.5.1 链栈的定义

链式存储方式的栈,称为**链栈**(Linked Stack)。链栈通常用单链表来表示,它的实现是单链表的简化,如图 3.9 所示。所以,链栈结点的结构与单链表结点的结构一样。由于链栈的操作只在一端进行,为了操作方便,把栈顶设在链表的头部。

链栈的类型定义及变量说明和单链表一样,其类型定义如下:

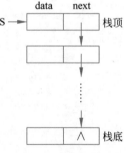

图 3.9 链栈示意图

```
1. typedef int ElemType;
2. typedef struct linknode
3. {
4.     ElemType data;              //数据域
5.     struct linknode * next;     //指针域
6. }LinkStNode;                    //链栈结点类型
```

【例 3-5】 假设一个栈 s 依次入栈(A,B,C),采用链栈存储时,其存储结构如图 3.10(a)所示。图中头结点的指针域(s—>next),指向栈顶结点 C。若依次插入两个元素(D,E)后,则对应的存储结构如图 3.10(b)所示。若从栈中删除栈顶元素 E,则对应的存储结构如图 3.10(c)所示。当链栈中所有的元素全部出栈后,则为空栈,此时 s—>next=NULL,如图 3.10(d)所示。

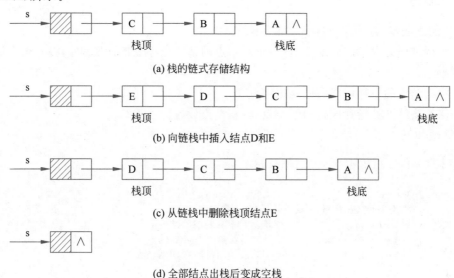

(a) 栈的链式存储结构

(b) 向链栈中插入结点D和E

(c) 从链栈中删除栈顶结点E

(d) 全部结点出栈后变成空栈

图 3.10 链栈存储图

3.5.2 链栈的基本操作

链栈的基本操作有以下六种:

1. 链栈的初始化

建立一个空栈 s。实际上是创建链栈的头结点,并将其 next 域置为 NULL,如图 3.11 所示。其算法如下:

```
1. void InitStack(LinkStNode * &s)
2. {
3.     s = (LinkStNode * )malloc(sizeof(LinkStNode));
4.     s—> next = NULL;
5. }
```

本算法的时间复杂度为 O(1)。

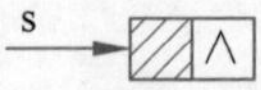

图 3.11 创建一个空的链栈示意图

2. 判断链栈是否为空

栈 s 为空的条件是 s->next==NULL 为真,即单链表中只有头结点,没有数据结点。其算法如下:

```
1. bool StackEmpty(LinkStNode * s)
2. {
3.     return s -> next == NULL;
4. }
```

本算法的时间复杂度为 O(1)。

3. 入栈操作

链栈的进栈步骤(不需要判断是否为满栈):

① 为待进栈元素动态分配新结点,将新结点的首地址存入指针变量 p,将 e 赋给新结点的数据域;

② 将新结点的指针域指向原栈顶结点;

③ 修改头结点的指针域指向新结点,将新结点设置为栈顶结点。

其算法如下:

```
1. void Push(LinkStNode * &s,ElemType e)
2. {
3.     LinkStNode * p;
4.     p = (LinkStNode * )malloc(sizeof(LinkStNode));
5.     p -> data = e;            //新建元素 e 对应的结点 p
6.     p -> next = s -> next;    //插入 p 结点作为开始结点
7.     s -> next = p;            //头结点的指针域指向新结点
8. }
```

本算法的时间复杂度为 O(1)。

4. 出栈操作

链栈的出栈步骤如下:

① 检查栈是否为空,若为空,则进行"下溢出"错误处理,返回 false;

② 将栈顶指针暂存,以便返回调用者和释放栈顶存储空间,并保存栈顶元素值;

③ 删除栈顶结点,即将头结点指针域指向原栈顶结点的后续结点,使其成为新的栈顶结点;

④ 释放原栈顶结点的存储空间;

⑤ 出栈成功,返回 true。

其算法如下:

```
1. bool Pop(LinkStNode * &s,ElemType &e)
2. {
3.     LinkStNode * p;
4.     if (s -> next == NULL)    //栈空的情况
```

```
5.      {
6.          return false;
7.      }
8.      p = s -> next;              //p指向栈顶结点
9.      e = p -> data;
10.     s -> next = p -> next;      //删除p结点
11.     free(p);                    //释放p结点
12.     return true;
13. }
```

本算法的时间复杂度为 O(1)。

5. 读取栈顶元素

读取栈顶元素步骤如下：
① 检查栈是否为空,若为空,则进行"下溢出"错误处理,返回 false,若不为空,则继续；
② 读取栈顶元素值赋给引用型参数 e；
③ 读取成功,函数返回 true。

其算法如下：

```
1. bool GetTop(LinkStNode * s,ElemType &e)
2. {
3.      if (s -> next == NULL)  //栈空的情况
4.          return false;
5.      e = s -> next -> data;
6.      return true;
7. }
```

本算法的时间复杂度为 O(1)。

6. 销毁链栈

销毁链栈步骤如下：
① 定义指针 p 指向栈顶结点；
② 通过循环语句,依次销毁栈顶结点；
③ 最后销毁链栈的头结点。

其算法如下：

```
1. void DestroyStack(LinkStNode * &s)
2. {
3.      LinkStNode * p = s -> next;
4.      while (p != NULL)
5.      {
6.          s -> next = p -> next;
7.          free(p);
8.          p = s -> next;
9.      }
10.     free(s);        //s指向头结点,释放其空间
11.     s = NULL;
12. }
```

本算法的时间复杂度为 O(n)，其中 n 为链栈中数据结点个数。

3.6 栈的案例分析与实现

对于 3.2 节中的【例 3-2】：将十进制 54 转换为二进制数。十进制数值转换成二进制数值使用辗转相除法将一个十进制数值转换成二进制数值，即用该十进制数值除以 2，并保留其余数；重复此操作，直到该十进制数值为 0 为止。最后将所有的余数反向输出就是所对应的二进制数值。

【案例实现】
定义 BinaryConvert 函数实现二进制数转换。

1. 算法步骤

（1）定义顺序栈；
（2）使用辗转相除法将该十进制数值除以 2，将得到的每一个余数依次入栈，直到该十进制数为 0；
（3）将栈中元素值依次出栈，直到栈为空；
（4）销毁顺序栈。

2. 参考代码

```
1.  #include <stdio.h>
2.  #include <malloc.h>
3.  #define MAXSIZE 100
4.  typedef int ElemType;
5.  typedef struct SequenceStack
6.  {
7.      ElemType data[MAXSIZE];
8.      int top;
9.  } SqStack;          //顺序栈类型
10.
11. void InitStack(SqStack *&s)
12. {
13.     s = (SqStack *)malloc(sizeof(SqStack));
14.     s->top = -1;
15. }
16. void DestroyStack(SqStack *&s)
17. {
18.     free(s);
19.     s = NULL;
20. }
21.
22. bool StackEmpty(SqStack *s)
23. {
24.     return s->top == -1;
25. }
26.
```

```c
27.    bool Push(SqStack * &s,ElemType e)
28.    {
29.        if (s -> top == MAXSIZE - 1)
30.            return false;
31.        s -> top++;
32.        s -> data[s -> top] = e;
33.        return true;
34.    }
35.    bool Pop(SqStack * &s,ElemType &e)
36.    {
37.        if (s -> top == - 1)
38.            return false;
39.        e = s -> data[s -> top];
40.        s -> top -- ;
41.        return true;
42.    }
43.    void BinaryConvert(int N)
44.    {
45.        int X,e;
46.        SqStack * s;
47.        InitStack(s);
48.        while(N != 0)
49.        {
50.            X = N % 2;
51.            N = N / 2;
52.            Push(s,X);
53.        }
54.        printf("转换为二进制:");
55.        while(!StackEmpty(s))
56.        {
57.            Pop(s,e);
58.            printf(" % d",e);
59.        }
60.        printf("\n");
61.        DestroyStack(s);
62.    }
63.    int main()
64.    {
65.        int num;
66.        printf("请输入要转换的十进制整数:");
67.        scanf(" % d",&num);
68.        BinaryConvert(num);
69.        return 0;
70.    }
```

3. 运行结果

请输入要转换的十进制整数：54↙
转换为二进制：110110

3.2节的【例3-3】为算术表达式转换。算术表达式转换问题是栈的一个非常典型的应用实例，主要利用的是栈的先进后出特性。用栈实现表达式转换主要指的是中缀转前缀或者后缀，其他形式表达式的转换没有具体意义，因为转为前缀和后缀的目的就是让计算机进行求值，所以主要讲述的是中缀转换为前缀或后缀。

【案例实现】

定义 ConvertBack 和 ConverFront 函数实现中缀转后缀和中缀转前缀。

1. 算法步骤

1）中缀转后缀

中缀式转后缀式需要两个栈完成，然后从前向后扫描中缀表达式。记住：所有的操作数入 s1 栈，所有的括号和运算符入 s2 栈。

首先由于 s2 空，此时扫描到了左括号，遇到左括号直接入栈 s2。

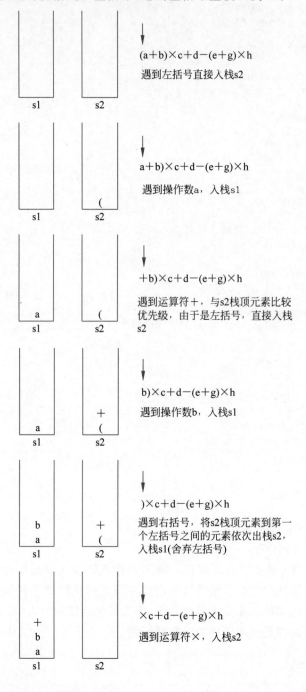

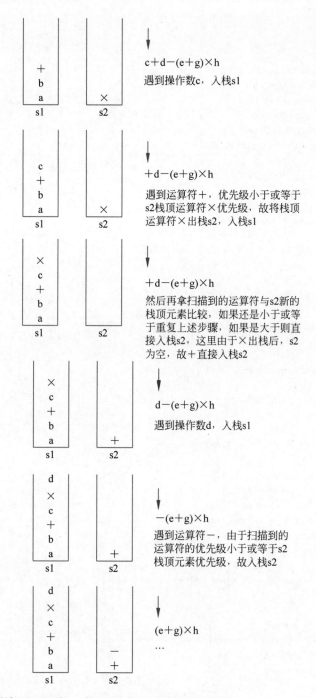

剩余部分不再演示，此时 s1 栈已经有了后缀式的雏形。

2）中缀转前缀

中缀转前缀基本和中缀转后缀一致，区别为扫描是从后向前扫描中缀式；遇到右括号直接入栈，遇到左括号进行出栈；扫描到运算符优先级如果大于或等于栈顶运算符优先级，直接入栈。

2. 参考代码

```c
1.    #include <stdio.h>
2.    #include <malloc.h>
3.    #include <string.h>
4.    #define MAXSIZE 100
5.    typedef char ElemType;
6.    typedef struct SequenceStack
7.    {
8.        ElemType data[MAXSIZE];
9.        int top;
10.   } SqStack;   //顺序栈类型
11.   void InitStack(SqStack *&s)
12.   {
13.       s = (SqStack *)malloc(sizeof(SqStack));
14.       s->top = -1;
15.   }
16.   void DestroyStack(SqStack *&s)
17.   {
18.       free(s);
19.       s = NULL;
20.   }
21.   bool StackEmpty(SqStack *s)
22.   {
23.       return s->top == -1;
24.   }
25.
26.   bool Push(SqStack *&s, ElemType e)
27.   {
28.       if (s->top == MAXSIZE - 1)
29.           return false;
30.       s->top++;
31.       s->data[s->top] = e;
32.       return true;
33.   }
34.
35.   bool Pop(SqStack *&s, ElemType &e)
36.   {
37.       if (s->top == -1)
38.           return false;
39.       e = s->data[s->top];
40.       s->top--;
41.       return true;
42.   }
43.
44.   bool GetTop(SqStack *s, ElemType &e)
45.   {
46.       if (s->top == -1)
47.           return false;
48.       e = s->data[s->top];
49.       return true;
50.   }
51.   //判断操作符的优先级
```

```
52.     int getpriority(char c)
53.     {
54.         if (c == '+' || c == '-')
55.         {
56.             return -1;                              //加减优先级小
57.         }
58.         else
59.         {
60.             return 1;                               //乘除优先级大
61.         }
62.     }
63.
64.     //中缀转后缀
65.     void ConvertBack(char * express, SqStack * &s1, SqStack * &s2)
66.     {
67.         int i = 0;
68.         char temp;
69.         while (express[i] != '\0')                  //扫描中缀表达式
70.         {
71.             if ('0'<= express[i] && express[i] >= '9')  //如果扫描到操作数,则直接入 s1
72.             {
73.                 Push(s1,express[i++]);
74.             }
75.             else if (express[i] == '(')             //如果扫描到左括号,则直接入 s2
76.             {
77.                 Push(s2,express[i++]);
78.             }
79.         //扫描到运算符进行优先级判断
80.             else if (express[i] == '+' || express[i] == '-' || express[i] == '*' || express[i] == '/')
81.             {
82.                 GetTop(s2,temp);
83.         //如果此时 s2 为空或者栈顶元素为左括号,或者扫描到的运算符优先级大于栈顶运算符
                //优先级,则入 s2
84.                 if (StackEmpty(s2) || temp == '(' || getpriority(express[i]) > getpriority(temp))
85.                 {
86.                     Push(s2,express[i++]);
87.                 }
88.                 else                    //优先级如果是小于或等于,则把运算符出栈然后入 s1
89.                 {
90.                     Pop(s2,temp);
91.                     Push(s1,temp);
92.                 }
93.             }
94.             else if (express[i] == ')')     //最后一种情况就是扫描到右括号,那么就把 S2
                //从栈顶到左括号的元素依次出栈入栈
95.             {
96.                 GetTop(s2,temp);
97.                 while (temp != '(')
98.                 {
99.                     Pop(s2,temp);
100.                    Push(s1,temp);
101.                    GetTop(s2,temp);
102.                }
103.        //最后停止循环时 S2 的栈顶元素是左括号,但是不要把左括号入栈,直接删除左括号
```

```
104.            Pop(s2,temp);
105.            i++;              //不要忘记后移
106.        }
107.    }
108.    while (!StackEmpty(s2))    //如果 s2 不为空,那么依次出 s2,入 s1
109.    {
110.        Pop(s2,temp);
111.        Push(s1,temp);
112.    }
113. }
114.
115. //中缀转前缀
116. void ConvertFront(char * express, SqStack * &s1, SqStack * &s2)
117. {
118.    int i = strlen(express) - 1;
119.    char temp;
120.    while (i >= 0)    //扫描中缀表达式
121.    {
122.        if ('a' <= express[i] && express[i] <= 'z')  //如果扫描到操作数,则直接入 s1
123.        {
124.            Push(s1,express[i--]);
125.        }
126.        else if (express[i] == ')')  //如果扫描到右括号,则直接入 s2
127.        {
128.            Push(s2,express[i--]);
129.        }
130.        else if (express[i] == '+' || express[i] == '-' || express[i] == '*' ||
    express[i] == '/')//扫描到运算符进行优先级判断
131.        {
132.            GetTop(s2,temp);
133.            if (StackEmpty(s2) || temp == ')' || getpriority(express[i]) >=
    getpriority(temp))//如果此时 s2 为空或者栈顶元素为左括号,或者扫描到的运算符优先级大
                      //于或等于栈顶运算符优先级,则入 s2
134.            {
135.                Push(s2,express[i--]);
136.            }
137.            else//反之优先级如果是大于或等于,则把运算符出栈然后入 s1
138.            {
139.                Pop(s2,temp);
140.                Push(s1,temp);
141.            }
142.        }
143.        else if (express[i] == '(')//最后一种情况就是扫描到左括号,那么就把 s2 从
                                       //栈顶到右括号的元素依次出栈入栈
144.        {
145.            GetTop(s2,temp);
146.            while (temp != ')')
147.            {
148.                Pop(s2,temp);
149.                Push(s1,temp);
150.                GetTop(s2,temp);
151.            }
152. //注意最后停止循环时 s2 的栈顶元素是右括号,但是不要把右括号入栈,所以直接删除
    //右括号
153.            Pop(s2,temp);
154.            i--;                   //不要忘记后移
155.        }
```

```
156.        }
157.        while (!StackEmpty(s2))        //如果 s2 没有空,则依次出 s2,入 s1
158.        {
159.            Pop(s2,temp);
160.            Push(s1,temp);
161.        }
162. }
163.
164. int main()
165. {
166.     SqStack * s1, * s2, * s3;
167.     char temp;
168.     InitStack(s1);
169.     InitStack(s2);
170.     InitStack(s3);
171.     char * s = "(a+b)*c+d-(e+g)*h";
172.     printf("中缀式:%s\n",s);
173.     ConvertBack(s,s1,s2);
174.     printf("后缀式:");
175.     while (!StackEmpty(s1))
176.     {
177.         Pop(s1,temp);
178.         Push(s3,temp);
179.     }
180.     while (!StackEmpty(s3))
181.     {
182.         Pop(s3,temp);
183.         printf(" %c",temp);
184.     }
185.     printf("\n");
186.     InitStack(s1);
187.     InitStack(s2);
188.     s = "(a+b)*c+d-(e+g)*h";
189.     ConvertFront(s,s1,s2);
190.     printf("前缀式:");
191.     while (!StackEmpty(s1))
192.     {
193.         Pop(s1,temp);
194.         printf(" %c",temp);
195.     }
196.     printf("\n");
197.     DestroyStack(s1);
198.     DestroyStack(s2);
199.     DestroyStack(s3);
200.     return 0;
201. }
```

3.7 队列的定义及特点

视频讲解

　　队列(Queue)是指插入操作限定在表的尾部,而删除操作限定在表的头部进行的线性表。把允许删除的一端称为**队头**(Front),允许插入的一端称为**队尾**(Rear)。在队列中插入一个新元素的操作简称为**进队**或**入队**,新元素进队后就成为新的队尾元素;从队列中删除一个元素的操作简称为**出队**或**离队**,当元素出队后,其后继元素就成为新的队头元素。若队列中没有元素,则称为空队列。

队列通常记为：Q=(a_1,a_2,…,a_n),Q 是英文单词 queue 的首字母。a_1 为队头元素,a_n 为队尾元素。这 n 个元素是按照 a_1,a_2,…,a_n 的次序依次入队的,出队次序与入队相同,a_1 第一个出队,a_n 最后一个出队。所以队列的操作是按照先进先出(FIFO)或后进后出(LILO)的原则进行的,因此队列又称为 **FIFO 表**或 **LILO 表**。队列 Q 的操作示意图如图 3.12 所示。

例如,乘客文明有序地排队上车的过程,是队列的一种现实应用场景。上车时,排在队头的乘客先上车,称为出队。后来的乘客排在队尾,称为入队。出队和入队分别发生在由乘客构成的线性表的两端,如图 3.13 所示。

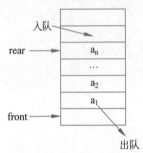

图 3.12 队列的操作示意图

图 3.13 文明有序乘车示例图

【例 3-6】 红军小战士报数问题。

设有 8 个红军小战士站成一排,从左向右的编号分别为 1~8,现在从左向右报数"1,2,1,2,1,2….",数到"1"的人出列,数到"2"的人站到队伍最右边。报数过程反复进行,直到 8 个人都出列为止,如图 3.14 所示。

图 3.14 红军小战士报数示例图

3.8 队列的典型案例

【例 3-7】 周末舞会模拟程序。

假设在周末舞会上,男士们和女士们进入舞厅时,各自排成一队。跳舞开始时,依次从男队和女队的队首各出一人匹配成舞伴。规定每首舞曲只能有一对舞蹈者。若两队初始人数不同,较长的那一队中未配对者等待下一轮舞曲。现要求写一个程序,模拟上述舞伴配对问题。

【输入格式】

第一行男士人数 m 和女士人数 n;

第二行舞曲的数目 k。

【输出格式】

共 k 行,每行两个数,表示配对舞伴的序号,男士在前,女士在后。

【样例输入】

```
4 3
6
```

【样例输出】

```
1 1
2 2
3 3
4 1
1 2
2 3
```

【例 3-8】 患者看病模拟程序。

编写程序模拟患者到医院排队看医生。患者排队过程中重复下面两个事件:

(1) 患者到达诊室,将病历本交给护士,排到等待队列中候诊。

(2) 护士从等待队列中取出下一位患者的病历,该患者进入诊室就诊。

要求模拟患者等待就诊这一过程。程序采用菜单方式,其选项及功能说明如下:

(1) 候诊:输入排队患者的病历号,加入患者排队队列中。

(2) 就诊:患者队列中最前面的患者就诊,并将其从队列中删除。

(3) 查看排队情况:从队首到队尾列出所有排队患者的病历号。

(4) 不再排队,余下依次就诊:从队首到队尾列出所有排队患者的病历号,并退出程序。

(5) 下班:退出程序。

3.9 队列的抽象数据类型定义

队列操作与栈的操作类型,不同的是,删除是在表的头部(即队头)进行。下面给出队列的抽象数据类型定义。

ADT Queue{

数据对象:D={a_i|1≤i≤n,n≥0,a_i 是 ElemType 类型},D 是具有相同特性的数据元素的集合。

数据关系：
R={<a_{i-1},a_i>|a_{i-1},a_i∈D,1≤i≤n}，约定 a_1 端为队列头，a_n 端为队列尾。
基本操作：
InitQueue(&q)
初始条件：队列不存在。
操作结果：构建一个空队列 q。
QueueEmpty(q);
初始条件：队列已存在。
操作结果：如果队列 q 为空则返回 true，否则返回 false。
EnQueue(&q,e)
初始条件：队列存在，且非满。
操作结果：将新数据元素添加到队尾，队列 q 发生变化。
DeQueue(&q,&e)
初始条件：队列存在且不为空。
操作结果：将队头元素从队列 q 中取出，队列 q 发生变化。
DestroyQueue(&q)
初始条件：队列已存在；
操作结果：释放队列 q 占用的存储空间。
}ADT Queue

视频讲解

3.10 队列的顺序存储

3.10.1 顺序队列的定义

用一片连续的存储空间来存储队列中的数据元素，这样的队列称为**顺序队列**(Sequence Queue)。类似于顺序栈，用队头指针 front 和队尾指针 rear 来指示队头元素和队尾元素的位置。和顺序栈相同，顺序队列也有**空队**、**满队**或**非空非满队**三种形态。

本书将顺序队列定义为结构体类型 SqQueue，其类型说明如下：

```
1. #define MAXSIZE 100
2. typedef int ElemType;
3. typedef struct SequenceQueue
4. {
5.     ElemType data[MAXSIZE];
6.     int front,rear;    //队头指针 front 表示队头的前一位置下标
7.                        //队尾指针 rear 表示队尾所在位置下标
8. }SqQueue;
```

其中，data 是一维数组，用于存储顺序队列的所有元素；front 是队头指针，指向队列第一个元素之前；rear 是队尾指针，指向队列最后一个元素本身；MAXSIZE 是数组长度，它表示顺序队列的最大容量。

注意：队头指针 front 指向当前队头元素的前一个位置，而不是指向队头元素；队尾指

针 rear 指向当前队尾元素的位置,如图 3.15 所示。在队空、队满及队列非空非满的条件下,顺序队列队头和队尾指针分别是:

（1）若顺序队列为空,则 front＝rear,队列的初始状态设置为 front＝rear＝－1,如图 3.15(a)所示。

（2）若顺序队列为满,则 rear＝MAXSIZE－1,如图 3.15(c)所示。

（3）若顺序队列非空非满,则 rear＞front,如图 3.15(b)所示。

（4）在图 3.15(d)中,虽然 rear＝6,但 front 之前仍有空闲区域,是一种"假溢出"。

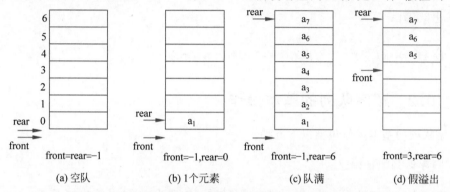

图 3.15　顺序队列的两个指示器与队列中数据元素的关系图

【例 3-9】　假设某个顺序队列 Q 为(A,B,C,D,E,F),队列的长度 MAXSIZE＝6。请说明顺序队列出队和入队时,队头指针及队尾指针的变化情况。

【解】　如图 3.16 所示顺序队列入队和出队操作时,队列元素、队头指针及队尾指针的变化情况。

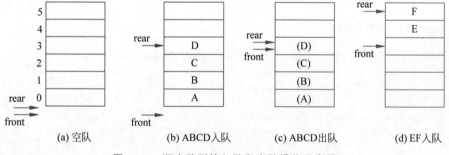

图 3.16　顺序队列的入队和出队操作示意图

图 3.16(a)为队列的初始状态,此时队头指针和队尾指针值相等,即 front＝rear＝－1。若将 4 个新元素 A,B,C,D 顺序入队,则顺序队列的变化情况如图 3.16(b)所示。此时,队尾指针 rear 指向当前队列最后一个元素 D,而队头指针 front 不变,仍指向队头元素 A 的前一个位置,即 front＝－1,rear＝3。若从队列中依次删除 A,B,C,D 这 4 个元素,则顺序队列相应的变化情况如图 3.16(c)所示,此时顺序队列变成空队,即 front＝rear＝3。若向队列再插入两个新元素 E,F 后,则队列的变化情况如图 3.16(d)所示,该队列又变成了一个"假满队",即 front＝3,rear＝MAXSIZE－1＝5。

当前队列中元素的个数(队列的长度)为 rear－front 时。即 front＝rear,则当前队列为空队,空队长度为 0。如图 3.16(a)和图 3.16(c)所示均为空队情况;当 rear－front＝MAXSIZE 时,则当前队列为满队,满队长度为 MAXSIZE。

当有数据元素出队时,队头指针 front 加 1,并存入相应元素即可;当有数据元素入队时,队尾指针 rear 加 1。若不考虑溢出情况,则顺序队列的入队及出队操作可表示为:

1. 入队操作

```
1. q->rear++;                    //入队操作时,将队尾指针加 1
2. q->data[q->rear] = x;         //将新元素插入队尾指针所指单元中
```

2. 出队操作

```
1. q->front++;                   //出队操作时,将队头指针加 1
```

3.10.2 顺序队列的基本操作

顺序队列的基本操作包括以下五种。

1. 顺序队列的初始化

构建一个空顺序队列 q,将 front 和 rear"指针"均置为 -1。其算法如下:

```
1. void InitQueue(SqQueue * &q)
2. {
3.     q = (SqQueue * )malloc(sizeof(SqQueue));
4.     q->front = q->rear = -1;
5. }
```

2. 判断顺序队列的是否为空

若顺序队列 q 为空,则返回 true,否则返回 false。其算法如下:

```
1. bool QueueEmpty(SqQueue * q)
2. {
3.     return q->front == q->rear;
4. }
```

3. 顺序队列的入队操作

若顺序队列 q 已满,则返回 false,否则将队尾指针 rear 加 1,将元素 e 插入该位置,返回 true。其算法如下:

```
1. bool enQueue(SqQueue * &q,ElemType e)
2. {
3.     if (q->rear == MAXSIZE-1)   //队满上溢出
4.     {
5.         return false;            //返回假
6.     }
7.     q->rear++;                   //队尾指针增 1
8.     q->data[q->rear] = e;        //rear 位置插入元素 e
```

```
9.      return true;            //返回真
10. }
```

4. 顺序队列的出队操作

若顺序队列 q 为空,则返回 false,否则将队头指针 front 加 1,将该位置元素值赋给引用型参数 e,返回 true。其算法如下:

```
1. bool deQueue(SqQueue * &q, ElemType &e)
2. {
3.      if (q->front == q->rear)   //队空下溢出
4.      {
5.          return false;
6.      }
7.      q->front++;                //队头指针加 1
8.      e = q->data[q->front];
9.      return true;
10. }
```

5. 顺序队列的销毁

销毁顺序队列 q 所占用的存储空间。其算法如下:

```
1. void DestroyQueue(SqQueue * &q)   //销毁队列
2. {
3.      free(q);
4.      q = NULL;
5. }
```

上述 5 种顺序队列基本操作的时间复杂度均为 O(1)。

如图 3.16(d)所示,如果再有一个数据元素入队就会出现溢出。但事实上队列中并未满,还有空闲空间,把这种现象称为"假溢出"。这是由于进行入队和出队操作时,队头指针和队尾指针只增大不减小,使得被删除元素的空间在该元素被删除后无法重新利用。解决"假溢出"的方法很多,下一节将介绍使用循环队列来解决"假溢出"问题。

3.10.3 循环队列

为了避免顺序队列的"假溢出"发生,可以将整个数组空间变成一个首尾相接的圆环,即把 data[0]接在 data[MAXSIZE-1]之后,称这种数组为循环数组。用循环数组表示的队列称为循环队列(Circulur Queue)。

循环队列就是将顺序队列看成是首尾相接的循环结构,队头指针和队尾指针的关系不变,如图 3.17 所示。

根据循环队列的结构可知,当入队操作时,循环队列中队尾指针加 1 的操作可描述为:

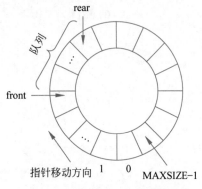

图 3.17 循环顺序队列示意图

```
1. if(rear + 1 == MAXSIZE) rear = 0;
2. else rear++;
```

利用取余的"模运算"使循环队列的运算更加简洁。进行入队操作时,在循环队列中队尾指针 rear 加 1 的操作可表示为:rear =(rear+1)%MAXSIZE。同样,进行出队操作时,循环队列中队头指针 front 加 1 的操作可表示为:front =(front+1)%MAXSIZE。

在循环队列中,队头指针 front 指向队头元素的前一个位置,而不是指向队头元素本身;队尾指针 rear 指向队尾元素本身的位置。

当循环队列的某个元素出队后,队头指针向前追赶队尾指针。若 front==rear,则循环队列为空队;当循环队列的某个元素入队后,队尾指针向前追赶队头指针,若 rear==front,则循环队列为满队。可见,队空的条件是 front==rear,队满的条件亦是 front==rear。无法用条件 front==rear 判断和区分循环队列到底是"空队"还是"满队"。

因此,采用占用一个存储单元的方法来解决这个问题:在循环数组中始终保留一个空闲单元。这样,判别循环队列是否为满队时,只要确定当前尾指针 rear 的下一个单元的位置是否为头指针 front 所指即可,即(rear+1)%MAXSIZE==front,若相同,则队满;否则,队不满。

【例 3-10】 图 3.18 为循环队列进行入队和出队操作时头尾指针变化情况示意图,结合循环队列入队出队操作和结构,可知循环队列的长度计算公式可写为:

```
length = (rear - front + MAXSIZE) % MAXSIZE
```

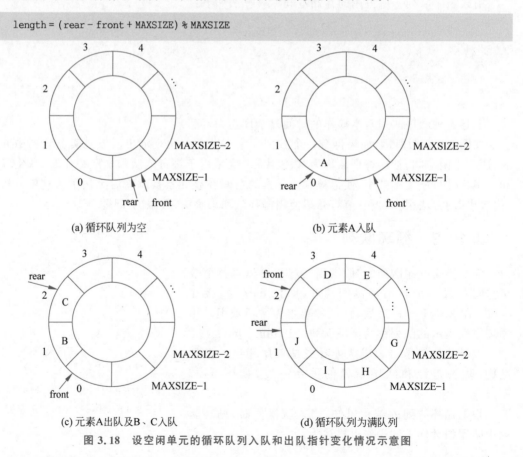

图 3.18 设空闲单元的循环队列入队和出队指针变化情况示意图

3.10.4 循环队列的基本操作

循环队列的基本操作包括以下五种。

1. 循环队列的初始化

构建一个空循环队列 q，将队头指针 front 和队尾指针 rear 均设置为 MAXSIZE－1。其算法如下：

```
1. void InitCircleQueue(SqQueue * &q)
2. {
3.     q = (SqQueue * )malloc (sizeof(SqQueue));
4.     q->front = q->rear = MAXSIZE - 1;
5. }
```

2. 判断循环队列的是否为空

若循环队列 q 为空，则返回 true，否则返回 false。其算法如下：

```
1. bool CircleQueueEmpty(SqQueue * q)
2. {
3.     return q->front == q->rear;
4. }
```

3. 循环队列的入队操作

若循环队列 q 已满，则返回 false，否则队尾指针 rear＝(rear＋1)/MAXSIZE，将元素 e 插入该位置，返回 true。其算法如下：

```
1. bool enCircleQueue(SqQueue * &q,ElemType e)
2. {
3.     if( (q->rear + 1) % MAXSIZE == q->front) //队满上溢出
4.     {
5.         return false;
6.     }
7.     q->rear = (q->rear + 1) % MAXSIZE;        //队尾指针增 1
8.     q->data[q->rear] = e;                     //rear 位置插入元素 e
9.     return true;
10. }
```

4. 循环队列的出队操作

若循环队列 q 为空，则返回 false，否则将队头指针 front＝(front＋1)/MAXSIZE，将该位置元素值赋给引用型参数 e，返回 true。其算法如下：

```
1. bool deCircleQueue(SqQueue * &q,ElemType &e)
2. {
3.     if(q->front == q->rear)      //队空下溢出
```

```
4.     {
5.         return false;
6.     }
7.     q->front = (q->front + 1) % MAXSIZE;    //队头指针加1
8.     e = q->data[q->front];
9.     return true;
10. }
```

5. 循环队列的销毁

销毁循环队列 q 所占用的存储空间。其算法如下：

```
1. void DestroyCircleQueue(SqQueue * &q)
2. {
3.     free(q);
4.     q = NULL;
5. }
```

上述 5 种循环队列基本操作的时间复杂度均为 O(1)。

视频讲解

3.11 队列的链式存储

3.11.1 链队列的定义

队列的链式存储结构称为**链队列**(Linked Queue)，通常用单链表来存储队列中的元素。由于队列只允许在队尾进行插入操作，在队头进行删除操作，因此，链队头结点需设置两个指针域：队头指针 front 和队尾指针 rear。队头指针 front 指向单链表的第一个结点 a_1，队尾指针 rear 指向单链表的最后一个结点 a_n，如图 3.19 所示。

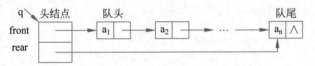

图 3.19 带头结点的链接队列的结构示意图

链队列中包含数据结点和头结点两种不同结构的结点，定义如下：

```
1. typedef int ElemType;
2. typedef struct DataNode
3. {
4.     ElemType data;
5.     struct DataNode * next;
6. }DataNode;              //链队数据结点类型
7. typedef struct
8. {
9.     DataNode * front;   //指向第一个数据结点,即队首结点
10.    DataNode * rear;    //指向最后一个数据结点,即队尾结点
11. }LinkQuNode;           //链队头结点类型
```

3.11.2 链队列的基本操作

链队列的基本操作包括以下五种。

1. 链队列的初始化

创建空链队列 q，即只包含头结点，其 front 和 rear 均设置为空(NULL)，如图 3.20 所示。其算法如下：

```
1. void InitQueue(LinkQuNode * &q)
2. {
3.      q = (LinkQuNode * )malloc(sizeof(LinkQuNode));
4.      q->front = q->rear = NULL;
5. }
```

本算法的时间复杂度为 O(1)。

2. 判断链队列是否为空

若链队列为空，返回 true，否则返回 false。其算法如下：

图 3.20 创建一个空的链队列示意图

```
1. bool QueueEmpty(LinkQuNode * q)
2. {
3.      return q->rear == NULL;   //return q->front == NULL;
4. }
```

本算法的时间复杂度为 O(1)。

3. 链队列的入队操作

链队的入队步骤如下：
(1) 定义一个新结点 p，给新结点的数据域和指针域分别赋值；
(2) 将新结点 p 链接到队尾之后，即将队尾结点的指针域指向新结点 p；
(3) 修改头结点的队尾指针 rear，使 rear 指向新的尾结点。
其算法如下：

```
1. void enQueue(LinkQuNode * &q, ElemType e)
2. {
3.      DataNode * p;
4.      p = (DataNode * )malloc(sizeof(DataNode));
5.      p->data = e;
6.      p->next = NULL;
7.      if (q->rear == NULL)        //若链队为空,则新结点是队新结点又是队尾结点
8.          q->front = q->rear = p;
9.      else
10.     {
11.         q->rear->next = p; //将 p 结点链到队尾,并将 rear 指向它
12.         q->rear = p;
13.     }
14. }
```

本算法的时间复杂度为 O(1)。

4. 链接队列的出队操作

链接队列的出队步骤如下：
① 检查队列是否为空，若为空队，则进行"下溢出"处理，返回 false；
② 在删除队列第一个结点之前，先保存该结点的地址信息，以便返回删除元素的数据值；
③ 修改头结点的队头指针 front，使其指向队列的第二个数据结点，建立新的链接队列；
④ 将待删除结点的值赋给引用型参数 e，删除并释放该结点的存储空间；
⑤ 出队成功，则返回 true。
其算法如下：

```
1. bool deQueue(LinkQuNode * &q,ElemType &e)
2. {
3.     DataNode * t;
4.     if (q-> rear == NULL)            //队列为空
5.         return false;
6.     t = q-> front;                   //t 指向第一个数据结点
7.     if (q-> front == q-> rear)       //队列中只有一个结点时
8.         q-> front = q-> rear = NULL;
9.     else                             //队列中有多个结点时
10.        q-> front = q-> front-> next;
11.    e = t-> data;
12.    free(t);
13.    return true;
14. }
```

本算法的时间复杂度为 O(1)。

5. 销毁链队列

销毁链队列步骤如下：
① 定义指针 p 指向队头结点；
② 通过循环语句，依次销毁队头结点；
③ 最后销毁链队列的头结点。
其算法如下：

```
1. void DestroyQueue(LinkQuNode * &q)
2. {
3.     DataNode * p = q-> front, * r;   //p指向队头结点
4.     if (p != NULL)                   //释放数据结点占用空间
5.     {
6.         r = p-> next;
7.         while ( r!= NULL)
8.         {
9.             free(p);
```

```
10.             p = r;
11.             r = p->next;
12.         }
13.     }
14.     free(p);
15.     free(q);                    //释放链队头结点占用空间
16.     p = NULL;
17.     q = NULL;
18. }
```

本算法的时间复杂度为 O(n),其中 n 为链队列中数据结点个数。

3.12 队列的案例分析与实现

对于 3.8 节中的【例 3-7】:周末舞会。男士们和女士们进入舞厅时,各自排成一队,可以看成两个队列。跳舞开始时,依次从男队和女队的队头上各出一人配成舞伴,此时为出队操作。规定每个舞曲只能有一对舞者。一首舞曲播放完毕后,两人应该分别进行入队操作,等待下一轮配对。

【案例实现】
利用顺序队列实现舞伴的配对。

1. 算法步骤

(1) 定义两个顺序队列 q1 和 q2;
(2) 将男士们依次入队 q1,女士们依次入队 q2;
(3) 每播放一首舞曲,分别从 q1 和 q2 中取出队头男士和女士进行配对,舞曲结束后,再分别入队 q1 和 q2;
(4) 销毁顺序队列 q1 和 q2。

2. 参考代码

```
1.  #include <stdio.h>
2.  #include <malloc.h>
3.  #define MAXSIZE 100
4.  typedef int ElemType;
5.  typedef struct SequenceQueue
6.  {
7.      ElemType data[MAXSIZE];
8.      int front,rear;
9.  }SqQueue;
10.
11. void InitQueue(SqQueue * &q)
12. {
13.     q = (SqQueue *)malloc(sizeof(SqQueue));
14.     q->front = q->rear = -1;
```

```
15.    }
16.
17.    bool enQueue(SqQueue *&q,ElemType e)
18.    {
19.        if(q->rear == MAXSIZE-1)
20.        {
21.            return false;
22.        }
23.        q->rear++;
24.        q->data[q->rear] = e;
25.        return true;
26.    }
27.
28.    bool deQueue(SqQueue *&q,ElemType &e)
29.    {
30.        if(q->front == q->rear)
31.        {
32.            return false;
33.        }
34.        q->front++;
35.        e = q->data[q->front];
36.        return true;
37.    }
38.
39.    void DestroyQueue(SqQueue *&q)
40.    {
41.        free(q);
42.        q = NULL;
43.    }
44.
45.    int main()
46.    {
47.        int m,n,k;
48.        SqQueue *q1,*q2;
49.        ElemType e1,e2;
50.        int i;
51.        scanf("%d%d",&m,&n);
52.        scanf("%d",&k);
53.        InitQueue(q1);
54.        InitQueue(q2);
55.        for(i=1;i<=m;i++)
56.            enQueue(q1,i);
57.        for(i=1;i<=n;i++)
58.            enQueue(q2,i);
59.        while(k--)
60.        {
61.            deQueue(q1,e1);
62.            deQueue(q2,e2);
63.            printf("%d %d\n",e1,e2);
64.            enQueue(q1,e1);
65.            enQueue(q2,e2);
66.        }
67.        DestroyQueue(q1);
```

```
68.        DestroyQueue(q2);
69.        return 0;
70.    }
```

对于 3.8 节中的【例 3-8】：患者排队就医。在患者排队过程中重复下面两个事件：
（1）患者到达诊室，将病历本交给护士，排到等待队列中候诊。
（2）护士从等待队列中取出下一位患者的病历，该患者进入诊室就诊。

【案例实现】

定义 SeeDoctor 函数模拟患者排队就医。

1. 算法步骤

（1）定义链队列 qu；
（2）通过 while 循环和 switch 语句，实现程序的反复执行和多次操作；
（3）程序包含如下 5 个功能。
① 候诊：输入排队患者的病历号，加入患者排队队列中。
② 就诊：患者队列中最前面的患者就诊，并将其从队列中删除。
③ 查看排队情况：从队首到队尾列出所有排队患者的病历号。
④ 不再排队，余下依次就诊：从队头到队尾列出所有排队患者的病历号，并退出程序。
⑤ 下班：退出程序。

2. 参考代码

```
1.     #include <stdio.h>
2.     #include <malloc.h>
3.
4.     typedef int ElemType;
5.     typedef struct DataNode
6.     {
7.         ElemType data;
8.         struct DataNode *next;
9.     }DataNode;                          //链队结点类型
10.    typedef struct
11.    {
12.        DataNode *front, *rear;
13.    }LinkQuNode;                        //链队头结点类型
14.    void Destroyqueue(LinkQuNode *&qu)  //释放链队
15.    {
16.        DataNode *p, *q;
17.        p = qu->front;
18.        if (p!= NULL)                   //若链队不空
19.        {
20.            q = p->next;
21.            while (q!= NULL)            //释放队中所有的结点
22.            {
23.                free(p);
24.                p = q;
25.                q = q->next;
26.            }
```

```
27.            free(p);
28.        }
29.        free(qu);                                          //释放链队结点
30.   }
31.   void SeeDoctor()
32.   {
33.        int sel,flag = 1,find,no;
34.        LinkQuNode * qu;
35.        DataNode * p;
36.        qu = (LinkQuNode * )malloc(sizeof(LinkQuNode));     //创建空队
37.        qu -> front = qu -> rear = NULL;
38.        while (flag == 1)                                   //循环执行
39.        {
40.            printf("1.候诊 2.就诊 3.查看排队 4.余下患者依次就诊 5.下班\n 请选择:");
41.            scanf(" % d",&sel);
42.            switch(sel)
43.            {
44.                case 1:
45.                    printf("  >>输入病历号:");
46.                    do
47.                    {
48.                        scanf(" % d",&no);
49.                        find = 0;
50.                        p = qu -> front;
51.                        while (p!= NULL && ! find)
52.                        {
53.                            if (p -> data == no)
54.                                find = 1;
55.                            else
56.                                p = p -> next;
57.                        }
58.                        if(find)
59.                            printf("  >>输入的病历号重复,重新输入:");
60.                    }while(find == 1);
61.                    p = (DataNode * )malloc(sizeof(DataNode)); //创建结点
62.                    p -> data = no;p -> next = NULL;
63.                    if (qu -> rear == NULL)                    //第一个患者排队
64.                        qu -> front = qu -> rear = p;
65.                    else
66.                    {
67.                        qu -> rear -> next = p;qu -> rear = p;//将 * p结点入队
68.                    }
69.                    break;
70.                case 2:
71.                    if (qu -> front == NULL)                   //若队空
72.                        printf("  >>没有排队的患者!\n");
73.                    else                                        //若队不空
74.                    {
75.                        p = qu -> front;
76.                        printf("  >>患者 % d 就诊\n",p -> data);
77.                        if (qu -> rear == p)                    //只有一个患者排队的情况
78.                            qu -> front = qu -> rear = NULL;
79.                        else
```

```
80.                            qu->front=p->next;
81.                            free(p);
82.                        }
83.                        break;
84.               case 3:
85.                        if (qu->front==NULL)        //若队空
86.                            printf("   >>没有排队的患者!\n");
87.                        else                        //若队不空
88.                        {
89.                            p=qu->front;
90.                            printf("   >>排队患者:");
91.                            while (p!=NULL)
92.                            {
93.                                printf("%d ",p->data);
94.                                p=p->next;
95.                            }
96.                            printf("\n");
97.                        }
98.                        break;
99.               case 4:
100.                       if (qu->front==NULL)        //若队空
101.                           printf(">>没有排队的患者!\n");
102.                       else                        //若队不空
103.                       {
104.                           p=qu->front;
105.                           printf(">>患者按以下顺序就诊:");
106.                           while (p!=NULL)
107.                           {
108.                               printf("%d ",p->data);
109.                               p=p->next;
110.                           }
111.                           printf("\n");
112.                       }
113.                       Destroyqueue(qu);           //释放链队
114.                       flag=0;                     //退出
115.                       break;
116.              case 5:
117.                       if (qu->front!=NULL)        //若队不空
118.                           printf(">>请排队的患者明天就医!\n");
119.                       flag=0;                     //退出
120.                       Destroyqueue(qu);           //释放链队
121.                       break;
122.          }
123.       }
124. }
125. int main()
126. {
127.     SeeDoctor();
128.     return 0;
129. }
```

3. 运行结果

运行结果如图 3.21 所示。

```
1.候诊 2.就诊 3.查看排队 4.余下患者依次就诊 5.下班
请选择:1
    >>输入病历号:2
1.候诊 2.就诊 3.查看排队 4.余下患者依次就诊 5.下班
请选择:3
    >>排队患者:2
1.候诊 2.就诊 3.查看排队 4.余下患者依次就诊 5.下班
请选择:2
    >>患者2就诊
1.候诊 2.就诊 3.查看排队 4.余下患者依次就诊 5.下班
请选择:3
    >>没有候诊的患者!
1.候诊 2.就诊 3.查看排队 4.余下患者依次就诊 5.下班
请选择:4
    >>没有候诊的患者!
Press any key to continue
```

图 3.21 例 3-8 运行结果图

3.13 小结

本章介绍了两种特殊的线性表：栈和队列，主要内容如下。

(1) 栈是限定仅在表尾进行插入或删除的线性表，又称为后进先出的线性表。栈有两种存储表示，顺序表示的顺序栈和链式表示的链栈。栈的主要操作是进栈和出栈，对于顺序栈的进栈和出栈操作要注意判断栈满或栈空。

(2) 队列是一种先进先出或后进后出的线性表。它只允许在表的一端进行插入，而在另一端删除元素。队列也有两种存储表示，顺序表示的循环队列和链式表示的链队。队列的主要操作是进队和出队，对于顺序的循环队列的进队和出队操作要注意判断队满或队空。凡是涉及队头或队尾指针的修改都要对 MAXSIZE 求模。

(3) 栈和队列是在程序设计中被广泛使用的两种数据结构，其具体的应用场景与其表示方法和运算规则是相互联系的。

(4) 栈有一个重要应用是在程序设计中实现递归。递归是程序设计中最为重要的方法之一。递归程序结构清晰，形式简洁，但在执行时需要系统提供隐式的工作栈来保存调用过程中的参数、局部变量和返回地址。因此递归程序占用内存空间较多，运行效率较低。

学习完本章后，要求掌握栈和队列的特点，熟练掌握栈的顺序栈和链栈的进栈和出栈算法，循环队列和链队列的进队和出队算法。要求能够灵活运用栈和队列设计解决实际应用问题，掌握表达式求值算法，深刻理解递归算法执行过程中栈的状态变化过程，便于更好地使用递归算法。

习题 3

一、填空题

1. 线性表和栈都是_____结构，可以在线性表的_____位置插入和删除元素；对于栈只能在_____插入和删除元素。

2. 栈是一种特殊的线性表，允许插入和删除运算的一端称为_____，不允许插入和删除运算的一端称为_____。

3. _____是被限定为只能在线性表的一端进行插入和删除运算。

4. 栈中元素的进出原则是_____。

5. 在有 n 个元素的栈中,进栈操作的时间复杂度为_____。

6. 从一个栈删除元素时,首先取出_____,然后再修改栈顶指针。

7. 若内存空间充足,_____可以不定义栈满运算。

8. 同一栈的各元素的类型_____。

9. 若进栈的次序是 A、B、C、D、E,执行 3 次出栈操作后,栈顶元素为_____。

10. 4 个元素按 ABCD 顺序进栈 s,执行两次 POP(s,x)运算后,栈顶元素值为_____。

11. 队列是_____的线性表,其运算遵循_____的原则。

12. 区分顺序循环队列的满与空,条件是_____和_____。

13. 在一个顺序循环队列中,队首指针指向队首元素的_____位置。

14. 引入顺序循环队列的目的是克服_____。

15. _____又称作先进先出表。

二、选择题

1. 栈中元素的进出原则是( )。
   A. 先进先出　　　B. 后进先出　　　C. 栈空则进　　　D. 栈满则出

2. 若已知一个栈的入栈序列是"$1,2,3,\cdots,n$",其输出序列为"$p_1,p_2,p_3,\cdots,p_n$",若 $p_1=n$,则 p_i 为( )。
   A. i　　　　　　B. $n-i$　　　　C. $n-i+1$　　　D. 不确定

3. 若已知一个栈的进栈序列为"$1,2,3,\cdots,n$",其输出序列为"$p_1,p_2,p_3,\cdots,p_n$",若 $p_n=n$,则 $p_i(1 \leqslant i < n)$为( )。
   A. i　　　　　　B. $n-1$　　　　C. $n-i+1$　　　D. 不确定

4. 若已知一个栈的进栈序列为"$1,2,3,\cdots,n$",其输出序列为"$p_1,p_2,p_3,\cdots,p_n$",若 $p_1=3$,则 p_2( )。
   A. 可能为 2　　　B. 一定不是 2　　C. 可能是 1　　　D. 一定是 1

5. 从一个栈顶指针为 top 的链栈中插入一个 s 所指结点时,则执行( )。
   A. top->next=s
   B. s->next=top->next;top->next=s
   C. s->next=top;top=s
   D. s->next=top;top=top->next

6. 从一个栈顶指针为 top 的链栈中删除一个结点时,用 x 保存被删结点的值,则执行( )。
   A. x=top;top=top->next
   B. x=top->data
   C. top=top->next;x=top->data
   D. x=top->data;top=top->next

7. 设栈的输入序列是"1,2,3,4",则( )不可能是其出栈序列。
   A. 1,2,4,3　　　B. 2,1,3,4　　　C. 1,4,3,2　　　D. 4,3,1,2

8. 用单链表表示的链栈的栈顶元素在链表的( )位置。
   A. 链头　　　　　B. 链尾　　　　　C. 链中

9. 设有 4 个数据元素 a_1、a_2、a_3 和 a_4,对它们分别进行栈操作。在进栈操作时,按 a_1、a_2、a_3、a_4 次序每次进入一个元素。假设栈的初始状态为空。现要进行的栈操作是进栈两次,出栈一次,再进栈两次,出栈一次;这时,第一次出栈得到的元素是(　　),第二次出栈得到的元素是(　　);经操作后,最后在栈中的元素还有(　　)个。

10. 栈是一种线性表,它的特点是 A(　　)。设用一维数组 A[n] 来表示一个栈,A[n] 为栈底,用整型变量 T 指示当前栈顶位置,A[T] 为栈顶元素。往栈中推入(Push)一个新元素时,变量 T 的值 B(　　);从栈中弹出(Pop)一个元素时,变量 T 的值 C(　　)。设栈空时,有输入序列 a,b,c,经过 Push,Pop,Push,Push,Pop 操作后,从栈中弹出的元素的序列是 D(　　),变量 T 的值是 E(　　)。

供选择的答案

A: ①先进先出　②后进先出　③进优于出　④出优于进　⑤随机进出
B: ①加1　②减1　③不变　④清0　⑤加2　⑥减2
C: ①加1　②减1　③不变　④清0　⑤加2　⑥减2
D: ①a,b　②b,c　③c,a　④b,a　⑤c,b　⑥a,c
E: ①n+1　②n+2　③n　④n−1　⑤n−2

11. 在做进栈运算时,应先判别栈是否 A(　　);在做退栈运算时,应先判别栈是否 B(　　)。当栈中元素为 n 个,做进栈运算时发生上溢,则说明该栈的最大容量为 C(　　)。

供选择的答案

A: ①空　　②满　　③上溢　　④下溢
B: ①空　　②满　　③上溢　　④下溢
C: ①n−1　②n　　③n+1　　④n/2

12. 队列的特点是(　　)。
　　A. 先进先出　　　　　　　　B. 后进先出

13. 栈与队列的共同点是(　　)。
　　A. 都是先进后出　　　　　　B. 都是后进先出
　　C. 只允许在端点处插入和删除元素　　D. 没有共同点

14. 循环队列中是否可以插入一个新的元素,(　　)。
　　A. 与队头指针和队尾指针的值有关
　　B. 只与队尾指针的值有关,与队头指针的值无关
　　C. 只与数组大小有关,与队头队尾指针的值均无关
　　D. 与曾经进行多少次插入删除操作有关

15. 循环队列用数组 A[m] 存放其元素值,已知头尾指针分别是 front 和 rear,则当前队列中元素的个数是(　　)。
　　A. (rear−front+m) % m　　　　B. rear−front+1
　　C. (rear−front−1) % m　　　　D. rear−front

16. 在解决计算机主机与打印机之间速度不匹配的问题时,通常需要设置一个打印数据缓冲区。主机将要输出的数据依次写入该缓冲区,而打印机则从该缓冲区中取出数据打印。该缓冲区应该是一个(　　)结构。
　　A. 顺序表　　B. 链表　　C. 栈　　D. 队列

17. 循环队列存储在数组 A[m]中,则入队时的操作为( )。
 A. rear＝rear+1　　　　　　　B. rear＝(rear+1)％(m－1)
 C. rear＝(rear+1)％ m　　　　 D. rear＝(rear+1)％(m+1)
18. 若用一个大小为 6 的数组来实现循环队列,且当前 rear 和 front 的值分别为 0 和 3,当从队列中删除一个元素,再加入两个元素后,rear 和 front 的值分别为( )。
 A. 1 和 5　　　 B. 2 和 4　　　 C. 4 和 2　　　 D. 5 和 1
19. 若使用一个大小为 6 的一维数组来实现循环队列,且当前 rear 和 front 的值分别为 5 和 3,当从队列中删除一个元素,再加入两个元素后,rear 和 front 的值分别为( )。
 A. 1 和 4　　　 B. 2 和 5　　　 C. 0 和 4　　　 D. 0 和 5
20. 最大容量为 n 的循环队列,队尾指针是 rear,队头是 front,则队空的条件是( )。
 A. (rear+1)％ n＝＝front　　　B. rear＝＝front
 C. rear+1＝＝front　　　　　　D. (rear－1)％ n＝＝front
21. 若进队列的序列为"1,2,3,4",则( )是一个出队列序列。
 A. 3,2,1,4　　　B. 3,2,4,1　　　C. 1,2,3,4　　　D. 4,3,2,1

三、判断题

1. 线性表每个结点只能是简单类型,而链表的每个结点可以是复杂类型。( )
2. 在表结构中最常用的是线性表,栈不太常用。( )
3. 栈是一种对所有插入、删除操作限于在表的一端进行的线性表,是一种后进先出型结构。( )
4. 栈必须用数组来表示。( )
5. 栈的存储方式既可是顺序方式,也可是链接方式。( )
6. 一个栈的输入序列是 12345,则栈的输出序列不可能是 12345。( )
7. 若输入序列为 123456,则通过一个栈可以输出序列 325641。( )
8. 栈是一种特殊操作的线性表。( )
9. 栈一定是顺序存储的线性结构。( )
10. 链栈与顺序栈相比,其特点之一是通常不会出现栈满的情况。( )
11. 栈与队列是特殊操作的线性表。( )
12. 队列是一种插入与删除操作分别在表的两端进行的线性表,是先进后出型。( )
13. 栈和队列是一种非线性数据结构。( )
14. 循环队列也存在空间溢出问题。( )
15. 栈和队列都是线性表,只是在插入和删除时受到了一些限制。( )
16. 栈和队列的存储方式,既可以是顺序方式,又可以是链式方式。( )
17. 栈和链表是两种不同的数据结构。( )

四、简答题

1. 设栈的入栈序列是 1,2,3,则可以得到哪些出栈序列?
2. 设有 a、b、c、d、e 的五个字符,顺序进入一个栈(进栈同时允许出栈),说明是否可能

得到 ①ebcad,②cbaed,③cdbae,④decab,⑤bcdae 的出栈顺序。

3. 设有编号为 1,2,3,4 的四辆列车,顺序进入一个栈式结构的车站(3 号车必须由 2 号车拖回车站),具体写出驶出时这四辆列车开出车站的所有可能的顺序。

4. 设有编号为 1,2,3,4,5 的五辆列车,顺序进入一个栈式结构的车站,说明能否得到 43512,34215 和 13542 的出栈序列。

5. 说明线性表、栈与队的异同点。

6. 做队列入队出队操作后,写出队头指针 head 和队尾指针 rear 的值,并画出队列存储示意图。

(1) A,B 进队;

(2) A 出队;

(3) C,D,E 进队;

(4) B,C 出队;

(5) F 进队。

7. 顺序队的"假溢出"是怎样产生的?如何知道循环队列是空还是满?

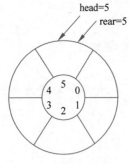

图 3.22 第 8 题图

8. 在图 3.22 中做循环队列入队出队操作,写出队头指针 front 和队尾指针 rear 的值,并画出队列存储示意图。

(1) A,B,C 进队;

(2) A,B 出队;

(3) D,E 进队;

(4) F,G 进队。

9. 设循环队列的容量为 40(序号从 0 到 39),现经过一系列的入队和出队运算后,有① front＝11,rear＝19;② front＝19,rear＝11;问在这两种情况下,循环队列中各有元素多少个?

五、算法题

1. 写出下列程序段的输出结果(栈的元素类型为 char)。

```
1.  int main( )
2.  {
3.      Stack S;
4.      char x,y;
5.      InitStack(S);
6.      x = 'c'; y = 'y';
7.      Push(S,x); Push(S,'a');  Push(S,y);
8.      Pop(S,x); Push(S,'t'); Push(S,x);
9.      Pop(S,x); Push(S,'s');
10.     while(!StackEmpty(S))
11.     {  Pop(S,y); printf(y);  }
12.     printf(x);
13.     return 0;
14. }
```

2. 试写一个算法判别读入的一个以'@'为结束符的字符序列是否是"回文"。
3. 写出下列程序段的输出结果(队列中的元素类型 QElemType 为 char)。

```
1.  void main( )
2.  {
3.      Queue Q;
4.      InitQueue(Q);
5.      char x = 'e'; y = 'c';
6.      EnQueue(Q,'h');
7.      EnQueue(Q,'r');
8.      EnQueue(Q, y);
9.      DeQueue(Q,x);
10.     EnQueue(Q,x);
11.     DeQueue(Q,x);
12.     EnQueue(Q,'a');
13.     while(!QueueEmpty(Q))
14.     {
15.         DeQueue(Q,y);
16.         printf(y);
17.     }
18.     printf(x);
19. }
```

4. 假设一个数组 squ[m] 存放循环队列的元素。若要使这 m 个分量都得到利用,则需另一个标志 tag,以 tag 为 0 或 1 来区分尾指针和头指针值相同时队列的状态是"空"还是"满"。试编写相应的入队和出队的算法。

第 4 章

串

CHAPTER 4

本章学习目标
- 掌握串的基本概念与基本运算
- 理解串的顺序与链式存储结构
- 理解串的模式匹配

在线自测题

本章首先向读者介绍串的基本概念与基本运算,再介绍串存储结构,最后基于 BF(Brute-Force)算法介绍串的模式匹配问题。

4.1 串的定义及其基本运算

4.1.1 串的基本概念

串(String)指的是字符串。串的处理在文本编辑、信息检索以及自然语言翻译等方面有重要的应用。串是由零个或多个字符组成的有限序列,设 Str 是串名,a_i 是组成该串的字符元素,则串可以记为式(4-1)所示的形式。

$$Str = "a_1 a_2 \cdots a_i \cdots a_n" \quad 1 \leqslant i \leqslant n \tag{4-1}$$

在式(4-1)中,双引号作为串的标记,并不属于该串。

在串的学习过程中,需要掌握以下基本概念:

(1) 串长:一个串中包含字符元素个数称为串的长度,简称串长,即在式(4-1)中的 n。

(2) 空串:当一个串中没有字符元素时称为空串,即在式(4-1)中 n=0。

(3) 合法字符:在不同的编程语言下对合法字符有不同的规定。通常英文字母、阿拉伯数字以及常用的标点符号都是合法字符。

(4) 两个串相等:如果两个串的串长相等,并且对应位置上的字符元素也相等,则称这两个串相等。

(5) 子串:一个串中的连续字符组成的新串称为原串的子串。n 个字符构成的串,若每个字符都不一样,共有 n(n+1)/2+1 个子串。

(6) 字符在串中的位置:某字符在串中的编号称为该字符在串中的位置,即在式(4-1)中的 i。

(7) 子串在串中的位置:某子串的第一个字符元素在原串中的位置称为该子串在串中的位置。

【例 4-1】 设 A,B,C,D 分别为如下形式的串:
A="SOFTWARE";
B="SOFT□WARE";(□表示空格)
C="SOFT";
D="";
(1) A,B,C,D 各个串的长度分别是:8,9,4 和 0;
(2) 串 C 和串 D 均是串 A 的子串;
(3) 子串 C 在串 A 中的位置为 1;
(4) 串 A 和串 B 不相等。

注意:空串的长度为 0,且是任意串的子串。

4.1.2 串的基本运算

串的抽象数据类型定义如下:
ADT Str
{
    数据对象:
        D={a_i | 1$\leqslant$i$\leqslant$n}

数据关系：
　　　R={<a_{i-1},a_i>| a_{i-1},a_i∈D}
基本运算：
　　　StrAssign(&s,constantchar)：串赋值
　　　StrCompare(s,t)：串比较
　　　StrLength(s)：求串长
　　　StrConcat(s,t)：串连接
　　　StrSub(s,i,j)：求子串
}

对串的基本运算集在不同的高级编程语言中有多种不同的表达方式。在上述抽象数据类型中定义的五种基本运算，称为最小运算子集。这五种运算不能通过其他运算来实现，它们可以组合实现串复制、插入、删除等运算。

下面分别介绍这五种基本运算。

1）串赋值 StrAssign(&s,constantchar)

初始条件：s 是一个串变量，constantchar 是一个串常量或者是一个被赋值的串变量。

操作结果：串变量 s 的值被赋值成 constantchar。

2）串比较 StrCompare(s,t)

运算条件：串 s 和串 t 均存在。比较的规则为两个串自左向右逐个字符相比，如果字符的 ASCII 码相等，则继续比较下一个位置的字符，直到出现对应位置字符的 ASCII 码不相等或者其中一个串已经比较完所有字符为止。判断结果分为两种情况：第一种情况为比较过程中出现 ASCII 码不相等的情况时，如果串 s 的某一个字符的 ASCII 码大于串 t 对应位置的字符，则判定串 s 较大，反之则判定串 t 较大；第二种情况为其中一个串已经比较完所有字符，依然没有出现对应位置字符 ASCII 码不相等的情况，这时如果两个串的字符个数相等，则判定两个串相等，如果串 t 已经比较完所有字符而串 s 中还有未比较的字符，则判定 s 较大，反之则判定串 t 较大。

操作结果：如果串 s 和串 t 相等，则返回值为 0；如果串 s 大于串 t，则返回值为 1；如果串 s 小于串 t，则返回值为 −1。

3）求串长 StrLength(s)

初始条件：串 s 存在。

操作结果：返回值为串 s 中字符的个数。

4）StrConcat(s,t)

初始条件：串 s 和串 t 均存在。

操作结果：返回值为 s 和 t 连接在一起的新串。

5）StrSub(s,i,j)

初始条件：串 s 存在，1≤i≤n，n 为字符串长度。

操作结果：返回从串 s 的第 i 个字符开始的 j 个字符，形成一个新的子串。

【例 4-2】 设串 s="DALIAN"，t="DA"，求以下各表达式的返回值。

(1) StrAssign(&s,t)：s="DA"；

(2) StrCompare(s,t)：1；

(3) StrLength(s)：6；

(4) StrConcat(s,t)："DALIANDA"；
(5) StrSub(s,1,3)："DAL"。

4.2 典型案例

【例 4-3】 一种基础的信息加密技术——字符串加密技术。

科技兴国,我国多项科学技术已经领先于全球。下面介绍其中一项先进技术——量子通信技术。

现在全球已经进入信息化时代,信息安全也是目前高科技领域之一。现在我国的量子通信技术已经全球领先。量子通信技术可用于军事、金融、政务等领域信息的加密安全传输。下面用一个简单的例子来说明：如果你要查看别人的信息,就必须要去复制他的信息,再破解后查看。量子加密通信的信息也是同样要去复制,但量子加密的信息与普通信息不同,当读取复制信息的时候,它已经发生了改变,不再是想要查看的信息,所以就算解密成功了,也是错误的信息。因此,从理论上来说量子加密信息是无法破解,这就比传统的无线通信等方式更加安全。

在本章的内容学习之后,我们可以实现一种基础的信息加密技术——字符串加密技术,以此案例加深对于这一章关于串的理解。一个文本串可用事先给定的字母映射表进行加密,比如给出字母映射如图 4.1 所示。

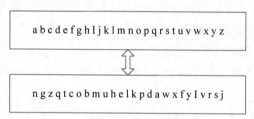

图 4.1 字母映射实例示意图

在解决这一问题的过程中,需要用到 StrAssign(&s,constantchar) 以及 StrLength(s) 等运算,在后面的章节也将重点探讨串的存储结构以及对应算法的实现方式。

【例 4-4】 实现用户登录系统。

如今各种互联网系统大多都需要用户使用账号和密码进行登录,这决解了用户和系统之间的"告知与识别"问题。

通过用户的登录实现对于不同用户的个性化管理在我们的日常生活中已经十分常见,学习串的知识之后,就可以通过串的基本运算完成用户登录系统的设计,只有当账号密码输入全部正确时才提示登录成功,而当账号或密码输入不正确时,给出相应登录失败的提示。

例 4-3 与例 4-4 的具体实现将在 4.5 节给出。

4.3 串的存储结构

4.3.1 串的顺序存储结构

串的顺序存储结构就是指将一个串的所有单个字符连续存放在一段内存单元中。通常一个字符可用一个字节(8位二进制数)内存来存储其ASCII码。计算机有两种编址方式：一种是按字节编址；另一种是按字编址。对于按字节编址，一个地址编码对应一个字节，只保存一个字符，这样串的每个字符都顺序的保存在相邻的内存单元中；对于按字编址，设一个字包含四个字节，则一个地址编码对应四个字节，存在两种顺序存储方式如图4.2所示，一种称为非紧缩格式，即每个字只保存一个字符，如图4.2(a)所示；另一种称为紧缩格式，即每个字保存多个字符，如图4.2(b)所示。

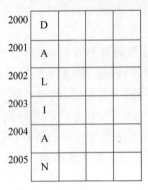
(a) 非紧缩格式

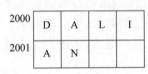
(b) 紧缩格式

图 4.2　非紧缩与紧缩格式示意图

从图4.2可以看出，串的紧缩格式节省内存，但是不容易分离出来单个字符，导致在处理单个字符时不方便；串的非紧缩格式相对占用内存空间较大，但是容易处理单个字符。后面的讨论都是基于非紧缩格式来进行的。

下面介绍串的基本运算在顺序存储结构中的实现。首先顺序串的类型定义如下：

```
1. typedef struct
2. {
3.     char data[MaxSize];         //字符数组
4.     int length;                 //表示串长
5. }SqStr;
```

1. 串赋值

【算法步骤】

(1) 当t[i]不等于'\0'时，依次将t[i]赋值给s.data[i]；

(2) 当t[i]等于'\0'时，结束循环，此时的i的值是字符串长度，将其赋值给s.length。

【算法描述】

```
1. void StrAssign(SqStr &s,char t[])       //s设置为引用类型参数
2. {
3.     int i;
4.     for (i = 0;t[i]!= '\0';i++)          //设置字符数组元素值
5.         s.data[i] = t[i];
6.     s.length = i;                        //设置串长
7. }
```

【算法分析】

串赋值算法的时间复杂度为 O(n),其中 n 为数组 t 中的字符个数。

2. 串比较

【算法步骤】

(1) 首先判断两个串的长度较小值,并用变量 len 保存。

(2) 令循环变量 i 从 0 循环到 len−1,逐个比较两个字符串的 ASCII 码,直到出现不一致的情况,如果 s.data[i]>t.data[i],则说明串 s 大于串 t,返回 1;如果 s.data[i]<t.data[i],则说明串 s 小于串 t,返回 −1。

(3) 若循环变量 i 从 0 循环到 len−1,没有出现不一致的情况,则结束循环。结束循环后,如果 s.length==t.length,则说明串 s 等于串 t,返回 0;如果 s.length>t.length,则说明串 s 大于串 t,返回 1;如果 s.length<t.length,则说明串 s 小于串 t,返回 −1。

【算法描述】

```
1.  int StrCmpare(SqStr s,SqStr t)
2.  {
3.      int i,len;
4.      if (t.length > s.length) len = s.length;
5.      else len = t.length;                    //len 保存两个串的长度较小值
6.      for (i = 0;i < len;i++)
7.          if (s.data[i]> t.data[i])           //判断两字符对应位置 ASCII 码大小
8.              return 1;
9.          else if (s.data[i]< t.data[i])
10.             return − 1;
11.     if (s.length == t.length)               //循环结束后,若没有结果,则比较两字符的串长
12.         return 0;
13.     else if (s.length > t.length)
14.         return 1;
15.     else  return − 1;
16. }
```

【算法分析】

该算法最好的情况是 i=0 时,只比较一次即得返回值,对应最好时间复杂度为 O(1)。最坏的情况是 i=n−1 时,需要比较 n 次 n 为串 s 和 t 中长度的较小值,对应的最坏时间复杂度为 O(n)。

一般的情况下,得到结果的 i 的取值范围为 0~n−1(共 n 种情况),每种取值需要比较 i+1 次,所以在等概率情况下,平均时间复杂度如式(4-2)所示。

$$T(n) = \sum_{i=0}^{n-1} \frac{1}{n}(i+1) = \frac{1}{n}\sum_{i=0}^{n-1}(i+1) = \frac{n+1}{2} = O(n) \qquad (4-2)$$

所以该算法的平均时间复杂度为 O(n)。

3. 求串长

【算法步骤】

由于在设计顺序串的类型定义方式时,用 length 保存串的长度,所以在算法中只需返

回 length 的值即可。

【算法描述】

```
1. int StrLength(SqStr s)
2. {
3.     return s.length;
4. }
```

【算法分析】

该算法的时间复杂度为 O(1)。

4. 串连接

【算法步骤】

(1) 定义保存连接之后串的变量 r，并令其长度为 s.length+t.length；

(2) 将串 s 中的字符依次保存在 r.data[i] 中，i 的取值范围为 0～s.length−1；

(3) 将串 t 中的字符依次保存在 r.data[i] 中，i 的取值范围为 s.length～s.length+t.length−1。

【算法描述】

```
1. SqStr StrConcat(SqStr s,SqStr t)
2. {
3.     SqStr r;
4.     int i;
5.     r.length = s.length + t.length;        //新串的长度为两串之和
6.     for (i = 0;i < s.length;i++)           //将串 s 中的字符依次保存在 r.data[i]中
7.         r.data[i] = s.data[i];
8.     for (i = 0;i < t.length;i++)           //将串 t 中的字符依次保存在 r.data[i]中
9.         r.data[s.length + i] = t.data[i];
10.    return r;
11. }
```

【算法分析】

该算法中存在两个并列循环，根据时间复杂度求和定理，该算法的时间复杂度为两个循环执行时间的较大者，所以该算法的时间复杂度为 O(n)，n 为 s.length 和 t.length 的较大值。

5. 求子串

【算法步骤】

(1) 定义一个保存子串的变量 r，令其长度为 0；

(2) 判断如果满足条件(i<=0 || i>s.length || j<0 || i+j−1>s.length)，则表示输入有误，直接返回 r；

(3) 通过循环结构将依次将 s.data[n] 赋值给 r.data[n−i+1]，n 的取值范围为 i−1 至 i+j−2。

【算法描述】

```
1. SqStr StrSub(SqStr s,int i,int j)
2. {
```

```
3.      SqStr r;
4.      int n;
5.      r.length = 0;
6.      if (i <= 0 || i > s.length || j < 0 || i + j - 1 > s.length)    //判断是否输入有误
7.          return r;
8.      for (n = i - 1;n < i + j - 1;n++)
9.          r.data[n - i + 1] = s.data[n];                    //n的取值范围为i-1至i+j-2
10.     r.length = j;
11.     return r;
12. }
```

【算法分析】

该算法的时间复杂度为 O(n)，n 为子串的长度。

【例 4-5】 设有两个字符串"DALIAN","DA"。试用顺序存储方式实现这两个字符串的串比较、串连接以及求子串操作。

参考主函数代码：

```
1.  int main()
2.  {
3.      int i;
4.      SqStr s1,s2,s3,s4;
5.      char t[] = "DALIAN";
6.      char r[] = "DA";
7.      StrAssign(s1,t);                        //调用串赋值算法
8.      StrAssign(s2,r);                        //调用串赋值算法
9.      printf("%d\n",StrCmpare(s1,s2));        //调用串比较算法
10.     s3 = StrConcat(s1,s2);                  //调用串连接算法
11.     for(i = 0;i < StrLength(s3);i++)        //调用求串长算法
12.     {
13.         printf("%c",s3.data[i]);
14.     }
15.     printf("\n");
16.     s4 = StrSub(s1,1,4);                    //调用求子串算法
17.     for(i = 0;i < StrLength(s4);i++)        //调用求串长算法
18.     {
19.         printf("%c",s4.data[i]);
20.     }
21.     printf("\n");
22.     return 0;
23. }
```

运行结果为：

```
1
DALIANDA
DALI
Press any key to continue
```

注意：在运行主函数之前，需要先在程序中定义上述基本算法的函数。

4.3.2 串的链式存储结构

串的链式存储结构是指采用链表的形式来保存一个串。这和前面学习的链表的操作有很多相似的地方，每一个结点由数据域和指针域组成，区别在于串的链式存储结构中结点的数据域可以存储多个字符，其个数称为结点大小，如图 4.3 所示。

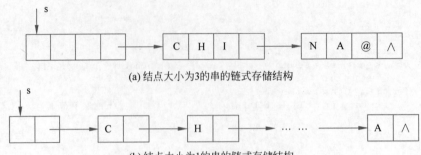

(a) 结点大小为3的串的链式存储结构

(b) 结点大小为1的串的链式存储结构

图 4.3 结点大小为 3 和 1 的串的链式存储结构示意图

当一个串的字符个数不是结点大小的整数倍时,在尾结点需要加入不属于字符集的特殊符号(比如@)作为标记。在链式存储结构中,结点大小的选择十分重要,影响对于串的操作效率,这要求我们考虑存储密度问题,其计算方式如式(4-3)所示。

$$存储密度 = \frac{串值所占的存储位}{实际分配的存储位} \tag{4-3}$$

显然,结点越小,存储密度越小。我们希望在理论上存储密度越大越好,但是随之而来的是一些操作(比如插入和删除)的不方便,因为这些操作需要大范围的移动字符,所以存储密度大的方式适合串基本不进行修改的情况。反之,存储密度小,操作方便,但是占用内存空间大。为简便起见,下面的叙述默认结点大小均为 1。

下面介绍串的基本运算在链式存储结构中的实现。首先结点类型定义如下:

```
1. typedef struct Strnode
2. {
3.     char data;                 //字符
4.     struct Strnode * next;     //指针
5. } LStrNode;
```

1. 串赋值

【算法步骤】

(1) 生成链串结点 s,指针 r 指向该链串的最后一个结点;
(2) 采用尾插法将数组 t 中的字符依次保存在该链串中。

【算法描述】

```
1. void StrAssign(LStrNode * &s,char t[])
2. {
3.     int i;
4.     LStrNode * r, * p;
5.     s = (LStrNode * )malloc(sizeof(LStrNode));    //生成链串结点 s
6.     r = s;                                         //指针 r 指向该链串的最后一个结点
7.     for (i = 0;t[i]!= '\0';i++)                   //循环利用尾插法
8.     {   p = (LStrNode * )malloc(sizeof(LStrNode));
9.         p -> data = t[i];
10.        r -> next = p;r = p;
11.    }
12.    r -> next = NULL;
13. }
```

【算法分析】

串赋值算法的时间复杂度为 O(n),其中 n 为数组 t 中的字符个数。

2. 串比较

【算法步骤】

(1) 定义指针变量 p 和 q,分别指向链串 s 和链串 t 的首结点;

(2) 当 p 和 q 都不等于 NULL 时进入循环,逐个比较对应结点的 data 值,直到出现不一致为止,当 p−>data 小于 q−>data 时,返回−1,否则返回 1;

(3) 如果 p 和 q 出现了等于 NULL 的情况,则结束循环。此时,如果 p==NULL&&q==NULL,则返回 0,如果 p==NULL&& q!=NULL,则返回−1,如果 p!=NULL&& q==NULL,则返回 1。

【算法描述】

```
1.  int StrCmpare (LStrNode * s, LStrNode * t)
2.  {
3.      LStrNode * p, * q;
4.      p = s−>next;
5.      q = t−>next;
6.      while(p!= NULL&&q!= NULL)    //满足循环条件时,逐个比较对应结点的 data 值
7.      {
8.          if(p−>data == q−>data)
9.          {
10.             p = p−>next;
11.             q = q−>next;
12.         }
13.         else if( p−>data < q−>data)
14.             return  − 1;
15.         else
16.             return  1;
17.     }
18.     if(p == NULL&& q == NULL)    //循环结束,若没得到结果,则判断 p,q 的位置
19.         return  0;
20.     else if(p == NULL&& q!= NULL)
21.         return  − 1;
22.     else
23.         return  1;
24. }
```

【算法分析】

该算法的平均时间复杂度计算方式和顺序串比较算法相似,为 O(n),其中 n 为串 s 和 t 中长度的较小值。

3. 求串长

【算法步骤】

(1) 定义指针变量 p 指向链串 s 的首结点;

(2) 当 p 不等于 NULL 时进入循环,通过变量 i 记录进入循环的次数;

(3) 当 p 等于 NULL 时结束循环,此时变量 i 中保存的数值即为串长。

【算法描述】

```
1. int StrLength(LStrNode * s)
2. {
3.      int i = 0;
4.      LStrNode * p = s->next;    //p指向链串s的首结点
5.      while (p!= NULL)
6.      {   i++;
7.          p = p->next;
8.      }
9.      return i;                  //i保存计数结果
10. }
```

【算法分析】

串赋值算法的时间复杂度为 $O(n)$，其中 n 为链串中字符个数。

4. 串连接

【算法步骤】

（1）定义存储连接后的串变量 str；

（2）指针变量 p 指向链串 s 的首结点，将 p 结点复制到 q 结点，利用尾插法将链串 s 中的所有结点插入 str 中；

（3）指针变量 p 指向链串 t 的首结点，将 p 结点复制到 q 结点，利用尾插法将链串 t 中的所有结点继续插入 str 中。

【算法描述】

```
1. LStrNode * StrConcat(LStrNode * s,LStrNode * t)
2. {
3.      LStrNode * str, * p = s->next, * q, * r;      //p指向链串s的首结点
4.      str = (LStrNode * )malloc(sizeof(LStrNode));
5.      r = str;
6.      while (p!= NULL)
7.      {   q = (LStrNode * )malloc(sizeof(LStrNode));
8.          q->data = p->data;
9.          r->next = q;r = q;                        //尾插法
10.         p = p->next;
11.     }
12.     p = t->next;                                  //p指向链串s的首结点
13.     while (p!= NULL)
14.     {   q = (LStrNode * )malloc(sizeof(LStrNode));
15.         q->data = p->data;
16.         r->next = q;r = q;                        //尾插法
17.         p = p->next;
18.     }
19.     r->next = NULL;
20.     return str;
21. }
```

【算法分析】

该算法的时间复杂度为 $O(n)$，其中 n 为链串 s 和 t 中长度的较大值。

5．求子串

【算法步骤】

（1）定义子串头结点 str；

(2) 如果满足条件(i<=0 || i>StrLength(s) || j<0 || i+j-1>StrLength(s)),则表示输入有误,直接返回 str;

(3) 令指针变量 p 指向链串 s 第 i 个结点;

(4) 依次将链串 s 的从 i 开始的 j 个结点依次利用尾插法存入 str。

【算法描述】

```
1. LStrNode * StrSub(LStrNode * s,int i,int j)
2. {
3.      int k;
4.      LStrNode * str, * p = s->next, * q, * r;
5.      str = (LStrNode * )malloc(sizeof(LStrNode));
6.      str->next = NULL;
7.      r = str;
8.      if (i<=0 || i>StrLength(s) || j<0 || i+j-1>StrLength(s))
                                  //判断是否输入有误
9.          return str;
10.     for (k=1;k<i;k++)          //p 指向链串 s 第 i 个结点
11.         p = p->next;
12.     for (k=1;k<=j;k++)         //将链串 s 的从 i 开始的 j 个结点依次利用尾插法存入 str
13.     {   q = (LStrNode * )malloc(sizeof(LStrNode));
14.         q->data = p->data;
15.         r->next = q;r = q;
16.         p = p->next;
17.     }
18.     r->next = NULL;
19.     return str;
20. }
```

【算法分析】

该算法中存在两个并列的循环结构,所以时间复杂度为 $O(n)$,n 取两个循环次数较大者。

【例 4-6】 设有两个字符串"DALIAN","DA"。试用链式存储方式实现这两个字符串的串比较、串连接以及求子串操作。

参考主函数代码:

```
1. int main()
2. {
3.      LStrNode * s1, * s2, * s3, * s4, * p;
4.      char t[] = "DALIAN";
5.      char r[] = "DA";
6.      StrAssign(s1,t);                //调用串赋值算法
7.      StrAssign(s2,r);                //调用串赋值算法
8.      printf(" % d\n",StrCmpare(s1,s2));   //调用串比较算法
9.      s3 = StrConcat(s1,s2);          //调用串连接算法
10.     p = s3->next;
11.     while(p!= NULL)
12.     {
13.         printf(" % c",p->data);
14.         p = p->next;
15.     }
16.     printf("\n");
17.     s4 = StrSub(s1,1,4);            //调用求子串算法
18.     p = s4->next;
```

```
19.    while(p!= NULL)
20.    {
21.         printf(" % c",p->data);
22.         p = p->next;
23.    }
24.    printf("\n");
25.    return 0;
26. }
```

运行结果：

```
1
DALIANDA
DALI
Press any key to continue
```

4.4 模式匹配

模式匹配是指给定一个串 n，判断另外一个串 m 中是否存在和串 n 相等的子串，其中串 n 称为模式串，串 m 称为目标串。若存在，则称匹配成功，反之称为匹配失败。

一种传统的模式匹配方法称为 **BF(Brute-Force)算法**，也称为朴素匹配算法或者简单匹配算法。算法的基本思路是从目标串的第一个字符开始逐个与模式串进行比较，若出现不一致时则从目标串的下一个字符开始再次逐个与模式串进行比较，依次类推直到匹配成功或失败为止。

【算法步骤】

通过实例来说明该算法的步骤。设目标串 m 为"ssssst"，模式串 n 为"ssst"，则匹配过程如图 4.4 所示，其中 i,j 均为物理编号。

【算法描述】

```
1.  int BFfuction(SqStr m, SqStr n)
2.  {
3.      int i = 0, j = 0;
4.      while(i < m.length&&j < n.length)
5.      {
6.          if (m.data[i] == n.data[j])        //当前两个字符相等
7.          {
8.              i++;
9.              j++;
10.         }
11.         else                                //当前两个字符不相等
12.         {
13.             i = i - j + 1;
14.             j = 0;
15.         }
16.     }
17.     if (j >= n.length)
18.         return (i - n.length);
19.     else
20.         return (-1);
21. }
```

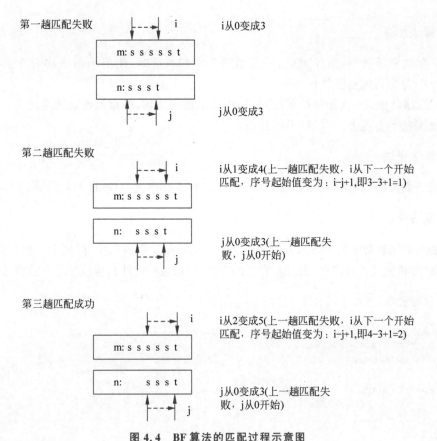

图 4.4 BF 算法的匹配过程示意图

注意:

(1) 在循环过程中,出现 j 越界,则表示匹配成功,返回模式串第一个字符在目标串中的位置。

(2) 在循环过程中,出现 i 越界,则表示匹配失败,返回 -1。

【算法分析】

设目标串长度为 k_m,模式串的长度为 k_n,一般情况下时间复杂度为 $O(k_m+k_n)$,在最坏情况下,时间复杂度为 $O(k_m*k_n)$。可以看出该算法的时间复杂度较高,于是出现了多种改进的模式匹配算法,如 KMP 匹配算法、BM 匹配算法等。

4.5 案例分析与实现

以 4.2 节中的【例 4-3】字母映射为例。字符串加密技术是一种简单且有效的加密方式,通过定义函数的方式将源文本按照协定好的字母映射进行加密,如源文本为: data structure,加密后的字符串为: qnfn xfwyzfywt。在接收端可以采用相反的字母映射进行解密,从而完成字符串文本的加密传送。

【案例实现】

在具体实现时,定义的加密算法为 encryption(Code &s),解密算法为 decryption(Code &s)。

1. 算法步骤

(1) 在加密函数中,循环变量 i 小于或等于串的长度时,使用 switch 多分支选择结构,对于每个字符进行加密赋值;

(2) 当循环变量 i 大于串的长度时,结束整个加密过程,输出加密后的串。

解密算法和上述方式类似,不再赘述。

2. 算法描述

详见下面参考代码中 encryption(Code &s) 和 decryption(Code &s) 函数。

3. 算法分析

算法的时间复杂度为 O(n),其中 n 为文本长度。在这个例子中,体现了一种简单的文本加密思路,加密方式比较简单,通过本案例的介绍,可以自行设计其他较为复杂的加密方式。

4. 参考代码

```c
1.  # include < stdio.h >
2.  # define MaxSize    100                  //定义常量
3.
4.  typedef struct{
5.       char    data[MaxSize];
6.       int     length;
7.  } Code;
8.
9.  int StrLength(Code s)//求串长
10. {
11.      return s.length;
12. }
13. void StrAssign(Code &s, char t[])         //字符串赋给串 s
14. {
15.      int i;
16.      for (i = 0;t[i]!= '\0';i++)
17.           s.data[i] = t[i];
18.      s.length = i;
19. }
20.
21. void  encryption(Code &s)                 //将输入的字符串加密后输出
22. {
23.      int i = 0;
24.      int n;
25.      n = StrLength(s);
26.      while(i <= n)
27.      {
28.           switch(s.data[i])
29.           {
30.                case 'a':s.data[i] = 'n';break;
31.                case 'b':s.data[i] = 'g';break;
32.                case 'c':s.data[i] = 'z';break;
```

```
33.            case 'd':s.data[i] = 'q';break;
34.            case 'e':s.data[i] = 't';break;
35.            case 'f':s.data[i] = 'c';break;
36.            case 'g':s.data[i] = 'o';break;
37.            case 'h':s.data[i] = 'b';break;
38.            case 'i':s.data[i] = 'm';break;
39.            case 'j':s.data[i] = 'u';break;
40.            case 'k':s.data[i] = 'h';break;
41.            case 'l':s.data[i] = 'e';break;
42.            case 'm':s.data[i] = 'l';break;
43.            case 'n':s.data[i] = 'k';break;
44.            case 'o':s.data[i] = 'p';break;
45.            case 'p':s.data[i] = 'd';break;
46.            case 'q':s.data[i] = 'a';break;
47.            case 'r':s.data[i] = 'w';break;
48.            case 's':s.data[i] = 'x';break;
49.            case 't':s.data[i] = 'f';break;
50.            case 'u':s.data[i] = 'y';break;
51.            case 'v':s.data[i] = 'i';break;
52.            case 'w':s.data[i] = 'v';break;
53.            case 'x':s.data[i] = 'r';break;
54.            case 'y':s.data[i] = 's';break;
55.            case 'z':s.data[i] = 'j';break;
56.            }
57.            i++;
58.        }
59.        for(i = 0;i < = n;i++)
60.            printf(" % c",s.data[i]);
61.        printf("\n");
62.    }
63.    void   decryption(Code &s)             //将输入的字符串解密后输出
64.    {
65.        int i = 0;
66.        int n;
67.        n = StrLength(s);
68.        while(i < = n)
69.        {
70.            switch(s.data[i])
71.            {
72.            case 'n':s.data[i] = 'a';break;
73.            case 'g':s.data[i] = 'b';break;
74.            case 'z':s.data[i] = 'c';break;
75.            case 'q':s.data[i] = 'd';break;
76.            case 't':s.data[i] = 'e';break;
77.            case 'c':s.data[i] = 'f';break;
78.            case 'o':s.data[i] = 'g';break;
79.            case 'b':s.data[i] = 'h';break;
80.            case 'm':s.data[i] = 'i';break;
81.            case 'u':s.data[i] = 'j';break;
82.            case 'h':s.data[i] = 'k';break;
83.            case 'e':s.data[i] = 'l';break;
84.            case 'l':s.data[i] = 'm';break;
85.            case 'k':s.data[i] = 'n';break;
```

```
86.         case 'p':s.data[i] = 'o';break;
87.         case 'd':s.data[i] = 'p';break;
88.         case 'a':s.data[i] = 'q';break;
89.         case 'w':s.data[i] = 'r';break;
90.         case 'x':s.data[i] = 's';break;
91.         case 'f':s.data[i] = 't';break;
92.         case 'y':s.data[i] = 'u';break;
93.         case 'i':s.data[i] = 'v';break;
94.         case 'v':s.data[i] = 'w';break;
95.         case 'r':s.data[i] = 'x';break;
96.         case 's':s.data[i] = 'y';break;
97.         case 'j':s.data[i] = 'z';break;
98.         }
99.         i++;
100.    }
101.    for(i = 0;i <= n;i++)
102.        printf("%c",s.data[i]);
103.    printf("\n");
104. }
105.
106. int main()
107. {
108.    Code s,t;
109.    char str1[100];
110.    char str2[100];
111.    printf("请输入未加密的字符串:");
112.    gets(str1);
113.    StrAssign(s,str1);
114.    printf("加密后的字符串为:");
115.    encryption (s);
116.    printf("请输入加密的字符串:");
117.    gets(str2);
118.    StrAssign(t,str2);
119.    printf("解密后的字符串为:");
120.    decryption (t);
121.    return 0;
122. }
```

【运行结果】

运行结果如图 4.5 所示。

请输入未加密的字符串:data structure
加密后的字符串为:qnfn xfwyzfywt
请输入加密的字符串:qnfn xfwyzfywt
解密后的字符串为:data structure
Press any key to continue

图 4.5 加密算法结果示意图

4.2 节中的【例 4-4】：实现用户登录系统。用户自行注册账号与密码，编写一个程序，由键盘输入一个用户名和一个密码，与注册的账号和密码进行比较，如果一致就显示"登录成功"；如果不一致就显示"用户名不正确"或"密码不正确"，并重新输入用户名和密码。

【案例实现】

在具体实现时，使用 StrCmpare(SqStr s,SqStr t) 分别判断用户名和密码是否和注册的用户名和密码一致。通过该函数的返回值是否为0来说明用户输入的用户名和密码与注册的用户名和密码是否一致,显然这是一种有效且易于实现的方式。

【参考代码】

```
1.  #include<stdio.h>
2.  #define MaxSize 100
3.
4.  typedef struct                          //定义顺序串类型
5.  {
6.      char data[MaxSize];
7.      int length;
8.  } SqStr;
9.  void StrAssign(SqStr &s,char t[])       //串赋值
10. {
11.     int i;
12.     for (i = 0;t[i]!= '\0';i++)
13.         s.data[i] = t[i];
14.     s.length = i;
15. }
16. int StrCmpare(SqStr s,SqStr t)          //串比较
17. {
18.     int i,len;
19.     if (t.length> s.length) len = s.length;
20.     else len = t.length;
21.     for (i = 0;i< len;i++)
22.         if (s.data[i]> t.data[i])
23.             return 1;
24.         else if (s.data[i]< t.data[i])
25.             return -1;
26.     if (s.length == t.length)
27.         return 0;
28.     else if (s.length> t.length)
29.         return 1;
30.     else   return -1;
31. }
32.
33. int main()
34. {
35.     SqStr Rusername,Rpassword,Eusername,Epassword;
36.     char Ru[MaxSize],Rp[MaxSize],Eu[MaxSize],Ep[MaxSize];
37.     int cnt = 0;
38.     puts("请设置输入用户名:");
39.     gets(Ru);
40.     StrAssign(Rusername,Ru);             //保存设置好的用户名
41.     puts("请设置输入密码:");
42.     gets(Rp);
43.     StrAssign(Rpassword,Rp);             //保存设置好的密码
44.     while(cnt == 0)
45.     {
46.         puts("请输入用户名:");
47.         gets(Eu);
48.         StrAssign(Eusername,Eu);         //保存输入的用户名
```

```
49.         puts("请输入密码:");
50.         gets(Ep);
51.         StrAssign(Epassword, Ep);            //保存输入的密码
52.         if(StrCmpare(Eusername, Rusername) == 0)
53.         {
54.             if(StrCmpare(Epassword, Rpassword) == 0)
55.             {
56.                 printf("登录成功\n");
57.                 cnt = 1;
58.             }
59.             else
60.             {
61.                 printf("密码不正确\n");
62.                 continue;
63.             }
64.         }
65.         else
66.         {
67.             printf("用户名不正确\n");
68.             continue;
69.         }
70.     }
71.     return 0;
72. }
```

【运行结果】

运行结果如图 4.6 所示。

```
请设置输入用户名:
dalian
请设置输入密码:
123456
请输入用户名:
da
请设置输入密码:
123456
用户名不正确
请输入用户名:
dalian
请设置输入密码:
12
密码不正确
请输入用户名:
dalian
请设置输入密码:
123456
登陆成功
Press any key to continue
```

图 4.6 用户登录系统结果示意图

4.6 小结

本章以字符加密技术和用户登录系统作为典型案例,介绍串的基本概念与基本运算;接下来介绍串的顺序和链式存储结构,分别讲解基本运算的实现方法;最后基于BF(Brute-

Force)算法介绍串的模式匹配方法。通过本章的学习,需对于串有基础认识,为具体应用打下基础。

习题 4

一、填空题

1. 所谓串(String)指的是_____。串的处理在文本编辑、信息检索以及自然语言翻译等方面有重要的应用。
2. 串的两种顺序存储方式为:_____,_____。
3. 串的链式存储方式的存储密度计算公式为_____。
4. 一种传统的模式匹配方法称为 BF(Brute-Force)算法,也称为_____。

二、单选题

1. 下面说法中正确的是( )。
   A. 串中元素的逻辑关系是一种线性关系
   B. 串中元素只能是英文字母
   C. 空串是非法的
   D. 串必须由多个字符组成
2. 判断两个串相等的条件是( )。
   A. 含有字符数量相等
   B. 对应位置字符相同
   C. 两个字符串含义相同
   D. 两个串含有字符数量相等且对应位置的字符相同
3. 串 S="ABCDEFGH",其子串的个数是( )。
   A. 8   B. 9   C. 36   D. 37
4. 一个链串的结点类型定义为

```
1. #define MaxSize  6
2. typedef struct node
3. {   char data[MaxSize];
4.       struct node * next;
5. } LStrNode;
```

如果每个字符占 1 字节,指针占 4 字节,该链串的存储密度为( )。
   A. 1/3   B. 1/2   C. 2/3   D. 3/5
5. 链串的结点大小为 1 指的是( )。
   A. 用于存储串的链表长度为 1
   B. 用于存储串的链表只能存放一个字符
   C. 链表中每个结点的数据域中存放一个字符
   D. 以上都不对
6. 设有两个串 s_1 和 s_2,s_2 是 s_1 的子串,则求 s_2 在 s_1 中首次出现位置的算法称为( )。

A. 串比较 B. 求子串 C. 模式匹配 D. 串连接

7. 在串模式匹配 BF(Brute-Force)算法中,当模式串位 j 与目标串位 i 比较时,两字符不相等,则 i 的位移方式是(　　)。

A. i=j+1 B. i=i+1 C. i=i−j+1 D. i=j−i

三、判断题

1. 如果两个串相等,则两个串的长度相同。（　　）
2. 空串不是任何串的子串。（　　）
3. 串的非紧缩格式存储比紧缩格式存储更好。（　　）
4. 结点大小越小,存储密度越小。（　　）
5. 模式匹配是是指给定一个串 A,判断另外一个串 B 中是否存在和串 A 相等的子串。（　　）

四、简答题

1. 简述串的模式匹配原理。
2. 简述如何判断两个串是否相等。

五、算法题

1. 设串采用顺序存储结构,编写程序实现将串 s_2 插入到串 s_1 的第 i 个位置上,返回生成的新串。
2. 设串采用顺序存储结构,编写程序实现用一个串 t 代替从 s 的第 i 个字符开始的连续 j 个字符。

第 5 章

递 归

CHAPTER 5

本章学习目标
- 了解递归的基本概念
- 理解递归调用的实现原理
- 掌握递归算法的设计

在计算机科学中,递归算法是一种将问题不断分解为同一类子问题来解决问题的方法。递归方法可解决许多计算机科学问题,因此它是计算机科学中非常重要的概念。

本章先介绍递归的基本概念,再介绍递归调用的实现原理,最后介绍递归算法设计方法。

在线自测题

5.1 递归的定义

5.1.1 递归的基本概念

如果一个对象部分包含它自己,或者利用自己定义自己,则称这个对象是递归的;如果一个过程直接或间接调用自己,则称这个过程是一个递归过程。

递归不仅是数学中的一个重要概念,也是计算技术中重要的概念之一。20 世纪 30 年代,递归函数理论、图灵机演算理论和 POST 规范系统等理论一起为计算理论奠定了基础。

在人们的思考过程中,普遍存在着递归现象和递归机制。它是一种从简单到复杂、从低级到高级的可连续操作的问题解决方法。

5.1.2 何时使用递归

以下三种情况适用于递归方法解决问题。

1. 问题的定义是递归的

阶乘函数、幂函数和斐波那契数列等函数的定义是递归的。求解这些问题可以将其递归定义直接转换为相应的递归算法。

例如,求函数 n! 的递归算法如下:

```
1. long Factorial(long n)
2. {
3.     if(n == 1)
4.         return 1;
5.     else
6.         return n * Factorial(n - 1);
7. }
```

在函数 Factorial(long n)的求解过程中调用 Factorial(n−1),即函数 Factorial()自己调用自己,所以它是一个直接递归函数,又由于递归调用 Factorial(n−1)是最后一条语句,所以它又属于尾递归。

2. 问题所涉及的数据结构是递归的

单链表的数据结构是递归的,其结点类型定义如下:

```
1. typedef struct LNode
2. {
3.     ElemType data;
4.     struct LNode * next;
5. }LinkNode;
```

该定义中,结点 LNode 的定义中用到了它自身,即指针域 next 是指向其自身类型的指针,所以结点 LNode 是一种递归数据结构。

3. 问题的解法满足递归的性质

Hanoi 问题的解决方法是递归的。一块板上有三根针 X,Y,Z。X 针上套有 n 个大小不等的圆盘,大的在下,小的在上。要把这 n 个圆盘从 X 针移到 Z 针上,移动时需要遵守以下规则,每次只能移动一个圆盘,移动时可以借助 Y 针。任何时候圆盘都必须保持大盘在下,小盘在上的规则。

Hanoi 问题的递归分解过程是:

$$\text{Hanoi}(n,x,y,z) \xRightarrow{\text{分解}} \begin{array}{l} \text{Hanoi}(n-1,x,z,y); \\ \text{move}(n,x,z);(将第 n 个圆盘从 x 移向 z) \\ \text{Hanoi}(n-1,y,x,z); \end{array}$$

首先调用函数 Hanoi(n−1,x,z,y),将 x 塔座上的 n−1 个盘片借助 z 塔座移动到 y 塔座上;此时 x 塔座上只有一个盘片,调用函数 move(n,x,z)将其直接移动到 z 塔座上;再调用函数 Hanoi(n−1,y,x,z)将 y 塔座上的 n−1 个盘片借助 x 塔座移动道 z 塔座上。

5.1.3 递归模型

为了更好地利用递归求解问题,通过求解 n!问题的递归算法认识递归结构,并抽象出递归模型。

```
1.  long Factorial(long n)
2.  {
3.      if(n == 1)
4.          return 1;
5.      else
6.          return n * Factorial(n − 1);
7.  }
```

一般地,一个递归模型是由递归出口和递归体两部分组成。递归出口确定递归到何时结束;递归体确定递归求解时的递推关系。如此可类推出递归出口和递归体的一般格式。

递归出口的一般格式:

$$f(s_1) = m_1$$

其中,s_1 与 m_1 均为常量,有些递归问题可能有几个递归出口。求解 n! 的过程中,fun(1)=1 就是 $f(s_1)=m_1$,是唯一递归出口。

递归体,一般格式:

$$f(s_n) = g(f(s_i),f(s_{i+1}),\dots,f(s_{n-1}),c_j,c_{j+1},\dots,c_m).$$

其中,g 是一个非递归函数,$c_j,c_{j+1},\dots,c_m$ 为常量。如求 n!,fun(n) = n * fun(n−1) (n>1)就是 $f(s_n)=g(f(s_i),f(s_{j+1}),\dots,f(s_{n-1}),c_j,c_{j+1},\dots,c_m)$,只是"$c_j,c_{j+1},\dots,c_m$"均为 0,"$f(s_i),f(s_{i+1}),\dots,f(s_{n-1})$"中仅存在一个 fun(n−1),此外 $f(s_n)$ 为 f(n),g 为 n * fun(n−1)。

在递归模型中,我们可以看到递归等式左边的 $f(s_n)$ 与等式右边的"$f(s_i),f(s_{i+1}),\dots,f(s_{n-1})$"格式相同,其代表原求解的大问题转化成若干个相似子问题。

递归的思路就是把一个不能或不好直接求解的"大问题"转换成一个或几个与"大问题"

相似的"小问题"来解决；若仍无法解决，则再把这些"小问题"进一步分解成更小的相似的"小问题"来解决。

5.2 递归调用的实现原理

递归调用的内部实现原理可以理解为调用与自己有相同的代码和同名的局部变量的子程序。

在执行调用时，计算机内部执行如下操作：
1. 开辟栈顶存储空间，用于保存返回地址、被调层函数中的形参和局部变量的值。
2. 为被调层函数准备计算实参的值，并在栈顶元素中赋给对应的形参。
3. 转入子程序执行。

在执行返回操作时，内部执行如下操作：
1. 若函数需要求值，将其值保存到回传变量中。
2. 从栈顶取出返回地址，并退栈，同时撤销被调层子程序的局部变量及形参。
3. 按返回地址返回。

在返回后自动执行如下操作：
若函数需要求值，从回传变量中取出所保存的值并传送到相应的实变参或位置上。
算法求解 Factorial(5) 的递归调用过程中，程序执行及栈的变化情况如图 5.1 所示。

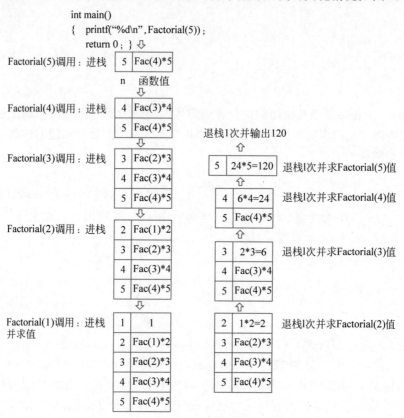

图 5.1 fun(5) 的执行过程示意图

5.3 递归算法的设计

5.3.1 递归算法设计的步骤

递归算法设计先要确定递归模型,再转换成对应的 C 语言函数。
(1) 对原问题 $f(s_n)$ 进行分析,抽象出合理的"小问题" $f(s_{n-1})$;
(2) 若 $f(s_{n-1})$ 是可解的,则在此基础上确定 $f(s_n)$ 的解,即给出 $f(s_n)$ 与 $f(s_{n-1})$ 之间的关系;
(3) 确定一个待定情况(如 $f(1)$ 或 $f(0)$)的解,作为递归出口。

【例 5-1】 求顺序表$(a_1,a_2,\cdots,a_n)$中的最大值。

将顺序表分解成左子表$(a_1,a_2,\cdots,a_m)$和右子表$(a_{m+1},a_{m+2},\cdots,a_n)$两个子表,分别求出子表中的最大元素 a_i 和 a_j,求出二者中最大元素,即为整个顺序表的最大元素。

求子表中最大元素的方法与总表相同,即将子表分成两个更小的子表,如此不断分解,直至表中只有一个元素,该元素是该表最大元素。

```
1. ElemType Max(SqList L,int i,int j)
2. {
3.      int mid;
4.      ElemType max,max_r,max_l;
5.      if(i == j)
6.          max = L.data[i];
7.      else
8.      {
9.          mid = (i + j)/2;
10.         max_r = Max(L,i,mid);
11.         max_l = Max(L,mid + 1,j);
12.         if(max_r > max_l)
13.             max = max_r;
14.         else
15.             max = max_l;
16.     }
17.     return max;
18. }
```

5.3.2 递归数据结构的递归算法设计

具有递归特性的数据结构称为递归数据结构。递归数据结构通常采用递归方式定义。递归的明显特征是一对象可以表示成包含它本身的结构,如不带头结点的单链表,其结点类型定义如下:

```
1. typedef struct Lnode
2. {
3.      ElemType data;
4.      struct LNode * next;
5. }LinkList;
```

该定义中,结构体 Lnode 的定义中用到了它自身,即指针域 next 是一种指向自身类型的指针,它是一种递归数据结构。

对于递归数据结构,采用递归的方法编写算法既方便又有效。

【例 5-2】 求一个不带头结点的单链表 head 的所有 data 域之和的递归算法。

```
1. ElemType Sum(LinkList *L)
2. {
3.     if(L == NULL)
4.         return 0;
5.     else
6.         return L->data + Sum(L->next);
7. }
```

5.3.3 递归求解方法的递归算法设计

有些问题的解法是递归的,典型的有 Hanoi(汉诺)塔问题求解。

【例 5-3】 汉诺塔问题。

设 Hanoi(n,x,y,z)表示将 n 个盘片从 X 通过 Y 移动到 Z 上,递归分解的过程如图 5.2 所示:

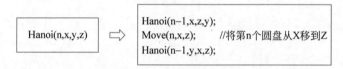

图 5.2 Hanoi 递归分解过程示意图

```
1. void Hanoi(int n,char x,char y,char z)
2. {
3.     if(n == 1)
4.         printf("将第%d个盘子从%c上移动到%c上.\n",n,x,z);
5.     else
6.     {
7.         Hanoi(n-1,x,z,y);
8.         printf("将第%d个盘子从%c上移动到%c上.\n",n,x,z);
9.         Hanoi(n-1,y,x,z);
10.    }
11. }
```

汉诺塔的解题思路很简单,就是按照移动规则向一个方向移动盘片:如果只有一个盘片,则把该盘片从 X 移动到 Z,结束;如果有 n 个盘片,则把前 n-1 个盘片移动到辅助的 Y,然后把 X 上的盘片移动到 Z,最后再把前 n-1 个移动到 Z。

汉诺塔问题是递归求解方法中的经典递归问题。

5.4 本章小结

本章首先介绍了递归的基本概念;然后介绍了递归调用的实现原理,并说明了递归执行的过程；最后介绍了递归算法的设计方法。通过本章的学习，可以对于递归有了基础认识，能够运用递归算法解决一些较复杂的应用问题。

习题 5

一、简答题

1. 什么叫递归？
2. 阶乘问题的循环结构算法和递归算法哪个的时间效率好？为什么？

二、算法设计题

1. 编写一个函数求 n 的阶乘算法。
2. 编写一个函数求斐波那契数列前 n 项的和算法。
3. (1) 写出求 1,2,3,…,n 的 n 个数累加的递推公式；
   (2) 编写求 1,2,3,…,n 的 n 个数累加的递推算法，假设 n 个数存放在数组 a 中。
4. 设有一个不带表头结点的单链表 L，设计一个递归算法，求以 L 为首结点指针的单链表的结点个数。
5. 设有一个不带表头结点的单链表 L，设计一个递归算法，求单链表 L 中的最小结点值。

第 6 章

数组和广义表

CHAPTER 6

本章学习目标
- 掌握数组的定义,理解数组的抽象数据类型
- 掌握二维数组的存储方式与元素地址的计算方法
- 掌握特殊矩阵和稀疏矩阵的压缩方式
- 掌握广义表的定义及基本运算,了解广义表基本运算的实现

在线自测题

　　在本书中的数组是一种典型的数据结构,即具有相同属性的元素组成的有限序列,而在编程语言中的"数组"多指的是一种数据类型。数组可以是多维的,可以看作是线性表的推广。

　　广义表也是一种线性结构,采用递归方式定义,在这一章中将重点说明广义表的定义及基本运算。

6.1 多维数组的定义

6.1.1 数组的逻辑结构

二维数组可以用矩阵形式表示,如式(6-1)所示。

$$A_{m \times n} = \begin{bmatrix} B_0 \\ B_1 \\ \vdots \\ B_{m-1} \end{bmatrix} = \begin{bmatrix} b_{0,0} & b_{0,1} & \cdots & b_{0,n-1} \\ b_{1,0} & b_{1,1} & \cdots & b_{1,n-1} \\ \vdots & \vdots & & \vdots \\ b_{m-1,0} & b_{m-1,1} & \cdots & b_{m-1,n-1} \end{bmatrix} \tag{6-1}$$

二维数组 $A_{m \times n}$ 可以看作是由多个一维数组 $B_i (0 \leqslant i \leqslant m-1)$ 组成,依次类推三维数组可以看作是由多个二维数组组成,N 维数组可以看作是由多个 N-1 维数组组成。对于一个数组通常有两种常用的操作,即读和写。C 语言实现数组的存储方式和数组这种数据类型的本质相同,可以归纳出 C 语言中数组具有以下性质:

(1) 数组的元素个数在定义时就被确定;
(2) 数组中的元素可以是任意类型,但每个元素的数据类型必须相同;
(3) 可以通过唯一确定的下标访问数组中的任意元素。

N 维数组的抽象数据类型如下:

ADT Arr
{
  数据对象:
    D={B_i|0≤i≤m-1},B_i 为 N-1 维数组,长度为 m。
  数据关系:
    R={<B_{i-1},B_i>| B_{i-1},$B_i \in D$}。
  基本运算:
    InitArr(&A):初始化数组。
    DestroyArr(&A):释放数组空间。
    Value(A,index):返回数组 A 中下标为 index 的对应元素值。
    Assign(A,e,index):将 e 的值赋给数组 A 中下标为 index 的对应元素。
}

6.1.2 数组的物理结构

1. 一维数组的物理结构

设有一维数组 A={a_0,…,a_i,…,a_{n-1}},在内存中的物理结构如图 6.1 所示。

在图 6.1 中,Loc 表示该单元的地址,设每个数据元素需要 q 个单元来存储,因 a_i 前面共有 i 个元素,于是可以得到任意元素地址的计算公式如式(6-2)所示。

$$Loc(a_i) = Loc(a_0) + i \times q \tag{6-2}$$

2. 二维数组的物理结构

对于式(6-1)所示的二维数组存在两种物理结构,一种是按行存储,另一种是按列存储。如图 6.2 所示,为这两种存储方式的结构。

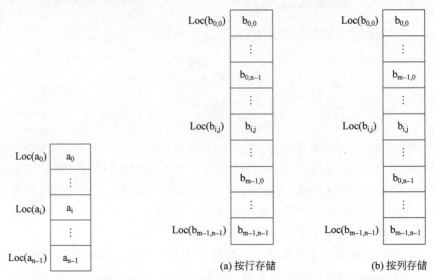

图 6.1 一维数组物理结构示意图　　图 6.2 二维数组物理结构示意图

在图 6.2 中,Loc 表示该单元的地址,同样设每个数据元素需要 q 个单元来存储,于是可以得到任意元素地址的计算公式如式(6-3)和式(6-4)所示。

$$Loc(b_{i,j}) = Loc(b_{0,0}) + (i \times n + j) \times q \quad （按行存储） \quad (6-3)$$

$$Loc(b_{i,j}) = Loc(b_{0,0}) + (j \times m + i) \times q \quad （按列存储） \quad (6-4)$$

二维数组 A 共 $m \times n$ 个元素,第一个元素地址为 $Loc(b_{0,0})$,在按行存储的情况下,元素 $b_{i,j}$ 前面共有 $(i \times n + j)$ 个元素,在按列存储的情况下,前面共有 $(j \times m + i)$ 个元素,可以得到上述两个公式。

6.2　典型案例

【例 6-1】 保存围棋中常见的两种布局流派,如图 6.3 所示。

下面介绍一种适合结合多维数组表示典型国粹文化——围棋。围棋起源于中国,古称"弈"。流行于东亚国家,属琴棋书画四艺之一。其蕴含着中华文化的丰富内涵。棋盘上有纵横各 19 条直线将棋盘分成 361 个交叉点,棋子走在交叉点上,双方玩家交替行棋,落子后不能移动,以围地多者为胜。在围棋中体现了"动与静"、"厚与薄"、"得与失"、"有与无"等多种哲学思想,几千年来长盛不衰,逐渐发展成为一种国际性的文化竞技活动。上图 6.3 中的围棋布局,我们会发现组成的二维矩阵中非零元素很少,称为稀疏矩阵,后面的章节中将会介绍稀疏矩阵的压缩存储方法。

【例 6-2】 三子棋游戏

使用二维数组实现井字棋游戏,又称为三子棋(Tic-tac-toe)如图 6.4 所示。游戏共有

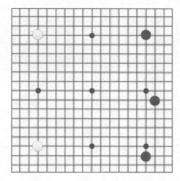 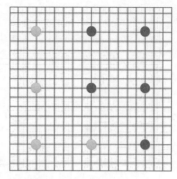

图 6.3 常见围棋布局示意图

两个玩家,一个代表圈,一个代表叉,轮流在 3×3 的格上标记自己的符号,最先以横、竖、斜连成一线则为胜。若双方都无法连成一线则为和局。

```
~~~~~~~三子棋游戏~~~~~~~
        X  0  0
        -  X  -
        -  -  X
~~~~~~~~~~~~~~~~~~~~~~~
```

图 6.4 三子棋示意图

【例 6-1】与【例 6-2】的具体实现将在 6.6 节具体呈现。

6.3 特殊矩阵

通过上述内容可以看出矩阵适合用二维数组来存储。如果一个矩阵行数和列数相等,称为方阵。针对于一些特殊的方阵,采用逐个元素依次保存的方式是不合理的,会造成存储空间的浪费,下面将重点讨论对称矩阵、三角矩阵和对角矩阵这三种特殊矩阵的存储方式,称为压缩存储。

6.3.1 对称矩阵

在一个 n 阶矩阵 **A** 中,若元素满足 $a_{i,j} = a_{j,i}(0 \leqslant i, j \leqslant n-1)$,则称 **A** 为对称矩阵,如图 6.5 所示。对称矩阵转置矩阵和自身相等。

对于一个对称矩阵,上三角元素和下三角元素对称相等,所以在保存对称矩阵时,就可以只保存其中一个三角元素和对角线元素,该方法可以节省近一半的存储空间,这就是对称矩阵压缩存储的基本思路。

下面采用保存下三角元素和对角线元素的方式来对于对称矩阵 **A** 进行压缩存储,需要保存 $n(n+1)/2$ 个元素。首先定义一维数组 $C[n(n+1)/2]$ 用来保存下三角和对角线元素,定义 $C_k(0 \leqslant k \leqslant n(n+1)/2-1)$ 表示该一维数组中的元素。其压缩存储方式如图 6.6 所示。

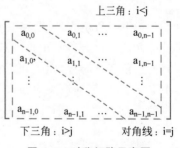

图 6.5 对称矩阵示意图

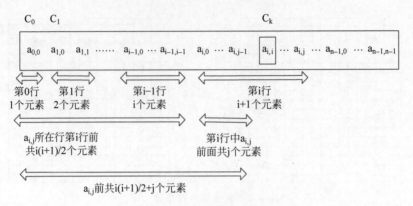

图 6.6 压缩存储对称矩阵示意图

由图 6.6 可以得出压缩存储数组 C 中的下标 k 和原对称矩阵 **A** 中下标 i,j 之间的对应关系,如式(6-5)所示。

$$k = \begin{cases} \dfrac{i(i+1)}{2} + j, & i \geqslant j \text{ 元素处于下三角或者对角线中} \\ \dfrac{j(j+1)}{2} + i, & i < j \text{ 元素处于上三角中} \end{cases} \quad (6\text{-}5)$$

由式(6-5)可知,将对称矩阵压缩存储到一维数组之后可以根据原编号计算出其具体的存储编号,特别地,如果元素处于上三角,即 i<j,只需要找其对称元素 a_{ji} 所在的存储位置,将行列序号交换即可。

6.3.2 三角矩阵

三角矩阵也是一种特殊的矩阵,分为上三角矩阵和下三角矩阵两种。上三角矩阵是指矩阵的下三角元素均为常数,而下三角矩阵是指矩阵的上三角元素均为常数,如图 6.7 所示。

$$\begin{bmatrix} a_{0,0} & a_{0,1} & \cdots & a_{0,n-1} \\ c & a_{1,1} & \cdots & a_{1,n-1} \\ \vdots & \vdots & & \vdots \\ c & c & \cdots & a_{m-1,n-1} \end{bmatrix} \qquad \begin{bmatrix} a_{0,0} & c & \cdots & c \\ a_{1,0} & a_{1,1} & \cdots & c \\ \vdots & \vdots & & \vdots \\ a_{m-1,0} & a_{m-1,1} & \cdots & a_{m-1,n-1} \end{bmatrix}$$

(a) 上三角矩阵　　　　　　　　　　(b) 下三角矩阵

图 6.7 三角矩阵示意图

对于下三角矩阵,压缩存储方式和对称矩阵相似,通过一个一维数组 C[n(n+1)/2+1] 来进行存储,C_k(0≤k≤n(n+1)/2)表示该一维数组中的元素,数组 C 多出一个存储单元来存储上三角部分的常数 c。可以得到下三角矩阵压缩存储数组 C 中的下标 k 和原三角矩阵 A 中下标 i,j 之间对应关系如式(6-6)所示。

$$k = \begin{cases} \dfrac{i(i+1)}{2} + j, & i \geqslant j \text{ 元素处于下三角或者对角线中} \\ \dfrac{n(n+1)}{2}, & i < j \text{ 元素处于上三角中(存储常数)} \end{cases} \quad (6\text{-}6)$$

对于上三角矩阵,压缩存储方式是保存其上三角以及对角线元素,再另外附加一个存储单元来保存下三角的常数 c。存储方式如图 6.8 所示。

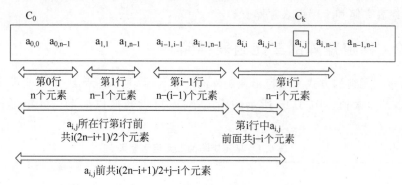

图 6.8 压缩存储上三角矩阵示意图

由图 6.8 可以总结出压缩存储数组 C 中的下标 k 和原上三角矩阵 A 中下标 i,j 之间对应关系如式(6-7)所示。

$$k = \begin{cases} \dfrac{i(2n-i+1)}{2} + j - i, & i \leqslant j \text{ 元素处于上三角或者对角线中} \\ \dfrac{n(n+1)}{2}, & i > j \text{ 元素处于下三角中(存储常数)} \end{cases} \quad (6\text{-}7)$$

6.3.3 对角矩阵

若一个矩阵满足所有非零元素都集中在以对角线为中心的带状区域中,称为对角矩阵,如图 6.9 所示。

$$\begin{bmatrix} a_{0,0} & a_{0,1} & & & & \\ a_{1,0} & a_{1,1} & a_{1,2} & & & \\ & a_{2,1} & a_{2,2} & a_{2,3} & & \\ & & \cdots & \cdots & \cdots & \\ & & & \cdots & \cdots & a_{n-2,n-1} \\ & & & & a_{n-1,n-2} & a_{n-1,n-1} \end{bmatrix}$$

图 6.9 对角矩阵示意图

设 n 阶对角矩阵共有 m 条对角线存在非零元素,则对于该对角矩阵进行压缩存储方式为按行顺序地存储其非零元素,共需存储单元合个数如式(6-8)所示。

$$\left(2n - \dfrac{m-1}{2}\right)\dfrac{m+1}{2} - n \quad (6\text{-}8)$$

压缩存储数组中的下标 k 和原对称矩阵中下标 i,j 之间对应关系如式(6-9)所示。

$$k = 2i + j \quad (6\text{-}9)$$

6.4 稀疏矩阵

视频讲解

6.4.1 稀疏矩阵的定义

如果一个矩阵的非零元素个数远远小于零元素个数,则称之为稀疏矩阵。稀疏矩阵问题几乎产生于所有的大型科学工程计算领域,包括计算流体力学、统计物理、电路模拟、图像处理、纳米材料等。下面举一个稀疏矩阵的例子,如图 6.10 所示。

对于稀疏矩阵,更有必要对其进行压缩存储,只需保存其非零

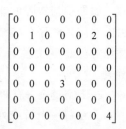

图 6.10 稀疏矩阵示意图

元素即可,但是无法使用上一节描述的压缩方式进行存储。下面介绍两种存储稀疏矩阵的方法：三元组表存储和十字链表存储。

6.4.2 稀疏矩阵的三元组表存储

可以通过三元组的方式来保存稀疏矩阵的非零元素,所谓三元组是指非零元素的行序号、列序号以及元素值。图 6.10 所示的稀疏矩阵,可以转换成如下三元组形式如表 6.1 所示：

表 6.1 稀疏矩阵的三元组示意表

i	j	value
1	1	1
1	5	2
4	3	3
6	6	4

通常用顺序存储结构来保存三元组,称为三元组表。显然,要唯一地表示一个稀疏矩阵,存储三元组表的同时还需要存储该矩阵的行、列。为了运算方便,矩阵的非零元素的个数同时也需要存储。值得注意的是,一个二维数组采用三元组表存储后会失去随机存取特性,而上一节中的特殊矩阵的压缩存储则保留了随机存取特性。

这种存储的结构定义如下：

```
1. #define MAX   N              //N表示一个足够大的数
2. typedef struct
3. {
4.    int i;                    //非零元素的行序号
5.    int j;                    //非零元素的行序号
6.    ElemType v;               //非零元素值
7. }LOTNode;                    //三元组类型
8. typedef struct
9. {
10.   int r;                    //稀疏矩阵的总行数
11.   int c;                    //稀疏矩阵的总列数
12.   int n;                    //稀疏矩阵的非零元素个数
13.   LOTNode data[MAX];        //三元组表
14.}LOTMatrix;                  //三元组表的存储类型
```

6.4.3 稀疏矩阵的十字链表存储

如果稀疏矩阵的非零元素的位置经常变化,采用三元组表示方法并不合适,因为三元组的本质是顺序存储结构,而这种情况采用链式存储结构更加合适。用两个循环链表,分别存储每行非零元素以及每列非零元素,这样就形成了一系列的交叉循环链表,称为十字链表。

在十字链表中有两种结点类型,一种为总头结点类型,另一种为数据结点类型,如图 6.12 所示。在每一个行或列循环链表中都设置一个单独头结点,形式和数据结点一致,并将行域 rlink 和列域 dlink 置为-1。图 6.11(a)中,r 和 c 表示整个稀疏矩阵的行数和列数,link 指向第一个单独头结点；图 6.11(b)中 row 和 col 表示非零元素的行序号和列序号，value 表示非零元素值，列域 dlink 指向同一列中下一个非零元素，行域 rlink 指向同一行中下一个非零元素。

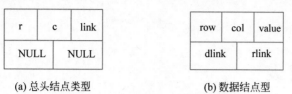

(a) 总头结点类型　　　　　(b) 数据结点型

图 6.11　十字链表的结点结构示意图

如图 6.12 所示是一个稀疏矩阵用十字链表表示的过程。

$$A = \begin{bmatrix} 1 & 0 & 0 & 2 \\ 0 & 0 & 3 & 0 \\ 4 & 0 & 0 & 0 \\ 0 & 0 & 0 & 0 \\ 0 & 0 & 0 & 5 \end{bmatrix}$$

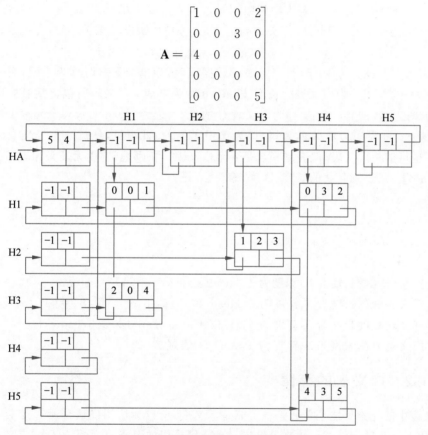

图 6.12　稀疏矩阵的十字链表示意图

综上所述，为了设计方便，可以统一所有结点类型的定义。

```
1. typedef struct node
2. {
3.     int row;
4.     int col;
5.     struct node *dlink;
6.     struct node *right;
7.     union
```

```
 8.    {
 9.       ElemType value;
10.       struct node *link;
11.    } next;
12. }DNode;
```

视频讲解

6.5 广义表

6.5.1 广义表的定义和基本运算

广义表是线性表的推广,若表中的数据元素不再局限于单元素,而是一个线性表,则称为广义表(Generalized Table)。广义表的定义是递归的,如式(6-10)所示。

$$G = (g_1, g_2, \cdots g_i \cdots g_n) \tag{6-10}$$

其中,G 表示广义表的名称;g_i 是广义表的数据元素,为单个元素时称为原子,而为一个广义表时称为子表;n 为广义表的长度,若 n=0 则为空表;广义表所包含括号的层数称为广义表的深度;第一个元素 g_1 称为广义表 G 的表头,记为 Head(G),其余元素组成的新表 $(g_2, \cdots g_i \cdots g_n)$ 称为广义表 G 的表尾,记为 Tail(G)。由此可见,任意非空广义表的表头可能是原子也可能是广义表,但表尾一定是一个广义表。特别地,空表无表头和表尾。

【例 6-3】 求下列各表的长度、深度、表头、表尾。

A=(a,b,c)
B=((a,b,c),d,(e,f))
C=(a,b,(c,(e,f,(g,h))))
D=()

(1) 广义表 **A** 的长度为 3,深度为 1,Head(**A**)=a,Tail(**A**)=(b,c)。
(2) 广义表 **B** 的长度为 3,深度为 2,Head(**B**)=(a,b,c),Tail(**B**)=(d,(e,f))。
(3) 广义表 **C** 的长度为 3,深度为 4,Head(**C**)=a,Tail(**C**)=(b,(c,(e,f,(g,h))))。
(4) 广义表 **D** 的长度为 0,深度为 1,无表头、表尾。

6.5.2 广义表的存储

广义表中的元素可能是单元素也可能是广义表,所以无法明确适合所有元素的存储单元大小,因此通常采用链式结构来存储广义表。可采用如图 6.13 所示的形式定义结点。

图 6.13 广义表结点示意图

图 6.13 中,tag 为结点的标志,tag 为 0 时表示结点为原子,下一个域存储数据值 data;tag 为 1 时表示结点为子表,下一个域存储子表第一个元素的地址 listadd。最后一个域 next 存储同一层次的下一个结点的地址。

例如广义表 **B**=((a,b,c),d,(e,f))的带头结点链式存储结构如图 6.14 所示。
结点类型的声明如下:

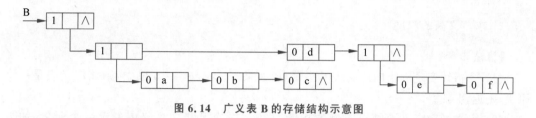

图 6.14 广义表 B 的存储结构示意图

```
1.  typedef struct Gnode
2.  {
3.      int tag;
4.      union
5.      {
6.          struct Gnode * listadd;
7.          ElemType data;
8.      } optional;
9.      struct Gnode * next;
10. }GList;
```

6.5.3 广义表的基本操作

本节主要介绍两种广义表的基本操作,分别为求广义表的长度和深度。

1. 求广义表的长度

【算法步骤】

(1) 定义计数变量 n 的初值为 0;

(2) 定义指向广义表结点类型的指针变量 q,并令其指向广义表的第一个元素;

(3) 当 q 不等于空时进入循环,q 指向第一个层次的下一个结点,计数变量 n 加 1。

【算法描述】

```
1.  int Length(GList * p)
2.  {
3.      int n = 0;                    //计数变量初值为 0
4.      GList * q;
5.      q = p -> optional. Listadd;   //q 指向广义表的第一个元素
6.      while(q!= NULL)
7.      {
8.          n++;
9.          q = q -> next;
10.     }
11.     return n;
12. }
```

【算法分析】

算法的时间复杂度为 O(n),n 为广义表长度。上述算法中将广义表的第一个层次元素看作是一个带头结点的单链表,利用变量 n 记数,当指针变量 q 为空的时候,完成第一层次元素的计数,即是该广义表的长度。

2. 求广义表的深度

【算法步骤】

（1）令指针变量 p 指向广义表的头结点，如果 p->tag==0 成立，则该广义表是一个原子，则返回 0；

（2）定义指向广义表结点类型的指针变量 q，并令其指向广义表的第一个元素，如果 q==NULL 成立，则该广义表是一个空表，并返回 1；

（3）若均不满足上述两种情况，当 q!=NULL 时进入循环，采用递归的方式计算出该广义表的深度。

【算法描述】

```
1.  int Depth(GList * p)
2.  {
3.      int max = 0, deep;
4.      GList * q;
5.      if(p->tag == 0)              //广义表是一个原子,返回 0
6.          return 0;
7.      q = q->optional.Listadd;     //q 指向广义表的第一个元素
8.      if(q == NULL)                //广义表是一个空表,返回 1
9.          return 1;
10.     while(q!= NULL)
11.     {
12.         if(q->tag == 1)
13.         {
14.             deep = Depth(q);     //递归方式求广义表的深度
15.             if(deep > max)
16.                 max = deep;
17.         }
18.         q = q->next;
19.     }
20.     return max + 1;
21. }
```

【算法分析】

算法的时间复杂度为 $O(n)$，n 为广义表中结点的个数。

采用递归方式，将求广义表深度的问题分为三种情况，总结如式(6-11)所示。

$$\begin{cases} \text{Depth}(p) = 0, & \text{广义表为一个原子} \\ \text{Depth}(p) = 1, & \text{广义表为空表} \\ \text{Depth}(p) = \text{Max}(\text{Depth}(\text{sub}(p))) + 1, & \text{其他情况,sub}(p) \text{ 表示子表} \end{cases} \quad (6\text{-}11)$$

6.6 案例分析与实现

从 6.2 节中【例 6-1】所示的两种围棋常见布局，可以发现其符合稀疏矩阵的定义，所以采用三元组的方式来存储是合理的。可以假设 0 代表没有棋子；1 代表白棋；2 代表黑棋。

【案例实现】

定义创建一个稀疏矩阵的三元组表示形式的算法为CreatTriplet(LOTMatrix &s,Elem type A[M][N])。

【算法步骤】

(1) 令三元组表类型变量s的行数r＝M,列数c＝N,非零元素个数n＝0;

(2) 通过行列两重循环,遍历二维数组A,只存储非零数据,保存该数据的行号、列号以及数值,并令s中的非零元素个数加1。

【算法描述】

详见下面参考代码中CreatTriplet(LOTMatrix &s,ElemType A[M][N])函数。

【算法分析】

算法的时间复杂度为O(M*N)。

【参考代码】

```
1.  #include<stdio.h>
2.  #define M 19
3.  #define N 19
4.
5.  #define MAX 100
6.  #define ElemType int
7.  typedef struct
8.  {
9.      int i;
10.     int j;
11.     ElemType v;
12. }LOTNode;
13. typedef struct
14. {
15.     int r;
16.     int c;
17.     int n;
18.     LOTNode data[MAX];
19. }LOTMatrix;
20. Void CreatTriplet(LOTMatrix &s, ElemType A[M][N])
21. {
22.     int a,b;
23.     s.r = M;s.c = N;s.n = 0;
24.     for (a = 0;a < M;a++)
25.     {
26.         for (b = 0;b < N;b++)
27.             if (A[a][b]!= 0)//只存储非零元素
28.             {
29.                 s.data[s.n].i = a;
30.                 s.data[s.n].j = b;
31.                 s.data[s.n].v = A[a][b];
32.                 s.n++;
33.             }
34.     }
35. }
36. void Layout1(int A[M][N])
```

```
37.    {
38.        int i,j;
39.        A[3][3] = 1;
40.        A[15][3] = 1;
41.        A[3][15] = 2;
42.        A[10][16] = 2;
43.        A[16][15] = 2;
44.    }
45.    void Layout2(int A[M][N])
46.    {
47.        int i,j;
48.        A[3][3] = 1;
49.        A[9][3] = 1;
50.        A[15][3] = 1;
51.        A[15][9] = 1;
52.        A[3][9] = 2;
53.        A[9][9] = 2;
54.        A[3][15] = 2;
55.        A[9][15] = 2;
56.        A[15][15] = 2;
57.    }
58.
59.    int main()
60.    {
61.        int Go1[M][N] = {0};
62.        int Go2[M][N] = {0};
63.        LOTMatrix S1,S2;
64.        Layout1(Go1);
65.        Layout2(Go2);
66.        CreatTriplet(S1,Go1);
67.        CreatTriplet(S2,Go2);
68.        return 0;
69.    }
```

对于6.2节中【例6-2】所示：三子棋游戏。也是一个适合通过三元组来实现的项目。

(1) 整个棋盘采用二维数组存储，下棋时需要获取到行列两个方向的坐标访问二维数组中的元素改变存储的字符串样式；

(2) 判断输赢或平局的方式为，判断每行、列和对角线是否有三个棋子相连。可设置一个带返回值的检查函数，根据不同的返回值进行不同操作；

(3) 其余的页面菜单和棋盘打印的实现。只需要合理利用循环和判断来实现相关内容即可。

【案例实现】

```
1.  #include <stdio.h>
2.  #include <stdlib.h>
3.  #include <time.h>
4.  #include <windows.h>
5.  #define N 3
6.
7.  void chessboard(int tic_tac_toe[][N])    //棋盘变化算法,改变二维数组对应位置为'X'或'-'
```

```
8.  {
9.      int i = 0;
10.     int j = 0;
11.     system("cls");
12.     printf("~~~~~~~~~~~三子棋游戏~~~~~~~~~~~~~\n");
13.     for(i = 0;i < N;i++)
14.     {
15.         printf("\n    ");
16.         for(j = 0;j < N;j++)
17.         {
18.             if(tic_tac_toe[i][j] == 1)
19.                 printf("X  ");
20.             else if(tic_tac_toe[i][j] == 0)
21.                 printf(" - ");
22.             else
23.                 printf("O  ");
24.         }
25.         printf("\n");
26.     }
27.     printf("\n");
28.     printf("~~~~~~~~~~~~~~~~~~~~~~~~~~~~~~\n");
29. }
30.
31. void user(int tic_tac_toe[][N])        //用户下棋算法
32. {
33.     int x = 0;
34.     int y = 0;
35.     do
36.     {
37.         printf("请输入需要下棋的坐标(横、纵坐标范围为 0 - 2):>");
38.         scanf(" % d % d",&x,&y);
39.         if(tic_tac_toe[x][y] != 0)
40.             printf("输入有误,请重新输入!\n");
41.     }while(tic_tac_toe[x][y] != 0);
42.     tic_tac_toe[x][y] = 1;
43. }
44.
45. void computer(int tic_tac_toe[][N])    //计算机下棋算法
46. {
47.     int x = 0;
48.     int y = 0;
49.     do
50.     {
51.         srand((unsigned)time(NULL));
52.         x = rand() % 3;
53.         y = rand() % 3;
54.     }while(tic_tac_toe[x][y] != 0);
55.     tic_tac_toe[x][y] = 2;
56. }
57.
58. int who_is_winner(int tic_tac_toe[][N])//判断用户和计算机哪一方取得胜利的算法
59. {
60.     int flag = 0;
```

```
61.        int x = 0;
62.        int y = 0;
63.        if((tic_tac_toe[0][0] == tic_tac_toe[0][1])&&(tic_tac_toe[0][1] == tic_tac_toe
    [0][2]))
64.        {
65.            if(tic_tac_toe[0][0] == 1)
66.                return 1;
67.            else if(tic_tac_toe[0][0] == 2)
68.                return 2;
69.        }
70.        if((tic_tac_toe[1][0] == tic_tac_toe[1][1])&&(tic_tac_toe[1][1]) == tic_tac_toe
    [1][2])
71.        {
72.            if(tic_tac_toe[1][0] == 1)
73.                return 1;
74.            else if(tic_tac_toe[1][0] == 2)
75.                return 2;
76.        }
77.        if((tic_tac_toe[2][0] == tic_tac_toe[2][1])&&(tic_tac_toe[2][1]) == tic_tac_toe
    [2][2])
78.        {
79.            if(tic_tac_toe[2][0] == 1)
80.                return 1;
81.            else if(tic_tac_toe[2][0] == 2)
82.                return 2;
83.        }
84.        if((tic_tac_toe[0][0] == tic_tac_toe[1][0])&&(tic_tac_toe[1][0]) == tic_tac_toe
    [2][0])
85.        {
86.            if(tic_tac_toe[0][0] == 1)
87.                return 1;
88.            else if(tic_tac_toe[0][0] == 2)
89.                return 2;
90.        }
91.        if((tic_tac_toe[0][1] == tic_tac_toe[1][1])&&(tic_tac_toe[1][1]) == tic_tac_toe
    [2][1])
92.        {
93.            if(tic_tac_toe[0][1] == 1)
94.                return 1;
95.            else if(tic_tac_toe[0][1] == 2)
96.                return 2;
97.        }
98.        if((tic_tac_toe[0][2] == tic_tac_toe[1][2])&&(tic_tac_toe[1][2]) == tic_tac_toe
    [2][2])
99.        {
100.            if(tic_tac_toe[0][2] == 1)
101.                return 1;
102.            else if(tic_tac_toe[0][2] == 2)
103.                return 2;
104.        }
105.        if((tic_tac_toe[0][0] == tic_tac_toe[1][1])&&(tic_tac_toe[1][1]) == tic_tac_toe
    [2][2])
106.        {
```

```
107.            if(tic_tac_toe[0][0] == 1)
108.                return 1;
109.            else if(tic_tac_toe[0][0] == 2)
110.                return 2;
111.        }
112.        if((tic_tac_toe[0][2] == tic_tac_toe[1][1])&&(tic_tac_toe[1][1]) == tic_tac_toe[2][0])
113.        {
114.            if(tic_tac_toe[0][2] == 1)
115.                return 1;
116.            else if(tic_tac_toe[0][2] == 2)
117.                return 2;
118.        }
119.
120.        for(x = 0 ; x < N; x++)
121.        {
122.            for(y = 0; y < N; y++)
123.            {
124.                if(tic_tac_toe[x][y] == 0)
125.                    return 0;
126.            }
127.        }
128.        return -1;
129. }
130.
131. void play()//进行游戏算法
132. {
133.     int tic_tac_toe[3][3] = {0};
134.     int winner = 0;
135.     chessboard(tic_tac_toe);
136.     while(who_is_winner(tic_tac_toe) == 0)
137.     {
138.         user(tic_tac_toe);
139.         chessboard(tic_tac_toe);
140.         if(who_is_winner(tic_tac_toe) != 0)
141.             break;
142.         computer(tic_tac_toe);
143.         chessboard(tic_tac_toe);
144.         Sleep(1000);
145.     }
146.     winner = who_is_winner(tic_tac_toe);
147.     if(winner == 1)
148.         printf("您获胜了!\n");
149.     else if(winner == 2)
150.         printf("您输了,再接再厉!\n");
151.
152.     else
153.         printf("和局!\n");
154. }
155. int main()
156. {
157.     int a = 1;
158.     do
```

```
159.        {
160.            play();
161.            printf("\n继续游请按1,退出按任意键:>");
162.            scanf(" % d",&a);
163.        }while(a == 1);
164.        return 0;
165. }
```

【运行结果】

运行结果如图 6.15 所示。

图 6.15 三子棋游戏示意图

6.7 小结

本章重点学习了数组和广义表这两种线性结构。数组中重点需要掌握对称矩阵、三角矩阵、对角矩阵和稀疏矩阵的压缩存储方式;广义表需要重点掌握其存储方式以及基本运算的实现方法。

习题 6

一、填空题

1. 对于一个数组通常由两种常用的操作，即_____和_____。
2. 可以通过_____访问数组中的任意元素。
3. 已知一维数组 a[n] 第 1 个元素的地址，每个数据元素需要 q 个单元来存储，求第 i 个元素地址的计算公式为_____。
4. 通常采用保存_____和_____的方式来对于对称矩阵进行压缩存储。
5. 稀疏矩阵的三元组包括_____、_____和_____。
6. 若一个广义表为空表，则其长度为_____，深度为_____。

二、单选题

1. 设有一个 10 阶的对称矩阵 A，采用压缩存储方式，以行序为主序存储了下三角中的元素，a_{00} 为第一元素，其存储地址为 1，每个元素占 1 个地址空间，则 a_{24} 的地址为(   )。
   A. 13 B. 24 C. 18 D. 40

2. 设有 10 阶下三角矩阵 A，对其压缩存储到一维数组 T 中(其中下三角元素以行为主序存储)，则元素 a_{62} 对应一维数组的下标 k 是(   )。
   A. 23 B. 17 C. 50 D. 18

3. 以下说法错法的是(   )。
   A. 设 m×n 阶矩阵中有 t 个非零元素，且 t 远小于 m×n，这样的矩阵称为稀疏矩阵
   B. 十字链表存储法是稀疏矩阵的一种压缩存储方式
   C. 将稀疏矩阵中的非零元素的值存储下来，是稀疏矩阵的三元组表存储法
   D. 稀疏矩阵用三元组表存储是为了节约存储空间

4. 假设以行序为主序存储二维数组 A[100][100]，设每个数据元素占 2 个存储单元，基地址为 10，则 LOC(A[4][4])＝(   )。
   A. 808 B. 818 C. 1010 D. 1020

5. 对某些矩阵压缩存储是为了(   )。
   A. 方便运算 B. 节省时间 C. 节约存储空间 D. 提高运算速度

6. 对 n 阶下三角矩阵进行压缩存储，一共需要(   )个存储单元。
   A. n×(n+1)/2+1 B. n×(n+1)/2
   C. n×(n+1)/2−1 D. n×n

7. 设有 10 阶下三角矩阵 A，对其压缩存储到一维数组 T 中，则主对角线以上的常数 c 对应一维数组的下标 k 是(   )。
   A. 10 B. 55 C. 99 D. 不确定

8. 对下述矩阵进行压缩存储后，失去随机存储功能的是(   )。
   A. 对称矩阵 B. 上三角矩阵 C. 稀疏矩阵 D. 下三角矩阵

9. 已知广义表 A=(((a)),(b),c,(a),(((d,e)))),其广度和深度分别是(   )。
   A. 6 和 3   B. 5 和 5   C. 4 和 2   D. 5 和 4
10. 广义表(a,(b,c),d,e)的表头为(   )。
    A. a   B. a,(b,c)   C. (a,(b,c))   D. (a)
11. 广义表(a,(b,c))的表尾为(   )。
    A. (b,c)   B. b,c   C. ((b,c))   D. (c)
12. 广义表运算 Tail((((a)),(b),c))的运算结果为(   )。
    A. ((b),c)   B. ( )   C. ((b,c))   D. (c)
13. 已知广义表：A=(a,b),B=(A,A),C=(a,(b,A),B),则运算 tail(head(tail(C)))的结果为(   )。
    A. (a)   B. A   C. a   D. (A)
14. 广义表 A=(a,b,(c,d),(e,(f,g))),则 Head(Tail(Head(Tail(Tail(A)))))等于(   )。
    A. d   B. (d)   C. ( )   D. (c,d)

三、判断题

1. 数组中的元素可以是任意类型,但每个元素的数据类型必须相同。   (   )
2. 若一个广义表为空表,则其表头为空表。   (   )
3. 广义表是线性表的推广,所以是线性结构。   (   )
4. 任何一个非空广义表,其表头可能是单元素或广义表,其表尾也可能是单元素或广义表。   (   )
5. 广义表是由零或多个原子或子表所组成的有限序列。   (   )
6. 如果广义表中的每个元素都是原子,则广义表便成为线性表。   (   )

四、简答题

1. 已知一个 6 行×7 列稀疏矩阵如下：

$$\begin{bmatrix} 0 & 4 & 0 & 0 & 0 & 0 & 0 \\ 0 & 0 & 0 & -3 & 0 & 0 & 1 \\ 8 & 0 & 0 & 0 & 0 & 0 & 0 \\ 0 & 0 & 0 & 5 & 0 & 0 & 0 \\ 0 & -7 & 0 & 0 & 0 & 2 & 0 \\ 0 & 0 & 0 & 6 & 0 & 0 & 0 \end{bmatrix}$$

写出它的三元组线性表。

2. 已知二维数组 A[3][5],其每个元素占 3 个存储单元,并且 A[0][0]的存储地址为 1200。求元素 A[1][3]的存储地址(分别对以行序和列序为主序存储进行讨论),该数组共占用多少个存储单元？

3. 求下列广义表运算的结果：
  (1) Head((p,h,w))
  (2) Tail((b,k,p,h))

(3) Head(Tail(((a,b),(c,d))))

(4) Tail(Head(((a,b),(c,d))))

五、算法题

编程实现约瑟夫问题。约瑟夫问题具体为：N 个人围成一圈，从第一个开始报数，选出第 M 个人，直到所有人都被选到为止。例如 8 个人的初始顺序为 1,2,3,4,5,6,7,8,被选出第四个人的顺序是 4,8,5,2,1,3,7,6。

第 7 章

树与二叉树

CHAPTER 7

本章学习目标

- 熟练掌握树与二叉树的定义和基本术语,理解树形结构的非线性特性
- 理解二叉树的性质,熟练掌握二叉树的顺序存储和链式存储结构
- 理解二叉树的遍历概念,灵活运用各种次序的遍历算法
- 掌握森林、树和二叉树的转换方法,了解树的各种存储结构和遍历算法
- 掌握二叉树的常见应用,例如二叉排序树和哈夫曼编码等

在线自测题

　　树形结构是一种典型的非线性数据结构。在计算机的多个领域有着广泛的应用,它可以很好地描述客观世界中广泛存在的具有分支关系和层次关系的对象。本章首先向读者介绍树和二叉树的定义、基本术语和性质,再讨论二叉树的存储结构及其操作,最后介绍二叉树的常见应用。

7.1 树的基本概念

7.1.1 树的定义

视频讲解

视频讲解

如图 7.1 所示,是一个公司组织示意图,它是一种典型的树形结构。

若将图 7.1 倒置,则很像一棵树。从树根出发,是一种非线性的"一对多"的层次关系。

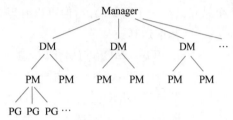

图 7.1 公司组织示意图

1. 树的定义

树(Tree)是 n(n≥0)个数据类型相同的结点组成的有限集合。

(1) 若 n=0,称该树为空树;

(2) 若 n>0,则该树有且仅有一个称为根(Root)的结点,除根结点外,其他与根结点相连的 m(m≥0)个互不相交的结点构成了有限集合 $T_1,T_2,\cdots,T_m$,其中每个集合本身又是一棵树,称为根的子树;

(3) 树是一种递归的数据结构。

如图 7.2 所示,是一棵树的结构示意图。

图 7.2 有如下特点:

(1) 该树是由 14 个数据类型相同的结点组成的,是一棵非空树;

(2) 有且仅有一个根结点为 A;

(3) 根结点 A 有 3 棵子树,3 棵子树的根结点分别是 B,C,D;

(4) 3 棵子树互不相交,每棵子树又是一棵树。

在一棵树中,每个结点的前驱结点是以它为子树根的根结点,而每个结点的后继结点是其所有子树的根结点。由此非空树的二元组可以表示为:

Tree=(D,R)

D={a_i|1≤i≤n,n≥1,n 是树中结点的个数,a_i 是相同数据类型的结点}

R={r_i|0≤i≤m,m≥0,m 是树中分支的个数}

当 n>0(非空树)时,关系 r 满足如下条件:

(1) 有且仅有一个结点没有前驱结点,该结点称为树的根结点;

(2) 除根结点外,其余每个结点有且仅有一个前驱结点;

(3) 每个结点可有多个(含零个)后继结点。

图 7.2 的树用二元组表示应为:

D={A,B,C,D,E,F,G,H,I,J,K,L,M,N},

R={<A,B>,<A,C>,<A,D>,<B,E>,<B,F>,<B,G>,<C,H>,<D,I>,<D,J>,<H,K>,<H,L>,<H,M>,<H,N>}。

图 7.2 树的结构示意图

树形结构常用于表示具有层次关系的数据。树的抽象数据类型描述如下：
ADT Tree
{ 数据对象：
　　D={a_i|1≤i≤n,n≥1,a_i 是相同数据类型的结点}
　　数据关系：
　　R={<a_i,a_j>|a_i,a_i∈D,1≤i,j≤n,其中有且仅有一个结点没有前驱结点,其余每个结点只有一个前驱结点,但可以有零个或多个后继结点}
　　基本运算：
　　InitTree(&t)：初始化树，造一棵空树 t。
　　DestroyTree(&t)：销毁树，释放树 t 占用的存储空间。
　　TreeHeight(t)：求树 t 的高度。
　　Parent(t,p)：求树 t 中 p 所指结点的双亲结点。
　　Brother(t,p)：求树 t 中 p 所指结点的所有兄弟结点。
　　Sons(t,p)：求树 t 中 p 所指结点的所有子孙结点。
　　…
}

2. 树的逻辑表示方法

图 7.2 是树形结构的直观表示法。除此之外，还有如下几种树的表示方法，如图 7.3 所示。

(1) 嵌套集合表示法：即为集合的集合，其中任意两个集合，或者不相交，或者一个包含另一个。每个圆圈表示一个集合，套起来的圆圈表示包含关系。如图 7.3(a)所示。

(2) 凹入法：用不同长度的线段表示各结点，根结点长度最长，而线段的凹入程度体现各结点之间的包含关系。如图 7.3(b)所示。

(3) 广义表表示法：使用小括号将集合层次和包含关系表示出来。图 7.2 的广义表表示法为：A(B(E,F,G),C(H(K,L,M,N)),D(I,J))。

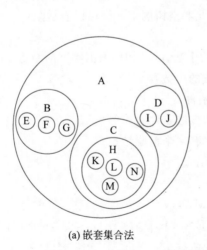
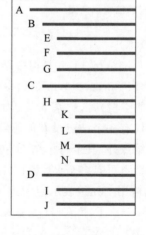

(a) 嵌套集合法　　　　　　　　(b) 凹入法

图 7.3　树的各种表示方法

7.1.2 基本术语

1. 结点：树的结点包含一个数据和若干个指向其子树的分支。

图 7.2 中包含 14 个结点，每个结点中分别存放了 A,B,…,M,N 数据以及指向子树的分支。

2. 结点的度：每个结点所拥有的子树的个数。

图 7.2 中 A 的度是 3；H 的度是 4；M 没有子树，度为 0。

3. 树的度：树中各结点度的最大值。

图 7.2 中 H 的度是 4，是树中各结点度的最大值，所以该树的度是 4。

4. 叶子结点(终端结点)：度为 0 的结点。

图 7.2 中 E,F,G,K,L,M,N,I,J 的度都是 0，所以该树中共有 9 个叶子结点。

5. 分支结点(非终端结点)：度不为 0 的结点。度为 1 的结点称为单分支结点；度为 2 的结点称为双分支结点；以此类推。

图 7.2 中 C 是单分支结点；D 是双分支结点。

6. 孩子结点、双亲结点和兄弟结点：树中某一结点的子树的根称为该结点的孩子结点。该结点称为孩子的双亲结点。具有同一双亲的孩子结点称为兄弟结点。

图 7.2 中 B,C,D 是 A 的孩子结点；反之 A 是 B,C,D 的双亲结点；B,C,D 是兄弟结点。

7. 路径、边和路径长度：对于任意两个结点 a_m 和 a_n，如果树中存在一个结点序列 $a_m\cdots a_n$，使得 a_i 是 $a_{i+1}(m\leqslant i\leqslant n)$ 的双亲结点，则称 a_m 和 a_n 之间存在一条路径。用路径所通过的结点序列来表示这条路径。两个结点之间的线段称为边。路径长度等于一条路径所经过结点个数减 1，也就是经过边的条数。

图 7.2 中 A 和 N 之间存在一条路径，该路径可以表示为 ACHN，路径长度等于 3。F 和 H 之间不存在路径，因为 F 和 H 之间的结点序列 FBACH 不满足 a_i 是 $a_{i+1}(m\leqslant i\leqslant n)$ 的双亲结点。

8. 祖先和子孙：结点的祖先是从根到该结点所经过的路径上的所有结点，不包含本身。反之，以某结点为根的子树中所有结点都称为该结点的子孙。

图 7.2 中 K 的祖先是 A,C,H；C 的子孙是 H,K,L,M,N。

9. 结点层数：树中每个结点都处在一定的层数上。从根结点开始计算，根的层数是 1，其余结点的层数等于双亲结点层数加 1。

图 7.2 中 A 是根结点，层数为 1；B,C,D 的层数为 2；E,F,G,H,I,J 的层数为 3；K,L,M,N 的层数为 4。

10. 树的高度(深度)：树中结点的最大层数。

图 7.2 中树的最大层数是 4，所以该树的高度是 4。

11. 堂兄弟结点：双亲在同一层的结点。

图 7.2 中 G 和 H 是堂兄弟结点；E 和 F 是兄弟结点。

12. 有序树和无序树：树中各结点的子树按照从左到右的次序是不可交换的，该树称为有序树。反之称为无序树。

13. 森林：m(m≥0)个互不相交的树的集合。在数据结构中，只要删除一棵树的根结点就成了森林。

7.2 典型案例

【例7-1】 社团管理系统

为了丰富学生的业余生活,培养学生兴趣爱好,校园中成立了很多社团组织。随着社团数量和成员规模不断扩大,需要对这些社团进行有效管理,编写程序实现以下功能:

(1) 社员招收新成员;
(2) 修改社团相关信息;
(3) 成员离开所在社团;
(4) 查询社团信息;
(5) 统计社团成员数。

【问题分析】

通过对7.1节的学习,不难发现:社团管理部门、社团和社团成员这些数据元素之间的逻辑关系是典型的"一对多"的树形结构,如图7.4所示。因此,该案例可以作为树的问题来解决。7.7节将进行问题的存储结构设计和代码实现。

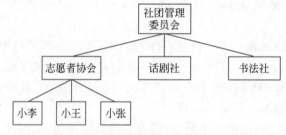

图 7.4 社团管理系统逻辑结构示意图

视频讲解

7.3 二叉树

在有序树中有一种特殊的树,称为二叉树。二叉树是实际应用最广泛的树形结构。

7.3.1 二叉树的定义

1. 二叉树的定义

二叉树(Binary Tree)是有限的结点的集合。

这个集合或者是空,称为空二叉树;或者有且仅有一个根结点;树中每个结点最多只有两棵子树(即树的度小于或等于2),子树有左右之分,次序不能互换;二叉树是一种递归的数据结构。

2. 二叉树的形态

根据定义,二叉树有五种基本形态,如图7.5所示。

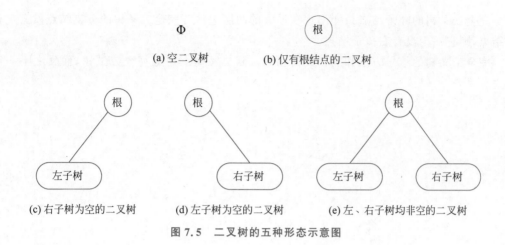

图 7.5 二叉树的五种形态示意图

3. 树与二叉树的区别

尽管树与二叉树有很多相似之处,但它们是两种不同的数据结构。二叉树中每个结点的子树要区分左子树和右子树,即使在结点只有一棵子树的情况下也要明确指出该子树是左子树还是右子树。如图 7.6 所示,是两棵不同的二叉树,是两棵有序树。而如图 7.7 所示是一棵普通无序树。若将图 7.6 中的两棵二叉树看成普通的无序树,那么这三棵树是一样的。

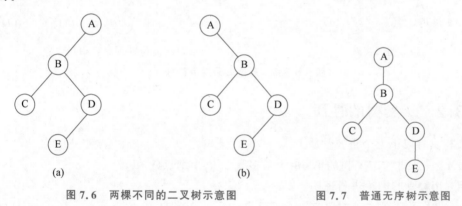

图 7.6 两棵不同的二叉树示意图　　　　图 7.7 普通无序树示意图

4. 满二叉树和完全二叉树

1) 满二叉树

在一棵二叉树中,若所有的分支结点都有左孩子和右孩子,并且所有叶子结点的层数等于树的深度,这样的二叉树称为满二叉树。如图 7.8(a)所示。

对满二叉树的所有结点进行编号,编号的方法为:将根结点编号设定为 1,然后按照自上而下、从左到右的顺序给结点分配编号,编号依次加 1。

2) 完全二叉树

在一棵二叉树中,除最后一层外,其余各层都是满的。而最后一层或者是满的,或者从最右边开始缺少若干个连续结点,这样的二叉树称为完全二叉树。如图 7.8(b)所示。

完全二叉树的叶子结点只能出现在最大的两层上。若完全二叉树的分支结点没有左孩子结点,则它一定没有右孩子结点。

完全二叉树的编号方法和满二叉树相同。满二叉树一定是完全二叉树,而反之不一定成立。

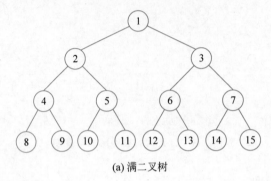

(a) 满二叉树

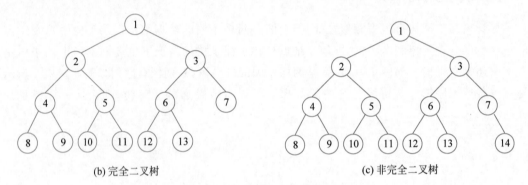

(b) 完全二叉树　　　　　　　　　　　　(c) 非完全二叉树

图 7.8　特殊形态二叉树示意图

7.3.2　二叉树的性质

二叉树具有以下五个重要性质。

性质 1:一棵非空二叉树的第 i 层上最多有 2^{i-1} 个结点($i \geq 1$)。

证明:用数学归纳法进行证明。

当 i=1 时,非空的二叉树只有一个根结点,$2^{1-1}=1$,结论成立。

假设 i=n−1 层时,结论成立,则第 n−1 层上最多有 $2^{n-1-1}=2^{n-2}$ 个结点。

当 i=n 时,根据二叉树的定义,每个结点最多有两个子结点(左孩子和右孩子结点),因为第 n−1 层上最多有 2^{n-2} 个结点,所以第 i 层上最多有 $2 \times 2^{n-2}=2^{n-1}$ 个结点。

综上所述,结论成立。

性质 2:深度为 k 的二叉树最多有 2^k-1 个结点($k \geq 1$)。

证明:当深度为 k 的二叉树上每一层所拥有的结点数达到最大时,该二叉树所拥有的结点个数最多。由性质 1 可知,第 $i(1 \leq i \leq k)$ 层上最多拥有 2^{i-1} 个结点,则整个二叉树所拥有的结点个数 S 如式(7-1)所示:

$$S = \sum_{i=1}^{i=k} 2^{i-1} = 2^0 + 2^1 + \cdots + 2^{k-1} = 2^k - 1 \tag{7-1}$$

根据性质 2 可知,深度为 k 的满二叉树上有 2^k-1 个结点。如图 7.8(a)所示,深度为 4 的满二叉树,树的结点个数为 $2^4-1=15$ 个结点。

性质 3:任何一棵二叉树,如果其叶子结点的个数为 n_0,度为 2 的双分支结点个数为 n_2,则有 $n_0 = n_2+1$。

证明:假设一棵二叉树 T 所拥有的总结点个数为 n,叶子结点个数为 n_0,单分支结点个数为 n_1,双分支结点个数为 n_2,则二叉树所拥有的结点总数为:

$$n = n_0 + n_1 + n_2 \quad \text{①}$$

假设二叉树 T 中所拥有边的条数为 B。

除了根结点外,每个结点都会有一条连接双亲结点的边,所以:

$$B = n - 1 \quad \text{②}$$

由于单分支和双分支结点有连接孩子结点的边,所以:

$$B = n_1 + 2n_2 \quad \text{③}$$

由②和③可以得出:

$$n = n_1 + 2n_2 + 1 \quad \text{④}$$

由①和④可以得出:

$$n_0 = n_2 + 1$$

性质 4:具有 $n(n \geqslant 0)$ 个结点的完全二叉树的深度 k 为 $\lceil \log_2(n+1) \rceil$ 或 $\lfloor \log_2 n \rfloor + 1$。

证明:假设完全二叉树的深度为 k,根据性质 2 和完全二叉树定义可知,它的前 k-1 层一定是满的,即前 k-1 层共有 $2^{k-1}-1$ 个结点,而前 k 层最多有 2^k-1 个结点,因此可以得到不等式:

$$2^{k-1} - 1 < n \leqslant 2^k - 1$$

可以转换为 $\quad 2^{k-1} < n+1 \leqslant 2^k$

取对数后得 $\quad k-1 < \log_2(n+1) \leqslant k$

即 $\quad \log_2(n+1) \leqslant k < \log_2(n+1)+1$

因为 k 只能取整数,所以 $k = \lceil \log_2(n+1) \rceil$。

因为完全二叉树的深度为 k,前 k-1 层有 $2^{k-1}-1$ 个结点,第 k 层上最少有一个结点,所以 $2^{k-1}-1+1 \leqslant n$。又因为前 k 层上最多有 2^k-1 个结点,所以 $n \leqslant 2^k-1 < 2^k$。

可得不等式 $\quad 2^{k-1} \leqslant n < 2^k$

取对数后得 $\quad k-1 \leqslant \log_2 n < k$

因为 k 只能取整数,所以 $k = \lfloor \log_2 n \rfloor + 1$。

性质 5:对于一个有 n 个结点的完全二叉树,从根结点依次对结点进行编号,对于任意编号为 $i(1 \leqslant i \leqslant n)$ 的结点,有:

(1) 若 i=1,则编号为 i 的结点为根结点;如果 i>1,则其双亲结点编号为 i/2;

(2) 若 $2i \leqslant n$,则编号为 i 的结点的左孩子结点的编号为 2i;若 2i>n,则编号为 i 的结点无左孩子;

(3) 若 $2i+1 \leqslant n$,则编号为 i 的结点的右孩子结点的编号为 2i+1;若 2i+1>n,则编号为 i 的结点无右孩子。

证明略。性质 5 通过结点间编号的关系,可得出完全二叉树结点之间的逻辑关系。

7.3.3 二叉树的存储结构

二叉树的常用存储方式有两种:顺序存储方式和链式存储方式。

1. 顺序存储方式

二叉树的顺序存储,是用一组连续的存储单元去存储二叉树的结点信息。通常使用一维数组来存储二叉树。

1) 完全二叉树的顺序存储

首先对完全二叉树的所有结点进行编号得到一个结点的线性序列,然后将完全二叉树的各个结点按照其编号顺序地存放到一个一维数组中。对于一个编号为 i(i>1) 的结点,双亲结点编号为 i/2;如果有左孩子,则左孩子编号为 2i;如果有右孩子,则右孩子编号为 2i+1。数组下标能体现结点之间的逻辑关系,如图 7.9 所示。

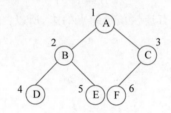

(a) 带编号的完全二叉树

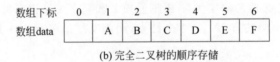

(b) 完全二叉树的顺序存储

图 7.9 完全二叉树的顺序存储示意图

2) 普通二叉树的顺序存储

如果对普通二叉树按照从上至下和从左到右的顺序编号,然后存放到一维数组中,则数组元素的下标不能体现结点之间的逻辑关系。为了能够体现结点之间的逻辑关系,对普通二叉树添加虚构结点,使之成为一棵完全二叉树,然后再进行编号和存储。如图 7.10 所示。

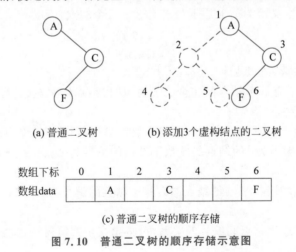

(a) 普通二叉树　　(b) 添加3个虚构结点的二叉树

(c) 普通二叉树的顺序存储

图 7.10 普通二叉树的顺序存储示意图

3) 顺序存储方式分析

在二叉树的顺序存储方式中,通过数组的下标能够体现结点之间的逻辑关系。根据结点的编号能够推出其双亲结点、左右孩子结点及兄弟结点的编号,访问每个结点的双亲、孩子和兄弟很方便。

顺序存储方式适合完全二叉树,它能够很好地充分利用存储空间。对于普通二叉树,不太适合使用顺序存储方式。因为为了用结点在数组中相对位置表示结点之间的关系,必须给二叉树添加虚构的结点,再进行顺序存储,浪费存储空间。

2. 链式存储方式

二叉树的链式存储方式是用链表来存储二叉树,用指针来表示结点之间的逻辑关系,称为二叉链表。

1) 二叉链表存储

二叉链表每个结点分成三部分:左孩子指针域、数据域和右孩子指针域。

lchild	data	rchild

其中:左孩子指针域:存放结点左孩子结点的存储地址;

数据域:存放结点的数据信息;

右孩子指针域:存放结点右孩子结点的存储地址。如果结点的左、右孩子不存在,则对应的指针域值为空,用"∧"表示。

结点的数据类型定义如下:

```
1. typedef struct node              //定义结点数据类型结构体
2. {
3.     datatype data;               //定义数据域
4.     struct node * lchild;        //定义左孩子指针域
5.     struct node * rchild;        //定义右孩子指针域
6. }btNode;
```

图 7.11 所示的二叉树,其对应的二叉链表存储示意图如图 7.12 所示。

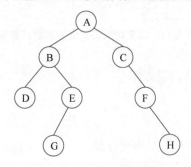

图 7.11 二叉树示意图

2) 三叉链表存储

二叉链表中,从根结点能够方便地访问其子孙结点,但是从孩子结点访问双亲结点却比较麻烦,因此可以使用三叉链表来存储二叉树。

三叉链表每个结点分成四部分:左孩子指针域、数据域、右孩子指针域和双亲指针域。

lchild	data	rchild	parent

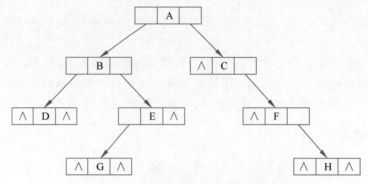

图 7.12　二叉树的二叉链表存储示意图

其中：

左孩子指针域：存放结点左孩子结点的存储地址；

数据域：存放结点的数据信息；

右孩子指针域：存放结点右孩子结点的存储地址；

双亲指针域：存放结点双亲结点的存储地址。如果结点的左右孩子不存在，则对应的指针域值为空，用"∧"表示。如果是根结点，则双亲指针域为空，用"∧"表示。

图 7.11 所示的二叉树，其对应的三叉链表存储示意图如图 7.13 所示。

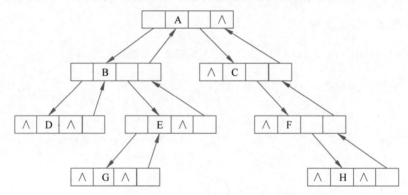

图 7.13　二叉树的三叉链表存储示意图

7.3.4　二叉树的基本操作

1. 创建二叉树

创建二叉树可以使用顺序和链式两种存储方式。这里说明如何建立二叉树的链式存储结构，即建立二叉链表。

基本思路：使用前、中、后序遍历序列的一种作为结点的输入顺序，这里采用前序的次序建立二叉树。首先创建根结点，并为根结点的数据域赋值；其次递归创建根结点的左子树；之后递归创建根结点的右子树；最后返回根结点的首地址。

```
1.  btNode *CreateTree()                              //创建二叉树
2.  {
3.      char x;
```

```
4.      scanf(" % c",&x);                              //接收键盘输入数据域值
5.      getchar();
6.      if(x == '0')                                   //表示后继结点为空
7.          bt = NULL;
8.      else
9.      {
10.         bt = (btNode * )malloc(sizeof(btNode));    //为结点动态申请内存空间
11.         bt -> data = x;                            //给结点的数值域赋值
12.         printf("请输入结点%c的左孩子结点",bt -> data);
13.         bt -> lchild = CreateTree();               //递归调用,创建左子树
14.         printf("请输入结点%c的右孩子结点",bt -> data);
15.         bt -> rchild = CreateTree();               //递归调用,创建右子树
16.     }
17.     return bt;
18. }
```

2. 求二叉树的高度

基本思路：若二叉树根结点为空,则返回 0；若不为空,先递归统计左子树的高度；再递归统计右子树的高度；递归结束后,最后返回左右子树中较大的高度值再加 1,为树的高度。

```
1. int TreeHeight(btNode * bt)                         //递归调用实现树的高度计算
2. {
3.      int lchildh = 0, rchildh = 0;                  //表示每个结点左右子树的高度
4.      if(bt == NULL)
5.          return 0;
6.      else
7.      {
8.          lchildh = TreeHeight(bt -> lchild);        //递归调用,返回左子树的高度
9.          rchildh = TreeHeight(bt -> rchild);        //递归调用,返回右子树的高度
10.         if(lchildh > rchildh)
11.             return lchildh + 1;
12.         else
13.             return rchildh + 1;
14.     }
15. }
```

3. 求二叉树结点总数

基本思路：使用先序遍历的顺序进行结点个数统计。统计过程中,如果存在根结点,则统计数加 1；先递归统计左子树中结点个数；再递归统计右子树中结点个数；最后返回统计个数。

```
1. int CountNode(btNode * bt)
2. {
3.      int count = 0;
4.      if(bt)
5.      {
```

```
6.         count++;                            //如果存在根结点,则统计数加 1
7.         CountNode(bt->lchild);              //递归统计左子树中结点个数
8.         CountNode(bt->rchild);              //递归统计右子树中结点个数
9.     }
10.    return count;
11. }
```

4. 查找数据元素

基本思路：使用先序遍历的顺序进行查找。首先将查找值和根结点数据域比较,如果相等,则查找成功；否则递归查找左子树；再递归查找右子树。如果所有结点都遍历完毕,没有符合的数据域结果,则查找失败。

```
1. bool SearchTree(btNode * bt,char x)         //x 表示查找的值
2. {
3.     if(x == bt->data)
4.     {
5.         return true;                        //返回值为真,查找成功
6.     }
7.     if(bt->lchild!= NULL)
8.         return SearchTree(bt->lchild,x);    //递归查找左子树
9.     if(bt->rchild!= NULL)
10.        return SearchTree(bt->rchild,x);    //递归查找右子树
11.    return false;                           //返回值为假,查找失败
12. }
```

视频讲解

7.4 遍历二叉树和线索二叉树

7.4.1 遍历二叉树

二叉树的遍历是按照一定的顺序访问二叉树中所有结点,并且每个结点仅被访问一次。

遍历二叉树的过程,就是将非线性的序列变成线性序列,使得遍历的结点序列之间是"一对一"的关系。

根据二叉树的递归定义,非空二叉树是由根结点(D),根结点的左子树(L)和根结点的右子树(R)三部分组成。只要遍历这三部分,就可以遍历整棵二叉树。用 D,L,R 分别表示根结点、遍历根结点的左子树和遍历根结点的右子树,则遍历二叉树有六种方案：D,L,R；L,D,R；L,R,D；D,R,L；R,D,L 和 R,L,D。前三种方案是先遍历左子树,后遍历右子树；而后三种方案则相反,都是先遍历右子树,再遍历左子树。前三种和后三种是对称的,如果限定先左子树后右子树的次序,那么遍历只有：D,L,R；L,D,R；L,R,D 三种遍历。

根据根结点的相对位置,三种遍历方案被称为先序遍历(D,L,R)、中序遍历(L,D,R)和后序遍历(L,R,D)。

1. 先序遍历

如果二叉树非空,先序遍历(D,L,R)的操作定义如下：

(1) 访问根结点；
(2) 先序遍历根结点的左子树；
(3) 先序遍历根结点的右子树。
先序遍历递归算法：

```
1. void PreOrder(btNode * bt)
2. {
3.     if(bt!= NULL)
4.     {
5.         printf(" % c",bt -> data);         //访问根结点
6.         PreOrder(bt -> lchild);            //先序遍历左子树
7.         PreOrder(bt -> rchild);            //先序遍历右子树
8.     }
9. }
```

图 7.14 所示的二叉树的先序遍历序列为：A,B,D,G,E,H,C,F,I。

2. 中序遍历

如果二叉树非空,中序遍历(L,D,R)的操作定义如下：
(1) 中序遍历根结点的左子树；
(2) 访问根结点；
(3) 中序遍历根结点的右子树。
中序遍历递归算法：

```
1. void InOrder(btNode * bt)
2. {
3.     if(bt!= NULL)
4.     {
5.         InOrder(bt -> lchild);             //中序遍历左子树
6.         printf(" % c",bt -> data);         //访问根结点
7.         InOrder(bt -> rchild);             //中序遍历右子树
8.     }
9. }
```

图 7.14 所示的二叉树的中序遍历序列为：D,G,B,H,E,A,I,F,C。

3. 后序遍历

如果二叉树非空,后序遍历(L,R,D)的操作定义如下：
(1) 后序遍历根结点的左子树；
(2) 后序遍历根结点的右子树；
(3) 访问根结点。
后序遍历递归算法：

```
1. void PostOrder(btNode * bt)
2. {
3.     if(bt!= NULL)
```

```
   4.      {
   5.             PostOrder(bt->lchild);       //后序遍历左子树
   6.             PostOrder(bt->rchild);       //后序遍历右子树
   7.             printf("%c",bt->data);        //访问根结点
   8.      }
   9. }
```

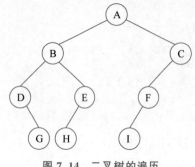

图 7.14 二叉树的遍历

图 7.14 所示的二叉树的后序遍历序列为：G,D,H,E,B,I,F,C,A。

4. 层次遍历

从根结点开始按照自上而下,从左到右的顺序依次访问二叉树的所有结点,这样的遍历称为按层次遍历。

图 7.14 所示的二叉树的层次遍历序列为：A,B,C,D,E,F,G,H,I。

7.4.2 线索二叉树

1. 线索二叉树

遍历二叉树是按一定的规则将二叉树的所有结点排列成一个有序序列,是将一个非线性的数据结构进行线性化的操作。遍历的序列,除第一个和最后一个结点外,都有且仅有一个前驱结点和一个后继结点。

使用二叉链表作为存储结构时,只能找到结点的左、右孩子结点信息,不能得到结点在某种遍历序列次序中的前驱结点和后继结点,这些信息只有在二叉树遍历时才能动态得到。

为了保存遍历过程中结点的前驱结点和后继结点信息,可以利用二叉链表中的空指针域来存放。

对于一棵 n 个结点的二叉树,对应的二叉链表中共有 2n 个指针域。因为除了根结点外,其余的 n−1 个结点都会有一个指针从双亲结点指向它,所以有 n−1 个指针域被用来存放孩子结点的地址,有 n+1 个指针域被空闲。可以利用这些空指针来存放结点的前驱结点和后继结点的地址信息。

在结点的空指针域中存放指向该结点在某种遍历次序下的前驱结点和后继结点的指针称为线索。存放前驱结点的线索称为左线索或前驱线索,存放后继结点的线索称为右线索或后继线索。添加了线索的二叉树称为线索二叉树。

2. 中序线索二叉树

线索二叉树有先序线索二叉树、中序线索二叉树和后序线索二叉树三种。这三种二叉树的线索化中常用的是中序线索二叉树。

以图 7.15 为例,中序线索二叉树的方法为：

(1) 列出二叉树的中序遍历序列：D,B,E,A,C,G,F。

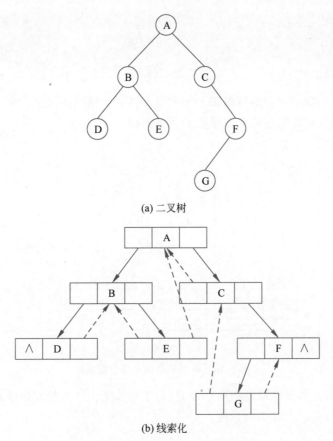

图 7.15 中序线索化二叉树示意图

（2）若结点的左子树为空，则此线索指针指向前一个遍历次序的结点。
（3）若结点的右子树为空，则此线索指针指向后一个遍历次序的结点。

7.5 树、森林与二叉树

视频讲解

7.5.1 树的存储结构

1. 双亲表示法

在树形结构中，每个结点可以有多个孩子，但双亲只有一个。利用该特性，在用顺序存储方式存储树中结点信息的同时，增加一个指向该结点双亲结点的指针，这样就可以唯一地表示一棵树。

用一组连续空间存储树的结点，同时在每个结点中添加一个指向其双亲结点的指针（实际上是数组下标），这种存储方式称为双亲表示法。类型定义如下：

```
1. #define MAX 20                    //定义结点的最大数目
2. typedef struct ptNode
3. {
```

```
4.    datatype data;              //数据域
5.    int parent;                 //双亲指针域
6. }ptNode;
7. ptNode T[MAX];                 //定义一维数组存储树
```

图 7.16 表示一棵树对应的双亲表示法存储。将树中结点按照从上而下,从左到右的次序存入一维数组中,双亲域存放双亲结点的数组下标。

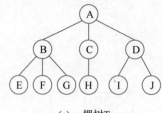

(a)一棵树T

数组下标	0	1	2	3	4	5	6	7	8	9
数据域	A	B	C	D	E	F	G	H	I	J
双亲域		0	0	0	1	1	1	2	3	3

(b)双亲表示法

图 7.16 树的双亲表示法示意图

由于双亲表示法的指针域是指向双亲的,对于寻找指定结点的双亲结点是方便的,但是访问指定结点的孩子结点时不太方便。

2. 孩子双亲链表表示法

为树中每个结点建立一个孩子链表,若树中有 n 个结点,就建立 n 个孩子链表(叶子结点的孩子链表为空表);将 n 个孩子链表的头指针组成一个数组,称为表头数组。

表头数组的每个结点由三个部分组成:数据域、双亲指针域和表头指针域。

数据域:存储树中结点的数据信息;

双亲指针域:存储双亲结点的数组下标;

表头指针域:存储指向其孩子链表的第一个表结点的指针。

对于孩子链表,孩子结点由两部分组成:孩子数据域和指针域。

孩子数据域:存储结点数据在表头数组中的存储下标;

指针域:存储兄弟结点的地址。

孩子双亲链表类型定义如下:

```
1. typedef struct cNode
2. {
3.    int cno;                    //存储结点数据信息在表头数组中的存放位置
4.    struct cNode * next;        //指向其兄弟结点
5. } * link;
6. typedef struct headNode
7. {
8.    datatype data;              //存储树中结点的数组信息
```

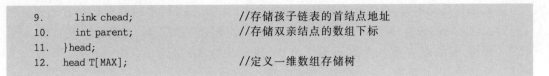

如图 7.17 所示,为一棵树对应的孩子双亲链表表示法存储。

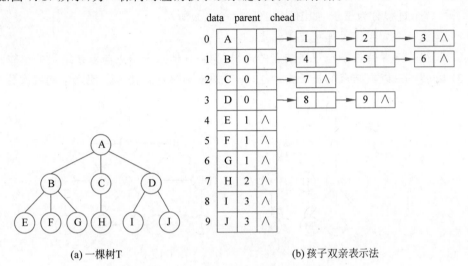

(a) 一棵树T   (b) 孩子双亲表示法

图 7.17　树的孩子双亲链表表示法示意图

3. 孩子兄弟链表表示法

孩子兄弟链表表示法:利用树中每个结点与其最左孩子和右邻兄弟的关系来存储树。链表中每个结点的数据类型相同,由三部分组成:数据域、左孩子指针域和右兄弟指针域。

如图 7.18 所示,为一棵树对应的孩子兄弟链表表示法存储。

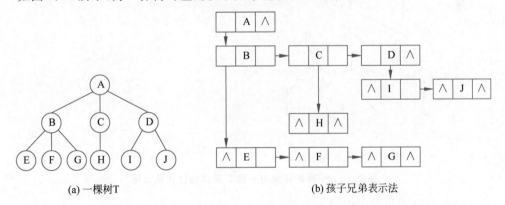

(a) 一棵树T   (b) 孩子兄弟表示法

图 7.18　树的孩子兄弟链表表示法示意图

7.5.2　树和二叉树的转换

现实中很多实际问题可以使用树形结构描述,对于这些树的操作又要借助于二叉树存储,并利用二叉树的操作解决问题。因此研究树与二叉树的转换有现实意义。

通常的树是无序树,树中兄弟结点是没有次序的;而二叉树中的结点有左右之分。为了进行二者之间的转换,需约定树中兄弟结点按照从左到右的次序进行排列。如图 7.19(a)所示的一棵树,根结点 A 有三个孩子 B,C 和 D;规定 B 为 A 的长子;C 为 A 的次子;D 为 A 的第三个孩子,以此类推。

转换时,将树中双亲结点的长子作为其左子树的根结点,将其他的孩子结点作为左子树的右子树,整个过程分为三步,如图 7.19(b)、(c)、(d)所示:

(1) 连线——使用线段连接兄弟结点;

(2) 删线——保留长子与双亲结点的连线,删除其他孩子结点与双亲结点的连线;

(3) 旋转——以根结点的长子为轴心,将整棵树顺时针旋转 45°,使之结构层次分明。

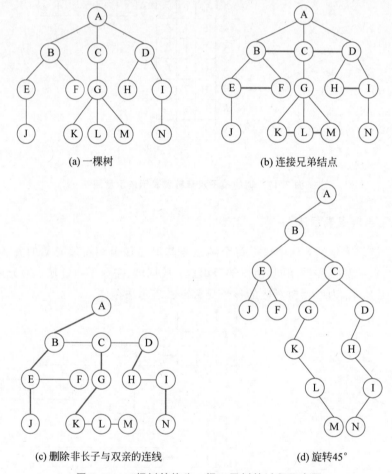

图 7.19 一棵树转换为一棵二叉树的过程示意图

由上面的转换可以得出以下结论:

(1) 由于根结点没有兄弟,所以转换后二叉树的根结点必定没有右子树;

(2) 在转换的二叉树中,左分支上的各结点在原树中是父子关系;而右分支上的各结点在原树中是兄弟关系;

(3) 树转换为二叉树后,通常树的深度会增加。

7.5.3 森林和二叉树的转换

1. 森林转换为二叉树

森林是由若干棵树组成的。若将每棵树的根结点看成是兄弟结点,而每棵树可以转换为其对应的二叉树。森林转换为二叉树的过程如下:

(1) 将森林中每棵树转换为二叉树;

(2) 取第一棵二叉树的根结点作为森林转换的二叉树的根结点,第一棵二叉树保持不变。从第二棵二叉树开始,依次把后一棵二叉树的根结点作为前一棵二叉树根结点的右子树,直到最后一棵二叉树为止。

如图 7.20 所示为森林转换为二叉树的过程。

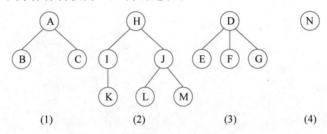

(a) 4棵树组成的森林

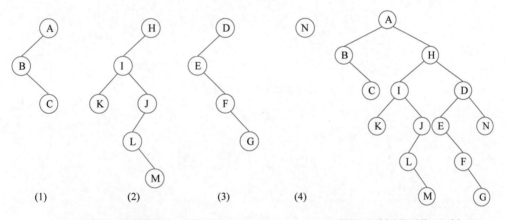

(b) 森林中每棵树转换为二叉树　　　　　　(c) 所有二叉树连接后的二叉树

图 7.20　森林转换为一棵二叉树的过程示意图

2. 二叉树还原为树/森林

一棵非空树转换为二叉树时,其根结点一定没有右子树;而森林转换为二叉树后,根结点存在右子树。可以根据这个特点,将二叉树还原为树或森林。

一棵二叉树还原为树或森林过程如下:

(1) 对于一棵二叉树中任一结点 x,若结点 x 是其双亲结点 y 的左孩子,则把结点 x 的右孩子,右孩子的右孩子,……,都与结点 y 用连线连接起来;

(2) 删除所有双亲到右孩子之间的连线;

（3）将图形规整化，使各结点按层次排列。

如图 7.21 所示为二叉树转换为森林的过程。

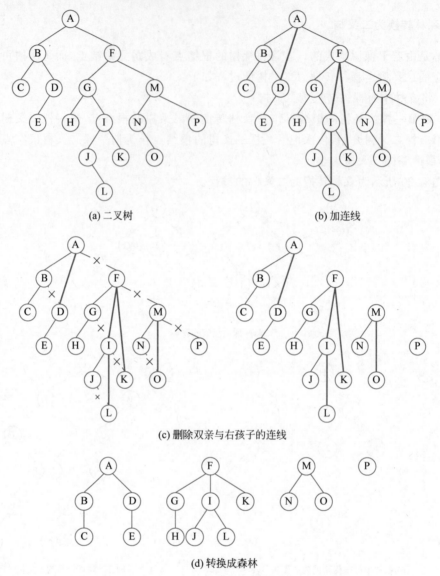

图 7.21 一棵二叉树还原为森林的过程示意图

7.5.4 树的遍历

树的遍历是指按某种方式访问树中的所有结点且每个结点只被访问一次。树的遍历分为深度遍历和广度遍历两种。

1. 树的深度遍历

由于普通树是无序树，没有规定兄弟结点之间的次序，所以假设根的孩子结点按照从左到右的次序为第一棵子树的根、第二棵子树的根等。每一棵子树也按照同样的方法进行设定。

由于树的度不一定为2,树的子树往往多于2,所以中序遍历不便讨论。

(1) 树的先根遍历。

若树非空,则树的先根遍历顺序如下:

① 访问树的根结点;
② 先根遍历根的第一棵子树;
③ 先根遍历根的剩余子树。

(2) 树的后根遍历。

若树为非空,则树的后根遍历顺序如下:

① 后根遍历根的第一棵子树;
② 后根遍历根的剩余子树;
③ 访问树的根结点。

2. 树的广度遍历

若树为非空,则树的广度遍历顺序如下:

① 首先访问树的根结点;
② 按照从左到右的次序访问第二层的所有结点;
③ 按层次逐层向下访问,直到所有结点都被访问为止。

图7.22所示树的遍历结果如下。

树的先根遍历:A,B,E,F,G,C,H,I,J,M,N,K,L,D。
树的后根遍历:E,F,G,B,I,M,N,J,K,L,H,C,D,A。
树的广度遍历:A,B,C,D,E,F,G,H,I,J,K,L,M,N。

如果把树对应的二叉树进行遍历,会发现先根遍历一棵树的结点序列和先序遍历其对应的二叉树的结点序列相同;后根遍历一棵树的结点序列和中序遍历其对应的二叉树的结点序列相同。

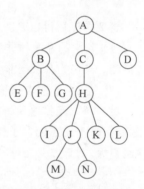

图 7.22 树的遍历示例

7.5.5 森林的遍历

森林是由若干棵树组成的,将各棵树分为第一棵树、第二棵树等。

1. 森林的深度遍历

1) 森林的先序遍历

若森林非空:

① 访问第一棵树的根结点;
② 先根遍历第一棵树根结点的各子树;
③ 先根遍历森林中除第一棵树外的树。

2) 森林的后序遍历

若森林非空:

① 后根遍历第一棵树根结点的各子树;

② 访问第一棵树的根结点；
③ 后根遍历森林中除第一棵树外的树。

2. 森林的广度遍历

若森林非空：
① 按广度遍历森林的第一棵树；
② 按广度遍历森林中除第一棵树外的树。

🔑 7.6 二叉树的应用

二叉树在实际问题中有着广泛的应用。二叉排序树和哈夫曼树是二叉树最典型的两种应用。

7.6.1 二叉排序树

1. 定义

二叉排序树可以是一棵空树，若其非空则具有如下特点：
(1) 若它的左子树非空，则左子树上所有结点的值均小于根结点的值；
(2) 若它的右子树非空，则右子树上所有结点的值均大于或等于根结点的值；
(3) 左、右子树也都是二叉排序树。

对一棵二叉排序树进行中序遍历时，可以得到一个有序递增的序列。如图 7.23 所示的二叉树，每个结点的左子树上所有结点值都比该结点小，每个结点右子树上所有结点值都比该结点大，对该二叉排序树进行中序遍历得到的序列是：12,25,26,27,35,41,56,63,67。

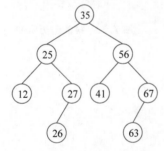

图 7.23 二叉排序树示意图

2. 建立

若已知一个结点序列，则二叉排序树的建立过程如下：
(1) 若二叉树为空，则插入结点作为根结点；
(2) 如插入结点值小于根结点，则在左子树上查找；如插入结点值大于或等于根结点，则在右子树上查找，直至某个结点的左子树或右子树空为止；
(3) 插入结点小于该结点，作为该结点的左孩子，否则作为该结点的右孩子。

【例 7-2】 若已知序列：33,50,42,14,58,4,77,43,40,67，则二叉排序树建立过程如图 7.24 所示。

7.6.2 哈夫曼树

视频讲解

哈夫曼树是二叉树典型应用之一，本节将介绍哈夫曼树(最优二叉树)的概念及其在通信编码问题中的具体应用。

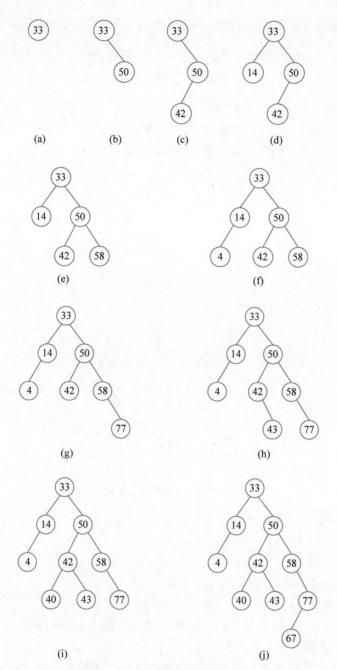

图 7.24 二叉排序树建立过程

1. 基本概念

（1）路径：在一棵树中，从一个结点到另一个结点之间所经过的分支。
（2）路径长度：两个结点之间路径所包含的分支的个数。
（3）结点的权：树中的结点所表示的值。
（4）结点的带权路径长度：从根结点到该结点之间路径长度乘以结点的权值。

(5) 树的带权路径长度：所有叶子结点的带权路径长度之和。通常用 WPL 表示，如式(7-2)所示。

$$WPL = \sum_{k=1}^{n} W_k \times L_k \quad (7-2)$$

其中，W_k 表示第 k 个叶子结点的权值；

L_k 表示第 k 个叶子结点到根结点的路径长度。

如图 7.25 所示，为 4 棵叶子结点权值相同的二叉树。

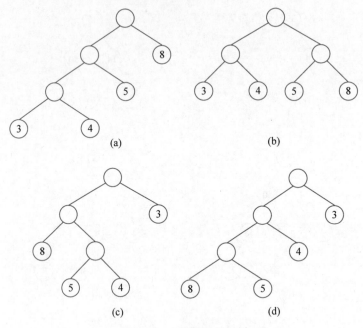

图 7.25　4 棵带权二叉树

4 棵树的带权路径长度分别为：

(a) WPL=3×3+4×3+5×2+8×1=39；

(b) WPL=3×2+4×2+5×2+8×2=40；

(c) WPL=3×1+4×3+5×3+8×2=46；

(d) WPL=3×1+4×2+5×3+8×3=50。

其中，(a)树对应 WPL 是最小的。可以看出当权值大的结点离根结点的路径长度小时，树的带权路径长度较小。

(6) 哈夫曼树：在 n 个带权叶子结点构造的所有二叉树中，带权路径长度最小的二叉树称为哈夫曼树或最优二叉树。

2. 构建哈夫曼树

已知 n 个结点的权值的集合为 $\{w_1, w_2, \cdots, w_n\}$，则

(1) 根据 n 个权值的集合 $\{w_1, w_2, \cdots, w_n\}$，将 n 个结点看成 n 棵只有根结点的二叉树 $T = \{T_1, T_2, \cdots, T_n\}$ 组成的森林，每棵二叉树 $T_i (1 \leqslant i \leqslant n)$ 都只对应一个结点权值为 w_i，其左、右子树均为空。

(2) 在森林中选出根结点权值最小的二叉树作为左、右子树构成一棵新的二叉树,新二叉树的根结点的权值等于左、右子树根结点权值之和。

(3) 从森林 T 中删除上面选择的两棵二叉树,将新生成的二叉树加到森林 T 中。

(4) 重复步骤(2)和步骤(3),直到森林 T 中只有一棵二叉树为止,这棵二叉树就是所要创建的哈夫曼树。

如图 7.26 所示,已知结点权值分别为 3,4,5,8 的 4 个带权叶子结点构建哈夫曼树的过程。

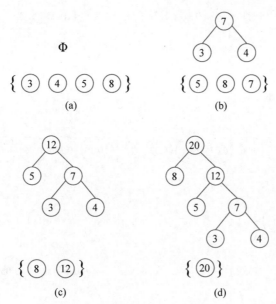

图 7.26 哈夫曼树的构建过程示意图

7.6.3 哈夫曼编码

1. 哈夫曼编码的定义

在数据通信的过程中,进行传递的文字需要转换成二进制代码,称为编码。

在编码过程中,需要考虑字符出现的频率,让出现频率高的字符采用尽可能短的编码,出现频率低的字符采用稍长的编码,构成一种不等长编码,电文的总长度就会变短。

哈夫曼编码是一种使电文的编码总是最短的编码方案。

2. 哈夫曼编码的方法

设需要编码的字符集合为 $\{e_1, e_2, \cdots, e_n\}$,假设它们在电文中出现的频率的集合为 $\{w_1, w_2, \cdots, w_n\}$,以 $e_1, e_2, \cdots, e_n$ 作为叶子结点,$w_1, w_2, \cdots, w_n$ 作为叶子结点的权值,构造一棵哈夫曼树。

可以规定哈夫曼树中的左分支代表 0,右分支代表 1,则从根结点到每个叶子结点所经过的路径由 0 和 1 组成,也就是对应叶子结点字符的编码。

【例 7-3】 假设某系统用于通信的电文仅由字符集{a,b,c,d,e,f,g,h}8 个字母组成,这 8 个字母在电文中出现的频率分别为{0.19,0.21,0.02,0.03,0.06,0.07,0.1,0.32}。

(1) 画出由这些结点所构成的哈夫曼树(结点权值小的作为左孩子,权值大的作为右孩子);

(2) 计算此树的带权路径长度 WPL;

(3) 写出 8 个字符的哈夫曼编码(结点左分支编码为 0,右分支编码为 1)。

【解】

哈夫曼树的建立过程如图 7.27 所示。

WPL=0.19×2+0.21×2+0.02×5+0.03×5+0.06×4+0.07×4+0.1×4+0.32×2=2.61

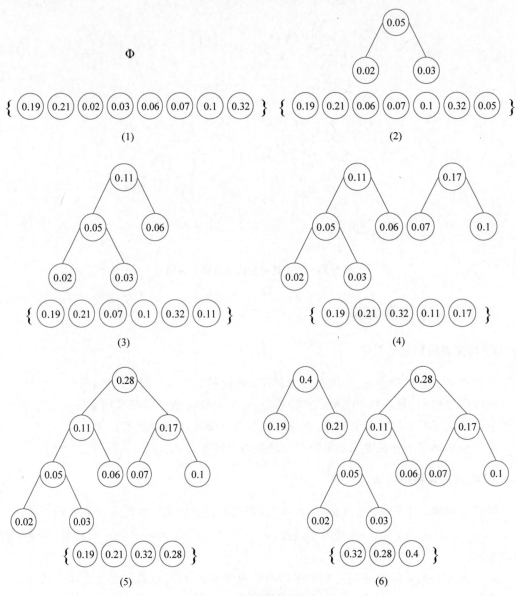

图 7.27 哈夫曼树的建立过程

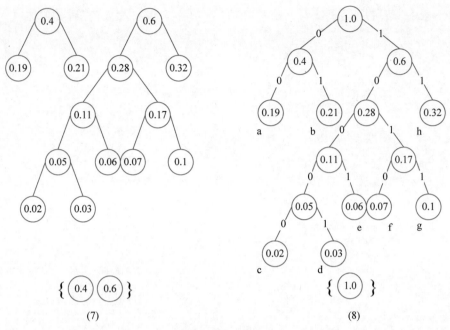

图 7.27 （续）

将每个结点的左分支编码为 0，右分支编码为 1。则每个字符的编码分别为 a：00，b：01，c：10000，d：10001，e：1001，f：1010，g：1011，h：11。

3. 哈夫曼树及哈夫曼编码的 C 语言程序

```
1.  # include < stdio.h >
2.  # define MAXLEN 100
3.  typedef struct
4.  {
5.        int weight;                              //结点权值
6.        int lchild,rchild,parent;                //左孩子权值,右孩子权值,双亲结点的数组下标
7.  }HuffNode;                                     //定义哈夫曼树每个结点的数据类型
8.  typedef HuffNode HuffTree[MAXLEN];             //定义哈夫曼树结点类型数组
9.  int count;                                    //全局变量,定义叶子结点个数
10. //哈夫曼数组元素初始化
11. void InitHuffman(HuffTree tree)
12. {
13.       printf("请输入共有多少个权值(小于 100):");
14.       scanf("%d",&count);                     //从键盘上输入叶子结点个数
15.       getchar();
16.       for(int i = 0;i < 2 * count - 1;i++)
17.       {
18.           tree[i].weight = 0;
19.           tree[i].lchild = - 1;
20.           tree[i].rchild = - 1;
21.           tree[i].parent = - 1;
22.       }
23. }
```

```c
24.   void InputWeight(HuffTree tree)                    //输入叶子结点的权值
25.   {
26.       int weight;
27.       for(int i = 0;i < count;i++)
28.       {
29.           printf("输入第%d个叶子结点的权值",i + 1);
30.           scanf("%d",&weight);
31.           getchar();
32.           tree[i].weight = weight;
33.       }
34.   }
35.   //查询数组中没有确定双亲结点的结点集合中权值最小的两个结点
36.   void FindTwoMin(HuffTree tree,int i,int * p1,int * p2)
37.   {
38.       int min1 = 65536;
39.       int min2 = 65536;
40.       int j;
41.       for(j = 0;j <= i;j++)                           //查询权值最小的结点
42.       {
43.           if(tree[j].parent == - 1)                   //结点没有确定双亲
44.           {
45.               if(min1 > tree[j].weight)
46.               {
47.                   min1 = tree[j].weight;
48.                   * p1 = j;
49.               }
50.           }
51.       }
52.       for(j = 0;j <= i;j++)                           //查询权值第二小的结点
53.       {
54.           if(tree[j].parent == - 1)
55.           {
56.               if(min2 > tree[j].weight&&j!= * p1)     //且不是权值最小结点
57.               {
58.                   min2 = tree[j].weight;
59.                   * p2 = j;
60.               }
61.           }
62.       }
63.   }
64.   void CreateHuffman(HuffTree tree)                   //建立哈夫曼树
65.   {
66.       int i,n1,n2;
67.       InitHuffman(tree);
68.       InputWeight(tree);
69.       for(i = count;i < 2 * count - 1;i++)            //计算集合中权值最小的两结点双亲结点权值
70.       {
71.           FindTwoMin(tree,i - 1,&n1,&n2);
72.           tree[n1].parent = tree[n2].parent = i;
73.           tree[i].lchild = tree[n1].weight;
74.           tree[i].rchild = tree[n2].weight;
75.           tree[i].weight = tree[n1].weight + tree[n2].weight;
76.       }
```

```
77.    }
78.    void PrintHuffman(HuffTree tree)              //输出哈夫曼树
79.    {
80.        int i, k = 0;
81.        for(i = 0; i < 2 * count - 1; i++)
82.        {
83.            while(tree[i].lchild != -1)
84.            {
85.                if(!(k % 2))
86.                    printf("\n");
87.                printf("( %d, %d)", tree[i].weight, tree[i].lchild);
88.                printf(",( %d, %d)", tree[i].weight, tree[i].rchild);
89.                k++;
90.                break;
91.            }
92.        }
93.    }
94.    //输出每个叶子结点编码,从叶子到根结点进行输出编码
95.    void HuffmanNode(HuffTree tree, int i)
96.    {
97.        int j = tree[i].parent;
98.        if(tree[j].rchild == tree[i].weight)
99.            printf("1");
100.       else
101.           printf("0");
102.       if(tree[j].parent != -1)                   //一直访问到根结点结束
103.           i = j, HuffmanNode(tree, i);           //递归调用
104.   }
105.   void HuffmanCode(HuffTree tree)               //输出所有叶子结点编码
106.   {
107.       int i, k = 0;
108.       printf("\n");
109.       for(i = 0; i < count; i++)                 //i的取值范围是叶子结点存放的数组下标范围
110.       {
111.           if(!(k % 2))                           //k控制输出换行
112.               printf("\n");
113.           printf(" %i:", tree[i].weight);
114.           k++;
115.           HuffmanNode(tree, i);
116.       }
117.   }
118.   int main()                                    //主函数
119.   {
120.       HuffTree ht;
121.       CreateHuffman(ht);
122.       PrintHuffman(ht);
123.       HuffmanCode(ht);
124.       printf("\n");
125.       return 0;
126.   }
```

7.7 案例分析与实现

7.2节的【例7-1】社团管理系统,已经分析了其数据元素之间的逻辑结构是树形结构,本节进行存储结构设计及对应算法实现。由于树形结构比较复杂,不利于问题求解,先把树转换成二叉树。因此,校园社团管理系统就转化成对二叉树操作的问题,如图7.28所示。

在这棵二叉树中,结点类型是不同的,有社团结点,有成员结点。为了便于操作,特设置一个标志域type用于区分结点类型。

该二叉树选用二叉链表作为存储结构。

图7.28 社团管理系统对应的二叉树

【问题实现】

1. 数据结构定义

```
1. typedef struct Info
2. {
3.     int type;                //类型,0为社团,1为社团成员
4.     char name[20];           //社团名称或成员姓名
5.     char date[11];           //成立日期或出生日期
6.     char phone[11];          //联系电话
7.     char duty[40];           //成员职务
8. }DataType;
9. typedef struct Node
10. {
11.     DataType data;           //定义数据域
12.     struct Node * left;      //定义左孩子指针域
13.     struct Node * right;     //定义右孩子指针域
14. }BTNode, * PBTNode, * BiTreeLink;
```

2. 算法实现

1) 根据类型和名称查找结点

```
1. PBTNode FindName(BiTreeLink r,DataType x)
2. {
3.     PBTNode p;
4.     if(r == NULL)return NULL;
5.     if(!strcmp(r->data.name,x.name)&&r->data.type == x.type)
6.         return r;                         //找到则返回该结点
7.     p = FindName(r->left,x);              //在左子树上继续查找
8.     if(p) return p;
9.     else  return FindName(r->right,x);    //在右子树上继续查找
10. }
```

2）查询并显示社团或成员信息

```
1.  void DispNode(BiTreeLink r,DataType x)
2.  {
3.      PBTNode p;
4.      p = FindName(r,x);
5.      if(p == NULL)return;
6.      printf("\n\n--------------------- Information ---------------- \n\n");
7.      printf(" * \tType:% d\t\t * \n * \tName:% s \t * \n * \tPhone:% s\t * ",p -> data.type,p -> data.name,p -> data.phone);
8.      printf("\n------------------------------------------------------ \n");
9.  }
```

3）修改社团或成员信息

```
1.  void Update(BiTreeLink r,DataType x,DataType y)
2.  {
3.      PBTNode p;
4.      p = FindName(r,x);
5.      if(p == NULL)
6.      {
7.          printf("要修改信息的社团不存在\n"); return;
8.      }
9.      p -> data = y;
10.     printf("\n---------- OK ------------ \n");
11. }
```

4）增加社团

```
1.  PBTNode InsertRight(PBTNode r,DataType x)
2.  {
3.      PBTNode p;
4.      if(!r)return NULL;
5.      p = (PBTNode)malloc(sizeof(BTNode));
6.      p -> data = x;
7.      p -> left = NULL;
8.      p -> right = r -> right;
9.      r -> right = p;
10.     return p;
11. }
12. void InsertSilbling(BiTreeLink r,DataType x,DataType y)
13. {
14.     PBTNode p;
15.     p = FindName(r,x);
16.     if(p == NULL)
17.     {
18.         printf("输入的社团名称不存在,无法在其后添加社团\n"); return;
19.     }
20.     InsertRight(p,y);
21. }
```

5）增加成员

增加成员是在指定的社团中插入左孩子,如果该社团已经有成员了,即它已经有左孩子，则把该成员作为左孩子的兄弟插入。

```
1.  PBTNode InsertLeft(PBTNode r,DataType x)
2.  {
3.      PBTNode p;
4.      if(!r)return NULL;
5.      if(r->left == NULL)
6.      {
7.          p = (PBTNode)malloc(sizeof(BTNode));
8.          p->data = x;
9.          p->left = NULL;
10.         p->right = NULL;
11.         r->left = p;
12.     }
13.     else
14.     {
15.         p = InsertRight(r->left,x);
16.     }
17.     return p;
18. }
19. void InsertChild(BiTreeLink r,DataType x,DataType y)
20. {
21.     PBTNode p;
22.     p = FindName(r,x);
23.     if(p == NULL)
24.     {
25.         printf("输入的社团名称不存在");return;
26.     }
27.     InsertLeft(p,y);
28. }
```

6) 初始化树

```
1.  void InitBiTree(BiTreeLink *root)
2.  {
3.      DataType items[] = {{0,"书法社","2020-01-01","1300001",""},{0,"志愿者协会","2021-02-10","1380002",""},{0,"话剧社","2022-07-20","1351111",""},{1,"小李","2003-01-01","1350001","会长"},{1,"小王","2004-08-15","1550001","成员"},{1,"小张","2004-10-01","1550001","会员"},{0,"社团管理委员会","2018-01-01","1392222",""}};
4.
5.      *root = (PBTNode)malloc(sizeof(BTNode));
6.      (*root)->left = NULL;
7.      (*root)->right = NULL;
8.      (*root)->data = items[6];
9.      InsertChild(*root,items[6],items[1]);
10.     InsertChild(*root,items[1],items[3]);
11.     InsertSilbling(*root,items[1],items[2]);
12.     InsertSilbling(*root,items[3],items[4]);
13.     InsertSilbling(*root,items[2],items[0]);
14.     InsertChild(*root,items[1],items[5]);
15. }
```

7) 显示二叉树

算法中使用了一个循环队列。先把指向二叉树或子树根结点的指针入队，然后出队，显示出队指针所指结点数据域的值,并把出队结点的左孩子和右孩子指针分别入队。如此重复,直至队列为空。

```
1.  void DispBiTree(BiTreeLink root)      //root 为二叉链表头指针
2.  {
3.      PBTNode queue[50];                //循环队列
4.      int front,rear;
5.      PBTNode p;
6.      if(root == NULL) return;
7.      queue[0] = root;
8.      front = 0;
9.      rear = 1;
10.     while(front < rear)
11.     {
12.         p = queue[front];             //根结点指针出队
13.         front = (front + 1) % 50;
14.         if(p == NULL)
15.             printf("( )\n");          //空指针显示空格
16.         else
17.             printf("(\t%s\t%s\t%s\t%s)\n",p->data.name,p->data.date,p->data.phone,p->data.duty);
18.         if(p!= NULL)                  //若双亲结点不为空,则其左孩子和右孩子指针入队
19.         {
20.             queue[rear] = p->left;
21.             rear = (rear + 1) % 50;
22.             queue[rear] = p->right;
23.             rear = (rear + 1) % 50;
24.         }
25.     }
26. }
```

3. 主函数

```
1.  int main()
2.  {
3.      BiTreeLink root;
4.      DataType x,y;
5.      int choice = 0,n = 0;
6.      InitBiTree(&root);
7.      do{
8.          printf(" ****************************** \n");
9.          printf(" *              menu            * \n");
10.         printf(" * ---------------------------- * \n");
11.         printf(" *      1 增加社团               * \n");
12.         printf(" *      2 修改社团信息           * \n");
13.         printf(" *      3 查询社团信息           * \n");
14.         printf(" *      4 查询成员信息           * \n");
15.         printf(" *      5 显示所有信息           * \n");
16.         printf(" *      0 退出                  * \n");
17.         printf(" ****************************** \n");
18.         printf("\nPlease select(1,2,3,4,5,0):");
19.         scanf("%d",&choice);
20.         if(choice < 0 || choice > 8)continue;
```

```
21.         switch(choice)
22.         {
23.         case 1:
24.             printf("请输入社团名称:");
25.             scanf("%s",x.name);
26.             x.type = 0;
27.             printf("请输入社团成立日期:");
28.             scanf("%s",x.date);
29.             printf("请输入社团联系电话:");
30.             scanf("%s",x.phone);
31.             strcpy(x.duty," ");
32.             printf("请输入添加在哪个社团后边:");
33.             scanf("%s",y.name);
34.             y.type = 0;
35.             InsertSilbling(root,y,x);
36.             break;
37.         case 2:
38.             printf("请输入社团名称:");
39.             scanf("%s",x.name);
40.             x.type = 0;
41.             printf("请输入新的社团名称:");
42.             scanf("%s",y.name);
43.             y.type = 0;
44.             printf("请输入新的社团成立日期:");
45.             scanf("%s",y.date);
46.             printf("请输入新的社团联系电话:");
47.             scanf("%s",y.phone);
48.             strcpy(y.duty," ");
49.             Update(root,x,y);
50.             break;
51.         case 3:
52.             printf("请输入社团名称:");
53.             scanf("%s",x.name);
54.             x.type = 0;
55.             DispNode(root,x);
56.             break;
57.         case 4:
58.             printf("请输入成员姓名:");
59.             scanf("%s",x.name);
60.             x.type = 1;
61.             DispNode(root,x);
62.             break;
63.         case 5:
64.             DispBiTree(root);
65.             printf("\n");
66.             break;
67.         case 0:
68.             exit(0);
69.         }
70.     }while(1);
71.     return 0;
72. }
```

【运行结果】

运行结果如图 7.29 所示。

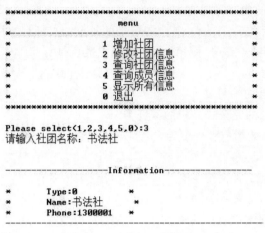

图 7.29 查询社团信息显示

7.8 小结

(1) 树是一种以分支关系定义的层次结构,除根结点无前驱结点外,其余每个结点有且仅有一个前驱结点,树中所有结点都可以有多个后继结点。树是一种具有"一对多"关系的非线性数据结构。

(2) 一棵非空的二叉树,每个结点至多有两棵子树,分别称为左子树和右子树,且左、右子树的次序不能任意交换。它的左、右子树又分别都是二叉树。

(3) 若二叉树所有分支结点都存在左子树和右子树,且所有叶子结点都在同一层上,这样的一棵二叉树称为满二叉树。若除最后一层外,其余各层都是满的,且最后一层或者为满,或者仅在右边缺少连续若干个结点,则称此二叉树为完全二叉树。

(4) 二叉树的遍历是指按照某种顺序访问二叉树中的所有结点,且仅被访问一次。通过一次遍历,使二叉树结点的非线性序列转为线性序列。

(5) 二叉树有顺序存储和链式存储两种方式。在顺序存储时,按完全二叉树格式存储;在链式存储时,每个结点有两个指针域,具有 n 个结点的二叉树共有 2n 个指针,其中指向左、右孩子的指针为 n−1 个,空指针有 n+1 个。

(6) 二叉排序树进行中序遍历时,可以得到一个有序递增的序列。每个结点的左子树上所有结点值都比该结点小,每个结点右子树上所有结点值都大于或等于该结点。

(7) 带权路径长度最小的二叉树称为哈夫曼树。利用哈夫曼树可以提高程序执行的效率,在通信编码中有广泛的应用。

习题 7

一、填空题

1. 二叉树由_____、_____、_____三个基本单元组成。

2. 一棵深度为 H 的满二叉树有如下性质：

第 H 层上的结点都是叶子结点，其余各层上的每个结点都有 2 棵非空子树。如果按层次顺序从 1 开始对全部结点编号，则第 i 层上的结点数目是_____，编号为 N 的结点的双亲结点(若存在)的编号是_____，编号为 N 的结点的左孩子结点(若存在)的编号是_____，其右孩子结点的编号是_____。

3. 具有 256 个结点的完全二叉树的深度为_____。

4. 已知一棵度为 3 的树有 2 个度为 1 的结点，3 个度为 2 的结点，4 个度为 3 的结点，则该树有_____个叶子结点。

5. 深度为 k 的完全二叉树至少有_____个结点，至多有_____个结点。

6. 假定一棵树的广义表示为 A(B(E),C(F(H,I,J),G),D)，则该树的度为_____，树的高度为_____，终端结点的个数为_____，单分支结点的个数为_____，双分支结点的个数为_____，三分支结点的个数为_____，C 结点的双亲结点为_____，其孩子结点为_____和_____结点。

7. 一棵有 n 个结点的满二叉树有_____个度为 1 的结点、有_____个分支(非终端)结点和_____个叶子结点，该满二叉树的高度为_____。

8. 假设根结点的层数为 1，具有 n 个结点的二叉树的最大高度是_____。

9. 高度为 8 的完全二叉树至少有_____个叶子结点。

10. 已知二叉树有 50 个叶子结点，则该二叉树的总结点数至少是_____。

11. 一个有 2001 个结点的完全二叉树的高度为_____。

12. 设 F 是由 T_1,T_2,T_3 三棵树组成的森林，与 F 对应的二叉树为 B，已知 T_1,T_2,T_3 的结点数分别为 n_1,n_2 和 n_3，则二叉树 B 的左子树中有_____个结点，右子树中有_____个结点。

13. 具有 N 个结点的二叉树，采用二叉链存储，共有_____个空指针域。

14. 8 层完全二叉树至少有_____个结点，拥有 100 个结点的完全二叉树的最大层数为_____。

15. 已知二叉树结点的中序遍历序列为 A,B,C,D,E,F,G，后序序列为 B,D,C,A,F,G,E，则该二叉树结点的先序序列为_____，则该二叉树对应的森林包括_____棵树。

16. 若以{4,5,6,7,8}作为叶子结点的权值构造哈夫曼树，则其带权路径长度是_____。

17. 有数据 WG={7,19,2,6,32,3,21,10}，则所建 Huffman 树的树高是_____，带权路径长度 WPL 为_____。

18. 对于一个具有 N 个结点的二叉树，当它为一棵_____二叉树时具有最小高度，即为_____，当它为一棵单支树具有_____高度，即为_____。

19. 对于一棵具有 N 个结点的二叉树，当进行链接存储时，其二叉链表中的指针域的总数为_____个，其中_____个用于链接孩子结点，_____个空闲着。

二、选择题

1. 设树 T 的度为 4，其中度为 1,2,3 和 4 的结点个数分别为 4,2,1,1，则 T 中的叶子数为(   )。

A. 5　　　　　　　B. 6　　　　　　　C. 7　　　　　　　D. 8

2. 在下述结论中,正确的是(　　)。
① 只有一个结点的二叉树的度为 0;
② 二叉树的度为 2;
③ 二叉树的左右子树可任意交换;
④ 深度为 K 的完全二叉树的结点个数小于或等于深度相同的满二叉树。
　　A. ①②③　　　B. ②③④　　　C. ②④　　　D. ①④

3. 设森林 F 对应的二叉树为 B(森林 F 转换为二叉树 B),它有 m 个结点,B 的根为 p,p 的右子树结点个数为 n,森林 F 中第一棵树的结点个数是(　　)。
　　A. m−n　　　B. m−n−1　　　C. n+1　　　D. 无法确定

4. 若一棵二叉树具有 10 个度为 2 的结点,5 个度为 1 的结点,则度为 0 的结点个数是(　　)。
　　A. 9　　　　　B. 11　　　　　C. 15　　　　　D. 不确定

5. 设森林 F 中有三棵树,第一、第二、第三棵树的结点个数分别为 M1、M2 和 M3。与森林 F 对应的二叉树根结点的右子树上的结点个数是(　　)。
　　A. M1　　　　B. M1+M2　　　C. M3　　　　D. M2+M3

6. 具有 10 个叶子结点的二叉树中有(　　)个度为 2 的结点。
　　A. 8　　　　　B. 9　　　　　C. 10　　　　　D. 11

7. 一棵完全二叉树上有 1001 个结点,其中叶子结点的个数是(　　)。
　　A. 250　　　　B. 501　　　　C. 254　　　　D. 505

8. 设给定权值叶子结点总数有 n 个,其哈夫曼树的结点总数为(　　)。
　　A. 不确定　　　B. 2n　　　　　C. 2n+1　　　　D. 2n−1

9. 有关二叉树的下列说法正确的是(　　)。
　　A. 二叉树的度为 2　　　　　　　　　B. 一棵二叉树的度可以小于 2
　　C. 二叉树中至少有一个结点的度为 2　　D. 二叉树中任何一个结点的度都为 2

10. 二叉树的第 I 层上最多含有结点数为(　　)。
　　A. 2^I　　　B. $2^{I-1}-1$　　　C. 2^{I-1}　　　D. 2^I-1

11. 一个具有 1025 个结点的二叉树的高 h 为(　　)。
　　A. 11　　　　B. 10　　　　C. [11,1025]　　　D. [10,102]

12. 一棵二叉树高度为 h,所有结点的度或为 0,或为 2,则该二叉树最少有(　　)个结点。
　　A. 2h　　　　B. 2h−1　　　C. 2h+1　　　D. h+1

13. 对于有 n 个结点的二叉树,其高度为(　　)。
　　A. $n\log_2 n$　　　B. $\log_2 n$　　　C. $\lfloor \log_2 n \rfloor +1$　　　D. 不确定

14. 深度为 h 的满 m 叉树的第 k 层有(　　)个结点。(1≤k≤h)
　　A. m^{k-1}　　　B. m^k-1　　　C. m^{h-1}　　　D. m^h-1

15. 在一棵高度为 k 的满二叉树中,结点总数为(　　)。
　　A. 2^{k-1}　　　B. 2^k　　　C. 2^k-1　　　D. $\lfloor \log_2 k \rfloor +1$

16. 高度为 k 的二叉树最多的结点数为(　　)。

A. 2^k 　　　　　B. 2^{k-1} 　　　　C. 2^k-1 　　　　D. $2^{k-1}-1$
17. 一棵树高为 k 的完全二叉树至少有（　　）个结点。
　　　A. 2^k-1 　　　B. $2^{k-1}-1$ 　　　C. 2^{k-1} 　　　D. 2^k
18. 利用二叉链表存储树，则根结点的右指针是（　　）。
　　　A. 指向最左孩子　　B. 指向最右孩子　　C. 空　　　　　　D. 非空
19. 树的后根遍历序列等同于该树对应的二叉树的（　　）。
　　　A. 先序序列　　　　B. 中序序列　　　　C. 后序序列　　　　D. 层次序列
20. 若二叉树采用二叉链存储结构，要交换其所有分支结点左、右子树的位置，利用（　　）遍历方法最佳。
　　　A. 先序　　　　　　B. 中序　　　　　　C. 后序　　　　　　D. 层次
21. 树最适合用来表示（　　）。
　　　A. 有序数据元素　　　　　　　　　　　B. 无序数据元素
　　　C. 元素之间无联系数据　　　　　　　　D. 元素之间有分支的层次关系
22. 已知一棵二叉树的先序遍历结果为 A,B,C,D,E,F，中序遍历结果为 C,B,A,E,D,F，则后序遍历的结果为（　　）。
　　　A. C,B,E,F,D,A　　　　　　　　　　　B. F,E,D,C,B,A
　　　C. C,B,E,D,F,A　　　　　　　　　　　D. 不定
23. 已知某二叉树的后序遍历序列是 d,a,b,e,c，中序遍历序列是 d,e,b,a,c，它的先序遍历是（　　）。
　　　A. a,c,b,e,d　　　B. d,e,c,a,b　　　C. d,e,a,b,c　　　D. c,e,d,b,a
24. 某二叉树中序序列为 A,B,C,D,E,F,G，后序序列为 B,D,C,A,F,G,E，则先序序列是（　　）。
　　　A. E,G,F,A,C,D,B　　　　　　　　　　B. E,A,C,B,D,G,F
　　　C. E,A,G,C,F,B,D　　　　　　　　　　D. 都不对
25. 二叉树的先序遍历和中序遍历如下。先序遍历：E,F,H,I,G,J,K；中序遍历：H,F,I,E,J,K,G。该二叉树根的右子树的根是（　　）。
　　　A. E　　　　　　　B. F　　　　　　　C. G　　　　　　　D. H
26. 在二叉树结点的先序序列、中序序列和后序序列中，所有叶子结点的先后顺序（　　）。
　　　A. 都不相同　　　　　　　　　　　　　B. 完全相同
　　　C. 先序和中序相同，而与后序不同　　　D. 中序和后序相同，而与先序不同
27. 在完全二叉树中，若某一个结点是叶子结点，则它没有（　　）。
　　　A. 左子结点　　　　　　　　　　　　　B. 右子结点
　　　C. 左子结点和右子结点　　　　　　　　D. 左子结点,右子结点和兄弟结点
28. 设 F 是一个森林，B 是由 F 变换得的二叉树。若 F 中有 n 个非终端结点，则 B 中右指针域为空的结点有（　　）个。
　　　A. n−1　　　　　　B. n　　　　　　　C. n+1　　　　　　D. n+2
29. 如果 T2 是由有序树 T 转换而来的二叉树，那么 T 中结点的后序就是 T2 中结点的（　　）。
　　　A. 先序　　　　　　B. 中序　　　　　　C. 后序　　　　　　D. 层次序

30. 当一棵有 n 个结点的二叉树按层次从上到下,同层次从左到右将数据存放在一维数组 A[1..n]中时,数组中第 i 个结点的左孩子为(   )。

    A. A[2i](2i≤n)　　　　　　　　B. A[2i+1](2i+1≤n)
    C. A[i/2]　　　　　　　　　　　D. 无法确定

三、判断题

1. 二叉树是度为 2 的有序树。(   )
2. 完全二叉树一定存在度为 1 的结点。(   )
3. 对于有 N 个结点的二叉树,其高度为 $log_2 n$。(   )
4. 深度为 K 的二叉树中结点总数小于或等于 2^k-1。(   )
5. 二叉树的遍历结果不是唯一的。(   )
6. 一棵树的叶子结点,先序遍历和后序遍历中皆以相同的相对位置出现。(   )
7. 树的先序遍历和其相应的二叉树的先序遍历的结果是一样的。(   )
8. 用一维数组存储二叉树时,总是以先序遍历顺序存储结点。(   )
9. 中序遍历一棵二叉排序树的结点就可得到排好序的结点序列。(   )
10. 由一棵二叉树的先序序列和后序序列可以唯一确定它。(   )
11. 完全二叉树中,若一个结点没有左孩子,则它必是树叶。(   )
12. 二叉树只能用二叉链表表示。(   )
13. 一棵有 n 个结点的二叉树,从上到下,从左到右用自然数依次给予编号,则编号为 i 的结点的左儿子的编号为 2i(2i<n),右儿子是 2i+1(2i+1<n)。(   )
14. 用链表存储包含 n 个结点的二叉树,结点的 2n 个指针区域中有 n−1 个空指针。(   )
15. 必须把一般树转换成二叉树后才能进行存储。(   )
16. 在二叉树中插入结点,则此二叉树便不再是二叉树了。(   )
17. 非空的二叉树一定满足:某结点若有左孩子,则其中序前驱一定没有右孩子。(   )
18. 哈夫曼树的结点个数不能是偶数。(   )
19. 一棵哈夫曼树的带权路径长度等于其中所有分支结点的权值之和。(   )
20. 用链表存储包含 n 个结点的二叉树时,结点的 2n 个指针区域中有 n+1 个空指针。(   )

四、简答题

1. 已知一棵树的边的集合表示为:{<L,N>,<G,K>,<G,L>,<G,M>,<B,G>,<B,F>,<D,H>,<D,I>,<D,J>,<A,B>,<A,C>),<A,D>}。请画出这棵树,并回答以下问题:

  (1) 树的根结点是哪个?哪些是叶子结点?哪些是非终端结点?
  (2) 树的度是多少?各个结点的度是多少?
  (3) 树的深度是多少?各个结点的层数是多少?
  (4) 对结点 G,它的双亲结点、祖先结点、孩子结点、子孙结点、兄弟和堂兄弟分别是哪些结点?

2． 试写出如图所示的二叉树分别按先序、中序、后序遍历时得到的结点序列。

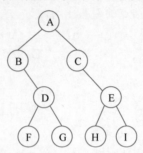

3． 已知一棵二叉树的中序遍历序列为 C,D,B,A,E,G,F,先序遍历序列为 A,B,C,D, E,F,G,试问能不能唯一确定一棵二叉树？若能请画出该二叉树。若给定先序遍历序列和后序遍历序列,能否唯一确定？说明理由。

4． 已知一棵二叉树的后序遍历和中序遍历的序列分别为 A,C,D,B,G,I,H,F,E 和 A,B,C,D,E,F,G,H,I。请画出此二叉树,并写出它的先序遍历的序列。

5． 已知一棵二叉树的先序遍历和中序遍历的序列分别为 A,B,D,G,H,C,E,F,I 和 G,D,H,B,A,E,C,I,F。请画出此二叉树,并写出它的后序遍历的序列。

6． 画出与下列已知序列对应的森林：
(1) 森林的先根次序访问序列为 A,B,C,D,E,F,G,H,I,J,K,L；
(2) 森林的后根次序访问序列为 C,B,E,F,D,G,A,J,I,K,L,H。

7． 已知一个权集 W＝{4,5,7,8,6,12,18},画出对应的哈夫曼树,并计算带权路径长度 WPL。

8． 画出和下列二叉树相应的森林。

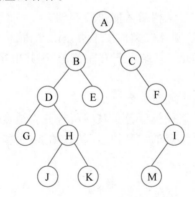

9． 假定用于通信的电文由 8 个字母 A,B,C,D,E,F,G,H 组成,各字母在电文中出现的概率为 5％,25％,4％,7％,9％,12％,30％,8％,试为这 8 个字母设计哈夫曼编码。

五、算法题

1． 以二叉链表为存储结构,编写求二叉树的结点数目的递归算法。

2． 以二叉链表为存储结构,编写求二叉树的叶子数的递归算法。

3． 以二叉链表为存储结构,写出将二叉树中所有结点的左、右孩子相互交换的递归算法。

第 8 章

图

CHAPTER 8

本章学习目标

- 掌握图的定义和基本术语,理解图形结构的非线性特性
- 熟练掌握图的邻接矩阵和邻接表存储结构,理解他们的特点和差异
- 理解图的遍历,灵活运用图的深度优先遍历和广度优先遍历算法
- 掌握生成树和最小生成树的概念,掌握最小生成树的 Prim 和 Kruskal 算法
- 掌握最短路径的 Dijkstra 算法
- 掌握拓扑排序过程
- 了解 AOE 网中求关键路径的过程
- 灵活运用图形结构解决一些综合应用问题

在线自测题

图形结构和树形结构一样,都是非线性结构。在树形结构中,结点间具有分支层次关系,每一层上的结点只能和上一层中的只有一个结点(其双亲结点)相关,但可能和下一层的多个结点(其孩子结点)相关。而在图形结构中,任意两个结点之间都可能相关,即结点之间的邻接关系可以是任意的。因此,树形结构中结点之间是"一对多"的关系,而图形结构中结点之间是"多对多"的关系。

8.1 图的定义和基本术语

8.1.1 图的定义

图(**Graph**)是由非空的顶点集合和一个描述顶点之间关系——边(或者弧)的集合组成,其二元组定义形式如式(8-1)所示为:

$$G = (V, E) \tag{8-1}$$

其中,G 表示一个图,V 是图 G 中顶点的集合,E 是图 G 中边的集合。

根据顶点之间的边是否具有方向性,将图分为无向图和有向图两种。在一个图中,任意两个顶点构成的偶对$(v_i, v_j) \in E$是无序的,即顶点之间的连线是没有方向的,则称该图为无向图。

图 8.1(a)是一个无向图的示例,在该无向图中:

集合 $V = \{v_1, v_2, v_3, v_4, v_5\}$;

集合 $E = \{(v_1, v_2), (v_1, v_4), (v_2, v_3), (v_2, v_5), (v_3, v_4), (v_3, v_5)\}$。

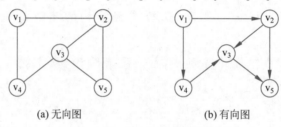

(a) 无向图　　　　　　(b) 有向图

图 8.1　无向图和有向图

在一个图中,任意两个顶点构成的偶对$<v_i, v_j> \in E$是有序的,即顶点之间的连线是有方向的,则称该图为有向图。

图 8.1(b)是一个有向图的示例,在该有向图中:

集合 $V = \{v_1, v_2, v_3, v_4, v_5\}$;

集合 $E = \{<v_1, v_2>, <v_1, v_4>, <v_2, v_3>, <v_2, v_5>, <v_4, v_3>, <v_3, v_5>\}$。

图 8.1 中,两个图的顶点相同,但是边不同。无向图中,顶点之间的边是没有方向的,所以 v_1 和 v_2 之间的边可以表示成(v_1, v_2)或(v_2, v_1)。有向图中,顶点之间的边是有方向的,所以 v_1 和 v_2 之间的边只能表示成$<v_1, v_2>$,尖括号表示顶点之间的边是具有方向的。

8.1.2 图的基本术语

1. 顶点、边、弧、弧头、弧尾

图 8.1 中,数据元素 v_i 称为顶点(Vertex);顶点 v_i 和顶点 v_j 之间有一条直接连线,如果是在无向图中,则称这条连线为边;如果是在有向图中,一般称这条连线为弧。边用顶点的无序偶对(v_i, v_j)来表示,称顶点 v_i 和顶点 v_j 互为邻接点,边(v_i, v_j)依附于顶点 v_i 与顶点 v_j;弧用顶点的有序偶对$<v_i, v_j>$来表示,有序偶对的第一个结点 v_i 被称为始点(或弧尾),在图中就是不带箭头的一端,有序偶对的第二个结点 v_j 被称为终点(或弧头),在图中就是

带箭头的一端。

2. 顶点的度、入度、出度

顶点的度(Degree)是指依附于某顶点 v 的边数,通常记为 TD(v)。在有向图中,要区别顶点的入度与出度的概念。顶点 v 的入度是指以顶点为终点的弧的数目,记为 ID(v);顶点 v 的出度是指以顶点 v 为始点的弧的数目,记为 OD(v)。有向图中一个顶点的度等于顶点的入度+出度,即 TD(v)=ID(v)+OD(v)。

例如,在图 8.1(a)中有:

$TD(v_1)=2$ $TD(v_2)=3$ $TD(v_3)=3$ $TD(v_4)=2$ $TD(v_5)=2$

在 8.1(b)中有:

$ID(v_1)=0$ $OD(v_1)=2$ $TD(v_1)=2$
$ID(v_2)=1$ $OD(v_2)=2$ $TD(v_2)=3$
$ID(v_3)=2$ $OD(v_3)=1$ $TD(v_3)=3$
$ID(v_4)=1$ $OD(v_4)=1$ $TD(v_4)=2$
$ID(v_5)=2$ $OD(v_5)=0$ $TD(v_5)=2$

无论是无向图还是有向图,对于具有 n 个顶点、e 条边的图,顶点 v_i 的度 $TD(v_i)$ 与顶点的个数以及边的数目满足关系,如式(8-2)所示:

$$e = \frac{1}{2}\sum_{i=1}^{n} TD(v_i) \tag{8-2}$$

3. 无向完全图

在一个无向图中,如果任意两顶点都有一条边直接相连接,则称该图为无向完全图。在一个含有 n 个顶点的无向完全图中,有 n(n-1)/2 条边。如图 8.2(a)所示。

4. 有向完全图

在一个有向图中,如果任意两顶点之间都有方向互为相反的两条弧相连接,则称该图为有向完全图。在一个含有 n 个顶点的有向完全图中,有 n(n-1)条边。如图 8.2(b)所示。

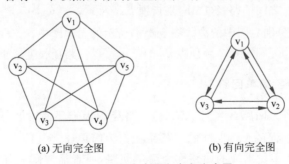

(a) 无向完全图   (b) 有向完全图

图 8.2 无向完全图和有向完全图

5. 稠密图、稀疏图

若一个图接近完全图,称为稠密图,如图 8.3(a)所示;称边数很少的图为稀疏图,如

图 8.3(b)所示。

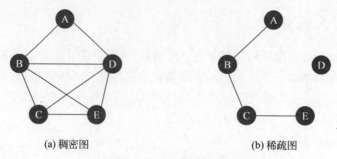

(a) 稠密图　　　　　　　(b) 稀疏图

图 8.3　稠密图和稀疏图

6. 带权图和网

与边有关的数据信息称为权值(Weight)。在实际应用中,权值可以有某种含义。比如,对于一个反映城市交通线路的图中,边上的权值可以表示该条线路的长度;对于一个电子线路图,边上的权值可以表示两个端点之间的电阻、电流或电压值;对于反映工程进度的图而言,边上的权值可以表示从前一个工程到后一个工程所需要的时间等。边上带权的图称为带权图或网。如图 8.4(a)所示,就是一个无向网图。如果边是有方向的带权图,则是一个有向网图,如图 8.4(b)所示。

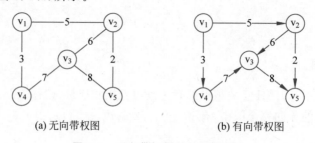

(a) 无向带权图　　　　　　(b) 有向带权图

图 8.4　无向带权图和有向带权图

7. 路径、路径长度

顶点 v_p 到顶点 v_q 之间的路径(Path)是指顶点序列 $v_p, v_{i1}, v_{i2}, \cdots, v_{im}, v_q$。其中,$(v_p, v_{i1})$,$(v_{i1}, v_{i2}), \cdots, (v_{im}, v_q)$分别为图中的边。图 8.4(a)所示的无向图中,$v_1 \to v_4 \to v_3 \to v_5$、$v_1 \to v_2 \to v_5$ 和 $v_1 \to v_2 \to v_3 \to v_5$ 是从顶点 v_1 到顶点 v_5 的三条路径。路径长度等于顶点个数减 1。

8. 回路、简单路径、简单回路

称 v_i 到 v_i 的路径为回路或者环(Cycle)。路径中顶点不重复出现的路径称为简单路径。在图 8.4(a)中,前面的 v_1 到 v_5 的三条路径都为简单路径。除第一个顶点与最后一个顶点之外,其他顶点不重复出现的回路称为简单回路,或者简单环。如图 8.4(a)中的 $v_1 \to v_2 \to v_3 \to v_4 \to v_1$。

9. 子图

对于图 $G=(V,E)$,$G'=(V',E')$,若存在 V'是 V 的子集,E'是 E 的子集,则称图 G'

是 G 的一个子图。如图 8.5 所示。

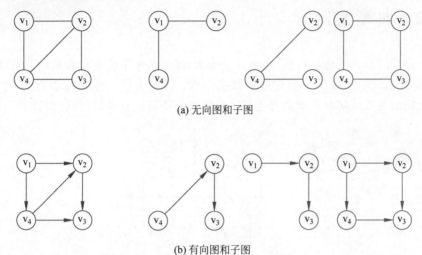

(a) 无向图和子图

(b) 有向图和子图

图 8.5　无向图和有向图的子图

10. 连通的、连通图、连通分量

在无向图中,如果从一个顶点 v_i 到另一个顶点 $v_j(i \neq j)$ 有路径,则称顶点 v_i 和 v_j 是连通的。如果图中任意两顶点都是连通的,则称该图是连通图。无向图的极大连通子图称为连通分量。如图 8.6 所示,有两个连通分量。

　(a) 无向图　　　　　(b) 连通分量1　　　(c) 连通分量2

图 8.6　无向图及连通分量

11. 强连通图、强连通分量

对于有向图来说,若图中任意一对顶点 v_i 和 $v_j(i \neq j)$,均有从一个顶点 v_i 到另一个顶点 v_j 的路径,也有从 v_j 到 v_i 的路径,则称该有向图是强连通图。有向图的极大强连通子图称为强连通分量。如图 8.7 所示有三个强连通分量。

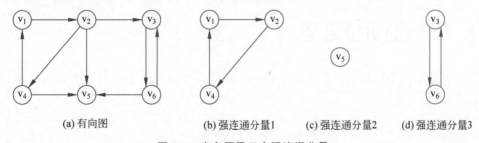

　(a) 有向图　　　(b) 强连通分量1　　(c) 强连通分量2　　(d) 强连通分量3

图 8.7　有向图及三个强连通分量

8.2 典型案例

宇宙间的万物，大到恒星行星，小到原子分子，都与其他个体存在着相互关系，而图正是描述这种个体之间的相互关系最合适的数据结构。图包含了一系统的顶点（即个体）与边（即个体之间的关系），同时顶点或者边都可以附带一些描述自身的信息（即特征）。

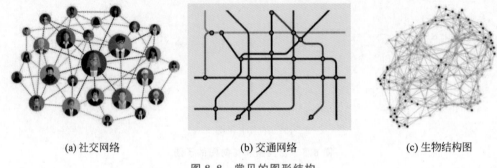

(a) 社交网络　　　　　　　(b) 交通网络　　　　　　　(c) 生物结构图

图 8.8　常见的图形结构

我们日常生活中常见的图形结构包括社交网络、交通网络以及生物结构图，如图8.8所示。对于社交网络来说，每个用户可以作为图中的一个顶点，用户之间的互动关系可以作为边，例如某社交软件的社交网络可以看作由顶点（个人账号）和边（关注、点赞等交互）构成的图。对于铁路交通网络，我们可以将每个站点看作顶点，连接各个站点之间的线路看作边。在生物结构图中，我们可以将每个蛋白质看作一个顶点，而将蛋白质之间的交互关系看作边。

从广义上来说，一切基于图形结构进行的分析计算都属于图计算，因而图计算涉及的应用领域十分广泛。由于图数据能够刻画个体之间的关系，所以图计算尤其适合大数据关联关系相关的分析计算。图计算的核心在于图算法，下面以旅行商问题为例，介绍图算法的应用。

旅行商问题（Traveling Salesman Problem，TSP）是指旅行商要到若干个城市旅行，各城市之间的费用是已知的，为了节省费用，旅行商决定从所在城市出发，到每个城市旅行一次后返回初始城市，他应选择什么样的路线才能使所花费的总费用最短？此问题可描述如下：设 $G=(V,E)$ 是一个具有边成本 c_{ij} 的有向图，c_{ij} 的定义如下，对于所有的 i 和 j，$c_{ij}>0$，若 $<i,j>$ 不属于 E，则 $c_{ij}=\infty$。令 $|V|=n$，并假设 $n>1$。G 的一条周游路线是包含 V 中每个结点的一个有向环，周游路线的成本是此路线上所有边的成本和。

8.3 图的类型定义

图的抽象数据类型包括图的数据结构以及定义在图数据结构上的一组基本操作，定义如下：

ADT Graph
　　{

数据对象：

V={v_i|1≤i≤n,n≥0,v_i是 ElemType 类型}，V 是具有相同特性的数据元素的集合，称为顶点集。

数据关系：

R={<v_i,v_j>|v_i、v_j∈V,1≤i,j≤n}，其中每个元素可以有零个或多个前驱元素，可以有零个或多个后继元素。

基本运算：

CreateGraph(&G)：输入图 G 的顶点和边，建立图 G 的存储。

DestroyGraph(&G)：销毁图 G，释放图 G 占用的存储空间。

GetVex(G,v)：在图 G 中找到顶点 v，并返回顶点 v 的相关信息。

PutVex(&G,v,value)：在图 G 中找到顶点 v，并将 value 值赋给顶点 v。

InsertVex(&G,v)：在图 G 中增添新顶点 v 以及所有和顶点 v 相关联的边或弧。

DeleteVex(&G,v)：在图 G 中，删除顶点 v 以及所有和顶点 v 相关联的边或弧。

InsertArc(&G,v,w)：在图 G 中增添一条从顶点 v 到顶点 w 的边或弧。

DeleteArc(&G,v,w)：在图 G 中删除一条从顶点 v 到顶点 w 的边或弧。

DFSTraverse(G,v)：在图 G 中，从顶点 v 出发深度优先遍历图 G。

BFSTraverse(G,v)：在图 G 中，从顶点 v 出发广度优先遍历图 G。

LocateVex(G,u)：在图 G 中找到顶点 u，返回该顶点在图中位置。

FirstAdjVex(G,v)：在图 G 中，返回 v 的第一个邻接点。若顶点在 G 中没有邻接顶点，则返回"空"。

NextAdjVex(G,v,w)：在图 G 中，返回 v 的（相对于 w 的）下一个邻接顶点。若 w 是 v 的最后一个邻接点，则返回"空"。

}ADT Graph

8.4 图的存储结构

视频讲解

由图的定义可知，一个图的信息包括两部分，即图中顶点的信息以及描述顶点之间的关系的边或者弧的信息。下面介绍几种常用的图的存储结构。

8.4.1 邻接矩阵

邻接矩阵的存储结构是顺序存储方式，就是用一维数组存储图中顶点的信息，用矩阵表示图中各顶点之间的邻接关系。假设图 G=(V,E)有 n 个确定的顶点，则表示 G 中各顶点相邻关系为一个 n×n 的矩阵，矩阵的元素为：

$$A[i][j] = \begin{cases} 1, & 若(v_i,v_j) 或\langle v_i,v_j\rangle 是 E(G) 中的边 \\ 0, & 若(v_i,v_j) 或\langle v_i,v_j\rangle 不是 E(G) 中的边 \end{cases}$$

若 G 是带权图，则邻接矩阵可定义为：

$$A[i][j] = \begin{cases} w_{ij}, & 若(v_i,v_j)或\langle v_i,v_j\rangle 是 E(G) 中的边 \\ 0 \text{ 或 } \infty, & 若(v_i,v_j)或\langle v_i,v_j\rangle 不是 E(G) 中的边 \end{cases}$$

其中, w_{ij} 表示边 (v_i,v_j) 或 $\langle v_i,v_j\rangle$ 上的权值; ∞ 表示一个计算机允许的、大于所有边上权值的数。

用邻接矩阵表示法表示无向图,如图 8.9 所示。

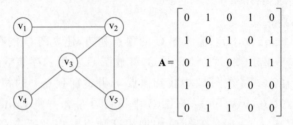

图 8.9 一个无向图的邻接矩阵示意图

用邻接矩阵表示法表示有向带权图,如图 8.10 所示。

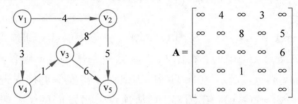

图 8.10 一个网图的邻接矩阵示意图

下面介绍图的邻接矩阵存储表示。

在用邻接矩阵存储图时,除了用一个二维数组存储用于表示顶点间相邻关系的邻接矩阵外,还需用一个一维数组来存储顶点信息,另外还需要存储图的顶点数和边数。故可将其形式描述如下:

```
1. #define MaxVertexNum 20                   //最大顶点数设为 20
2. typedef char VertexType;                  //顶点类型设为字符型
3. typedef int EdgeType;                     //边的权值设为整型
4. typedef struct
5. {
6.     VertexType vexs[MaxVertexNum];        //顶点表
7.     EdeType edges[MaxVertexNum][MaxVertexNum]; //邻接矩阵,即边表
8.     int n,e;                              //顶点数和边数
9. }Gragh;                                   //Gragh 是以邻接矩阵存储的图类型
```

建立一个图的邻接矩阵存储的算法如下:

```
1. void CreateGraph(Graph * &G)              //建立无向图 G 的邻接矩阵存储
2. {
3.     int i,j,k;
4.     printf("请输入顶点数和边数(输入格式为:顶点数,边数):\n");
5.     scanf("%d,%d",&(G->n),&(G->e));       //输入顶点数和边数
6.     printf("请输入顶点信息(输入格式为:顶点号<CR>):\n");
7.     for (i = 0;i<G->n;i++)
```

```
8.      {
9.          getchar();
10.         scanf("\n%c",&(G->vexs[i]));              //输入顶点信息,建立顶点表
11.     }
12.     for(i=0;i<G->n;i++)
13.         for(j=0;j<G->n;j++)
14.             G->edges[i][j]=0;                      //初始化邻接矩阵
15.     printf("请输入每条边对应的两个顶点的序号(输入格式为:i,j):\n");
16.     for(k=0;k<G->e;k++)                            //输入e条边,建立邻接矩阵
17.     {
18.         scanf("%d,%d",&i,&j);
19.         G->edges[i][j]=G->edges[j][i]=1;           //假设权值均为1
20.         getchar();
21.     }
22. }
```

【算法分析】

该算法的时间复杂度是 $O(n^2)$。若要建立有向带权图,需要对上述算法做三处改动:一是初始化邻接矩阵时,将边的权值均初始化一个无穷大的值(即 G->edges[i][j]=0 改为 G->edges[i][j]=MaxInt);二是构造邻接矩阵时,将权值 1 改为 w;同时注意方向性(即 G->edges[i][j]=G->edges[j][i]=1 改为 G->edges[i][j]=w)。

从图的邻接矩阵存储方法容易看出这种表示具有以下特点。

(1) 无向图的邻接矩阵一定是一个对称矩阵。因此,在具体存放邻接矩阵时只需存放上(或下)三角矩阵的元素即可。

(2) 对于无向图,邻接矩阵的第 i 行(或第 i 列)非零元素(或非∞元素)的个数正好是第 i 个顶点的度 $TD(v_i)$。

(3) 对于有向图,邻接矩阵的第 i 行(或第 i 列)非零元素(或非∞元素)的个数正好是第 i 个顶点的出度 $OD(v_i)$(或入度 $ID(v_i)$)。

邻接矩阵表示法的优缺点如下:

1) 优点

(1) 直观、简单、好理解,方便检查任意一对顶点间是否存在边,即根据 A[z][j]=0 或 1 来判断;

(2) 方便找任一顶点的所有"邻接点"(有边直接相连的顶点);

(3) 方便计算任一顶点的"度"(从该点发出的边数为"出度",指向该点的边数为"入度")。对于无向图,邻接矩阵第 i 行元素之和就是顶点 i 的度;对于有向图,第 i 行元素之和就是顶点 i 的出度,第 i 列元素之和就是顶点 i 的入度。

2) 缺点

(1) 不便于增加和删除顶点(增加一个顶点需要增加一行一列,删除一个顶点需要删除一行一列);

(2) 不便于统计边的数目,需要扫描邻接矩阵所有元素才能统计完毕,时间复杂度为 $O(n^2)$;

(3) 空间复杂度高。如果是有向图,n 个顶点需要 n^2 个单元存储边;如果是无向图,因其邻接矩阵是对称的,所以对规模较大的邻接矩阵可以采用压缩存储的方法,仅存储下三角

(或上三角)的元素,这样需要 n(n-1)/2 个单元即可。但无论以何种方式存储,邻接矩阵表示法的空间复杂度均为 $O(n^2)$,这对于稀疏图而言尤其浪费空间。

8.4.2 邻接表

邻接表(Adjacency List)是图的一种顺序存储与链式存储结合的存储方法。对于图 G 中的每个顶点 v_i,将所有邻接于 v_i 的顶点 v_j 链成一个单链表,这个单链表就称为顶点 v_i 的邻接表,再将所有点的邻接表表头放到数组中,就构成了图的邻接表。在邻接表表示中有两种结点结构,如图 8.11 所示。

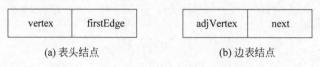

图 8.11 邻接矩阵表示的结点结构示意图

一种是表头结点表,由所有表头结点以顺序结构的形式存储,以便可以随机访问任一顶点的边链表。表头结点包括数据域(vertex)和指针域(firstEdge)构成,如图 8.11(a)所示。数据域用于存储顶点 v_i 的名称或其他有关信息;指针域用于指向链表中第一个结点(即与顶点 v_i 邻接的第一个邻接点)。

另一种是边表(即邻接表)结点,它由邻接点数据域(adjVex)和指向下一条邻接边的指针域(next)构成,如图 8.11(b)所示,其中邻接点数据域指向与顶点 v_i 的邻接点在图中的位置;指针域指向与顶点 v_i 邻接的下一条边的结点。

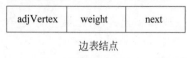

图 8.12 网图的边表结构示意图

对于带权图的边表需再增设一个存储边上信息(如权值等)的域(weight),带权图的边表结构如图 8.12 所示。

如图 8.13 所示为无向图对应的邻接表表示。

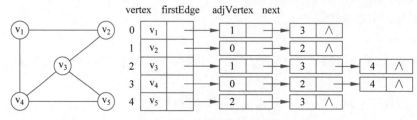

图 8.13 图的邻接表示意图

如图 8.14 所示为有向带权图(图 8.10)的邻接表和逆邻接表。

在无向图的邻接表中,顶点 v_i 的度恰为第 i 个链表中的结点数;而在有向图中,第 i 个链表中的结点个数只是顶点 v_i 的出度,若需要求入度,则必须遍历整个邻接表。在所有链表中其邻接点数据域的值为 i 的结点的个数是顶点 v_i 的入度。为了便于确定顶点的入度,可以建立一个有向图的逆邻接表,即对每个顶点 v_i 建立一个链接所有进入 v_i 的弧的表。例如图 8.14(b)所示为有向图 8.10 的逆邻接表。

综上所述,要定义一个邻接表,需要先定义其存放顶点的表头结点和边结点。图的邻接表存储结构如下所示:

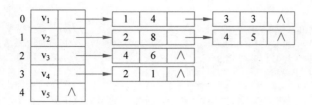

(a) 邻接表

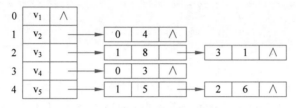

(b) 逆邻接表

图 8.14　图 8.10 的邻接表和逆邻接表

```
1. #define MaxVerNum 20              //最大顶点数为 20
2. typedef struct node               //边表结点
3. {
4.      int adjVertex;               //邻接点数据域
5.      struct node * next;          //指向下一个邻接点的指针域
6.                                   //若要表示边上信息,则应增加一个数据域 weight
7. }EdgeNode;
8. typedef struct vnode              //顶点表结点
9. {
10.     VertexType vertex;           //顶点数据域
11.     EdgeNode * firstEdge;        //指向第一条依附该顶点的边的指针
12. }VertexNode;
13. typedef VertexNode AdjList[MaxVertexNum]; //AdjList 是邻接表类型
14. typedef struct
15. {
16.     AdjList adjlist;             //邻接表
17.     int n,e;                     //顶点数和边数
18. }ALGraph;                        //ALGraph 是以邻接表方式存储的图类型
```

建立一个无向图的邻接表存储的算法如下：

```
1. void CreateALGraph(ALGraph * &G){
2.      int i,j,k;
3.      EdgeNode * s1, * s2;
4.      printf("请输入顶点数和边数(输入格式为:顶点数,边数):\n");
5.      scanf("%d,%d",&(G->n),&(G->e));          //读入顶点数和边数
6.      printf("请输入顶点信息(输入格式为:顶点号<CR>):\n");
7.      for(i = 0;i < G->n;i++){                 //建立有 n 个顶点的顶点表
8.          scanf("\n%c",&(G->adjlist[i].vertex));    //读入顶点信息
9.          G->adjlist[i].firstEdge = NULL;      //顶点的边表头指针设为空
10.     }
11.     printf("请输入边的信息(输入格式为:i,j):\n");
12.     for(k = 0;k < G->e;k++)                  //建立边表
13.     {
```

```
14.         scanf("\n%d,%d",&i,&j);           //读入边<Vi,Vj>的顶点对应序号
15.         s1 = (EdgeNode * )malloc(sizeof(EdgeNode));   //生成新边表结点 s
16.         s1->adjVertex = j;                //邻接点序号为 j
17.         s1->next = G->adjlist[i].firstEdge;
18.         G->adjlist[i].firstEdge = s1;     //将新结点插入顶点 vi 的边表头部
19.         s2 = (EdgeNode * )malloc(sizeof(EdgeNode));   //生成另一个对称的新边表结点 s
20.         s2->adjVertex = i;                //邻接点序号为 i
21.         s2->next = G->adjlist[j].firstEdge;
22.         G->adjlist[j].firstEdge = s2;     //将新结点插入顶点 vj 的边表头部
23.       }
24. }
```

【算法分析】

该算法的时间复杂度是 $O(n+e)$，建立有向图的邻接表与此类似，只是更加简单，每读入一个顶点对<i,j>，仅需生成一个邻接序号为 j 的边表结点，并将其插入 v_i 的边表头部即可。若要创建网的邻接表，可以将边的权值存储在 weight 域中。

值得注意的是，一个图的邻接矩阵表示是唯一的，但其邻接表表示不唯一。这是因为邻接表表示中，各边表结点的链接次序取决于建立邻接表的算法，以及边的输入次序。

邻接矩阵和邻接表是图的两种最常用的存储结构，他们各有所长。与邻接矩阵相比，邻接表有其自己的优缺点。

邻接表的优缺点：

1) 优点

（1）便于增加和删除顶点；

（2）便于统计边的数目，按顶点表顺序扫描所有边表可得到边的数目，时间复杂度是 $O(n+e)$；

（3）空间效率高。对于一个具有 n 个顶点 e 条边的图 G，若 G 是无向图，则在其邻接表表示中有 n 个顶点表结点和 2e 个边表结点；若 G 是有向图，则在它的邻接表表示或逆邻接表表示中均有 n 个顶点表结点和 e 个边表结点。因此，邻接表和逆邻接表表示的空间复杂度为 $O(n+e)$，适合表示稀疏图。对于稠密图，考虑到邻接表中要附加链域，因此常采用邻接矩阵表示法。

2) 缺点

（1）不便于判断顶点之间是否有边，要判定 v_i 和 v_j 之间是否有边，就需要扫描第 i 个边表，最坏情况下要耗费 $O(n)$ 时间；

（2）不便于计算有向图各顶点的度。对于无向图，在邻接表表示中顶点 v_i 的度是第 i 个边表中的结点个数。在有向图的邻接表中，第 i 个边表上的结点个数是顶点 v_i 的出度，但求 v_i 的入度较困难，需遍历各顶点的边表；若有向图采用逆邻接表表示，则与邻接表表示相反，求顶点的入度容易，而求顶点的出度较难。

8.4.3 十字链表

十字链表（Orthogonal List）是有向图的一种存储方法，它实际上是邻接表与逆邻接表的结合，即把每一条边的边结点分别组织到以弧尾顶点为头结点的链表和以弧头顶点为头顶点的链表中。在十字链表表示中，顶点表和边表的结点结构分别如图 8.15 所示。

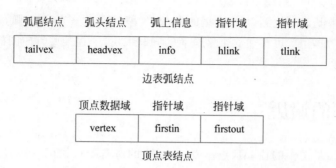

图 8.15 十字链表边表的弧、顶点表结点结构示意图

在弧结点中有五个域：其中尾域(tailvex)和头(headvex)分别指示弧尾和弧头这两个顶点在图中的位置；指针域 hlink 指向弧头相同的下一条弧；指针域 tlink 指向弧尾相同的下一条弧；info 域指向该弧的相关信息。弧头相同的弧在同一链表上，弧尾相同的弧也在同一链表上。它们的头结点即为顶点结点，由三个域组成：其中 vertex 域存储和顶点相关的信息，如顶点的名称等；firstin 和 firstout 为两个指针域，分别指向以该顶点为弧头或弧尾的第一个弧结点。例如，图 8.16(a)中所示图的十字链表如图 8.16(b)所示。若将有向图的邻接矩阵看成是稀疏矩阵，则十字链表也可以看成是邻接矩阵的链表存储结构。在图的十字链表中，弧结点所在的链表非循环链表，结点之间相对位置自然形成，不一定按顶点序号顺序，表头结点即顶点结点，它们之间是顺序存储。

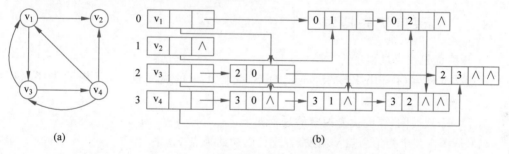

图 8.16 有向图及其十字链表表示示意图

有向图的十字链表存储表示的实现程序如下：

```
1. #define  MAX_VERTEX_NUM 20
2. typedef struct ArcBox
3. {
4.     int tailvex,headvex;            //该弧的尾和头顶点的位置
5.     struct ArcBox * hlink, tlink;    //分别为弧头和弧尾相同弧的指针域
6.     InfoType info;                   //该弧相关信息的指针
7. }ArcBox;
8. typedef struct VexNode
9. {
10.     VertexType vertex:
11.     ArcBox  fisrtin, firstout;      //指向该顶点第一条入弧和出弧
12. }VexNode;
13. typedef struct {
14.     VexNode xlist[MAX_VERTEX_NUM];   //表头向量
15.     int vexnum,arcnum;               //有向图的顶点数和弧数
16. }OLGraph;
```

在十字链表中既容易找到以 v_i 为尾的弧,也容易找到以 v_i 为头的弧,因而容易求得顶点的出度和入度(如需要,可在建立十字链表的同时求出)。在某些有向图的应用中,十字链表是很有用的工具。

8.5 图的遍历

视频讲解

图的遍历是指从图中的任一顶点出发,对图中的所有顶点访问一次且只访问一次。图的遍历操作较复杂,主要表现在以下四方面:

(1) 在图形结构中,没有一个"自然"的起始结点,图中任意一个顶点都可作为第一个被访问的结点;

(2) 在非连通图中,从一个顶点出发,只能够访问它所在的连通分量上的所有顶点,因此,还需考虑如何选取下一个起始点以访问图中其余的连通分量的问题;

(3) 在图形结构中,如果有回路存在,那么一个顶点被访问之后,有可能沿回路又回到该顶点,但遍历过程中访问不能重复。

(4) 在图形结构中,一个顶点可以和其他多个顶点相连,当这样的顶点访问过后,存在如何选取下一个要访问的顶点的问题。

图的遍历通常有深度优先搜索和广度优先搜索两种方式,下面分别介绍。

8.5.1 深度优先搜索

1) 深度优先搜索过程

深度优先搜索(Depth First Search,DFS)类似于树的先序遍历,是树的先序遍历的推广。

对于一个连通图,深度优先搜索的过程如下:

(1) 从图中某个初始顶点 v 出发,首先访问初始顶点 v;

(2) 选择一个与顶点 v 相邻且没被访问过的顶点 w 为初始顶点,再从 w 出发进行深度优先搜索,直到图中与当前顶点 v 邻接的所有顶点都被访问过为止;

(3) 返回前一个访问过的且仍有未被访问的邻接点的顶点,找出该顶点的下一个未被访问的邻接点,访问该顶点;

(4) 重复步骤(2)和(3),直至图中所有顶点都被访问过,搜索结束。

假设初始状态是图中所有顶点未曾被访问,则深度优先搜索可从图中某个顶点 v 出发,访问此顶点,然后依次从 v 的未被访问的邻接点出发深度优先搜索图,直至图中所有和 v 有路径相通的顶点都被访问到;若此时图中尚有顶点未被访问,则另选图中一个未曾被访问的顶点作起始点,重复上述过程,直至图中所有顶点都被访问到为止。

以图 8.17 的无向图为例,进行图的深度优先搜索,过程如下:

(1) 从顶点 v_1 出发进行搜索,访问 v_1。

(2) 访问了 v_1 之后,选择第一个未被访问的邻接点 v_2,访问 v_2。以 v_2 为新顶点,重复此步,访问 v_4、v_8、v_5。在访问了 v_5 之后,由于 v_5 的邻接点都已被访问,此步结束。

(3) 搜索从 v_5 回到 v_8,同理,搜索继续回到 v_4、v_2 直至 v_1,此时由于 v_1 的另一个邻接

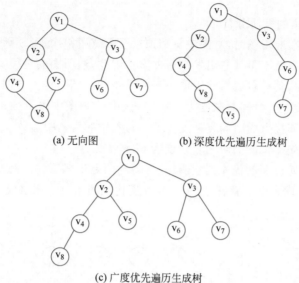

图 8.17 遍历图的过程示意图

点未被访问,则搜索又访问到 v_3,再继续进行下去,由此得到的访问序列为:$v_1 \rightarrow v_2 \rightarrow v_4 \rightarrow v_8 \rightarrow v_5 \rightarrow v_3 \rightarrow v_6 \rightarrow v_7$。

图 8.17(b)是通过深度优先遍历生成的以 v_1 为根的树,称为深度优先生成树。

2. 深度优先搜索遍历实现

深度优先搜索遍历是一个递归的过程。为了在搜索过程中便于区分顶点是否已被访问,需设访问标志数组 visited[0:n−1],其初值为 FALSE,一旦某个顶点被访问,则其相应的分量置为 TRUE。

从图的某一点 v 出发,递归地进行深度优先搜索的过程算法如下所示:

```
1.  void DFSTraverseAL(ALGraph * G)           //深度优先遍历以邻接表存储的图 G
2.  {
3.      int i;
4.      for(i = 0;i < G->n;i++)
5.          visited[i] = FALSE;               //标志向量初始化
6.      for(i = 0;i < G->n;i++)
7.          if (!visited[i])
8.              DFSAL(G,i);                   //vi 未访问过,从 vi 开始 DFS 搜索
9.  }
10. void DFSAL(ALGraph * G, int i)            //对邻接表存储的图 G 进行 DFS 搜索
11. {
12.     EdgeNode  * p;
13.     printf("visit vertex:V % c\n",G->adjlist[i].vertex);//访问顶点 vi
14.     visited[i] = TRUE;                    //标记 vi 已访问
15.     p = G->adjlist[i].firstedge;          //取 vi 边表的头指针
16.     while(p)                              //依次搜索 vi 的邻接点 vj,j = p->adjva
17.     {
18.         if (!visited[p->adjvex])
19.             DFSAL(G,p->adjvex);
20.         p = p->next;                      //找 vi 的下一个邻接点
21.     }
22. }
```

3) 深度优先搜索的算法分析

分析上述算法,在遍历图时,对图中每个顶点至多调用一次 DFS 函数,因为一旦某个顶点被标志成已被访问,就不再从它出发进行搜索。因此,遍历图的过程实质上是对每个顶点查找其邻接点的过程,其耗费的时间则取决于所采用的存储结构。当用邻接矩阵表示图时,查找每个顶点的邻接点的时间复杂度为 $O(n^2)$,其中 n 为图中顶点数;而当以邻接表作图的存储结构时,查找邻接点的时间复杂度为 $O(e)$,其中 e 为图中边数。由此,当以邻接表作存储结构时,深度优先搜索图的时间复杂度为 $O(n+e)$。

对于非连通图,通过深度优先搜索遍历,将得到的是生成森林。例如,图 8.18(b)所示为图 8.18(a)的深度优先生成森林,它由三棵深度优先遍历生成树组成。

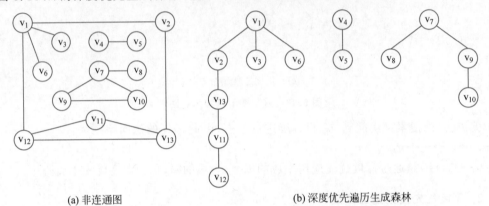

(a) 非连通图　　　　　　　　　　(b) 深度优先遍历生成森林

图 8.18　非连通图及其生成森林示意图

8.5.2　广度优先搜索

1) 广度优先搜索遍历的过程

广度优先搜索(Breadth First Search,BFS)类似于树的按层次遍历的过程。广度优先搜索遍历过程如下:

(1) 从图中某顶点 v 出发,访问 v;

(2) 依次访问 v 的各个未曾访问过的邻接点;

(3) 分别从这些邻接点出发依次访问它们的邻接点,并使"先被访问的顶点的邻接点"先于"后被访问的顶点的邻接点"被访问。

(4) 重复步骤(3),直至图中所有已被访问的顶点的邻接点都被访问到。

若此时图中尚有顶点未被访问,则另选图中一个未曾被访问的顶点作起始点,重复上述过程,直至图中所有顶点都被访问到为止。即广度优先搜索图的过程中以 v 为起始点,由近至远,依次访问和 v 有路径相通且路径长度为 1,2,…的顶点。

例如,对图 8.17 所示的无向图进行广度优先搜索,首先访问 v_1 和 v_1 的邻接点 v_2 和 v_3,然后依次访问 v_2 的邻接点 v_4 和 v_5 及 v_3 的邻接点 v_6 和 v_7,最后访问 v_4 的邻接点 v_8。由于这些顶点的邻接点均已被访问,并且图中所有顶点都被访问,则完成了图的遍历。得到的顶点访问序列为:$v_1 \to v_2 \to v_3 \to v_4 \to v_5 \to v_6 \to v_7 \to v_8$。

图 8.17(c)是通过广度优先遍历生成的以 v_1 为根的树,称为广度优先生成树。

2) 广度优先搜索遍历实现

和深度优先搜索类似,在遍历的过程中也需要一个访问标志数组。为了依次访问路径长度为 2,3,… 的顶点,需附设队列以存储已被访问的路径长度为 1,2,… 的顶点。

从图的某一点 v 出发,递归地进行广度优先遍历的过程如下所示:

```
1.  void BFSTraverseAL(MGraph * G)           //广度优先遍历以邻接矩阵存储的图 G
2.  {
3.      int i;
4.      for(i = 0;i < G->n;i++)
5.          visited[i] = FALSE;               //标志向量初始化
6.      for(i = 0;i < G->n;i++)
7.          if(!visited[i])
8.              BFSM(G,i);                    //vi 未访问过,从 vi 开始 BFS 搜索
9.  }
10. void BFSM(MGraph * G,int k)               //对邻接矩阵存储的图 G 进行 BFS 搜索
11. {
12.     int i,j;
13.     CirQueue Q;
14.     InitQueue(&Q);
15.     printf("visit vertex:V%c\n",G->vexs[k]);   //访问 vk
16.     visited[k] = TRUE;
17.     EnQueue(&Q,k);                        //vk 入队列
18.     while(!QueueEmpty(&Q))
19.     {
20.         i = DeQueue(&Q);                  //vi 出队列
21.         for(j = 0;j < G->n;j++)           //依次搜索 vi 的邻接点 vj
22.             if(G->edges[i][j] == 1 && !visited[j])//若 Vj 未访问
23.             {
24.                 printf("visit vertex:V%c\n",G->vexs[j]);//访问 vj
25.                 visited[j] = TRUE;
26.                 EnQueue(&Q,j);            //访问过的 vj 入队列
27.             }
28.     }
29. }
```

3) 广度优先搜索遍历的算法分析

分析上述算法,每个顶点至多进一次队列。遍历图的过程实质是通过边或弧找邻接点的过程,因此广度优先遍历图的时间复杂度和深度优先遍历相同,即当用邻接矩阵存储时,时间复杂度为 $O(n^2)$;用邻接表存储时,时间复杂度为 $O(n+e)$。两种遍历方法的不同之处仅在于对顶点访问的顺序不同。

由生成树的定义可知,连通图的一次遍历所经过的边的集合及图中所有顶点的集合构成了该图的一棵生成树,若对连通图采用的遍历方法不同,就可能得到不同的生成树,如图 8.17 所示深度优先遍历生成树和广度优先遍历生成树是不同的生成树。因此无向连通图的生成树不是唯一的,其生成树有如下特点:

(1) 生成树中顶点的个数和图的顶点个数相同;

(2) 生成树不是唯一的,对同一个图从不同的顶点出发进行遍历,可得到不同的生成树;

(3) 对于有 n 个顶点的无向连通图,无论其生成树的形态如何,所有生成树中都有且仅有 n−1 条边。

8.6 图的连通性

在对无向图进行遍历时,若无向图为连通图,只需从图中任一顶点出发,进行深度优先搜索或广度优先搜索,便可访问到图中所有顶点。若无向图为非连通图,则需从多个顶点出发进行搜索,而每一次从一个新的起始点出发进行搜索过程中得到的顶点访问序列恰为其各个连通分量中的顶点集。例如,图 8.19(a)是一个非连通图,按照图 8.19(b)所示邻接表进行深度优先搜索遍历,需要调用两次 DFS(即分别从顶点 v_1 和 v_5 出发),得到的顶点访问序列分别为:v_1,v_2,v_3,v_4 和 v_5,v_6。

这两个顶点集分别加上所有依附于这些顶点的边,便构成了非连通图的两个连通分量。因此,要想判定一个无向图是否为连通图,或求出有几个连通分量,就可设一个计数变量 count,初始时取值为 0,在循环中,每调用一次 DFS,就给 count 增加 1。当整个算法结束时,依据 count 的值,就可确定图的连通性并得到连通分量。

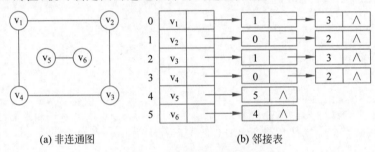

(a) 非连通图 　　　　　　(b) 邻接表

图 8.19　非连通图和邻接表示意图

8.7 图的应用

视频讲解

8.7.1 最小生成树

1. 最小生成树的基本概念

假设要在 n 个城市之间建立通信联络网,则连通 n 个城市只需要 n−1 条线路。这时,自然会考虑这样一个问题,即如何在最节省经费的前提下建立这个通信网。

在每两个城市之间都可设置一条线路,相应地都要付出一定的耗费。n 个城市之间,最多可能设置 n(n−1)/2 条线路,那么,如何在这些可能的线路中选择 n−1 条,以使总的耗费最少呢?

可以用连通网来表示 n 个城市,以及 n 个城市间可能设置的通信线路,其中网的顶点表示城市,边表示两城市之间的线路,赋予边的权值表示相应的代价。对于 n 个顶点的连通网可以建立许多不同的生成树,每一棵生成树都可以是一个通信网。最合理的通信网应该是代价之和最小的生成树。在一个连通网的所有生成树中,各边的代价之和最小的那棵生成树称为该连通网的最小代价生成树(Minimum Cost Spanning Tree),简称为最小生成树。

下面介绍两种常用的构造最小生成树的方法:

2. 普里姆(Prim)算法

假设 G=(V,E)为带权连通图,其中 V 为图中所有顶点的集合,E 为网图中所有带权边的集合。

假设 G'=(U,T)是 G 的最小生成树,其中集合 U 是 G 的最小生成树中顶点的集合,集合 T 是 G 的最小生成树中的边的集合。

(1) 令集合 U 的初值为 U={v_1}(假设构造最小生成树时,从顶点 v_1 出发,可以从任一顶点出发),集合 T 的初值为 T={Φ};

(2) 从所有 u∈U,v∈V−U 的边中,选取具有最小权值的边(u,v),将顶点 v 加入集合 U 中,将边(u,v)加入集合 T 中;

(3) 重复步骤(2),直到 U=V 为止,最小生成树构造完毕,这时集合 T 中包含了最小生成树的所有边,即 n−1 边。

Prim 算法可用下述过程描述,其中用 w_{uv} 表示顶点 u 与顶点 v 边上的权值。

(1) U={v_1},T={};

(2) while (U≠V)
{
(u,v)=min{w_{uv} | u∈U,v∈V−U};
T=T+{(u,v)};
U=U+{v};
}

(3) 结束。

图 8.20 所示的一个带权连通图,按照 Prim 算法,假设从顶点 v_1 出发,该有向图的最小生成树的产生过程如图 8.20 所示,最小生成树各边权值之和为 36。可以看出,Prim 算法逐步增加 U 中的顶点,可称为"加点法"。注意,每次选择最小边时,可能存在多条同样权值的边可选,此时任选其一即可。

为实现 Prim 算法,需设置两个辅助一维数组 lowcost 和 closevertex,其中 lowcost 用来保存集合 V−U 中各顶点与集合 U 中各顶点构成的边中具有最小权值的边的权值;数组 closevertex 用来保存依附于该边的在集合 U 中的顶点。

假设初始状态时,U={v_1}(v_1 为出发的顶点),这时有 lowcost[0]=0,它表示顶点 v_1 已加入集合 U 中,数组 lowcost 的其他各分量的值是顶点 v_1 到其余各顶点所构成的直接边的权值。然后不断选取权值最小的边(v_i,v_j)(v_i∈U,v_j∈V−U),每选取一条边,就将 lowcost[k]置为 0,表示顶点 v_j 已加入集合 U 中。由于顶点 v_j 从集合 V−U 进入集合 U 后,这两个集合的内容发生了变化,需依据具体情况更新数组 lowcost 和 closevertex 中部分分量的内容。最后 closevertex 中即为所建立的最小生成树。

当无向网采用二维数组存储的邻接矩阵存储时,Prim 算法的 C 语言实现为:

```
1.  void Prim(int gm[ ][MAXNODE],int n,int closevertex[ ])
2.  {
3.      int lowcost[100],mincost;
4.      int i,j,k;
5.      for (i = 1;i < n;i++)                //初始化
```

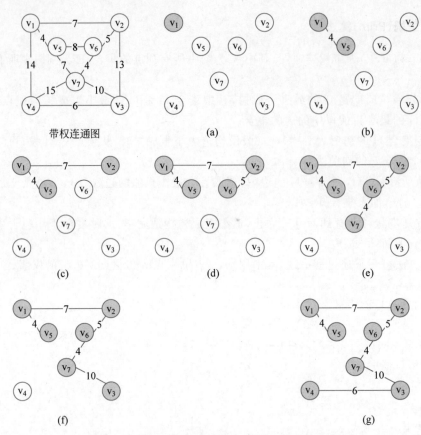

图 8.20 Prim 算法构造最小生成树的过程示意

```
6.      {
7.          lowcost[i] = gm[0][i];
8.          closevertex[i] = 0;
9.      }
10.     lowcost[0] = 0;              //从序号为 0 的顶点出发生成最小生成树
11.     closevertex[0] = 0;
12.     for(i = 1;i < n;i++)         //寻找当前最小权值的边的顶点
13.     {
14.         mincost = MAXCOST;       //MAXCOST 为一个极大的常量值
15.         j = 1;k = 1;
16.         while(j < n)
17.         {
18.             if(lowcost[j]< mincost && lowcost[j]!= 0)
19.             {
20.                 mincost = lowcost[j];
21.                 k = j;
22.             }
23.             j++;
24.         }
25.         printf("顶点的序号 = % d 边的权值 = % d\n",k,mincost);
26.         lowcost[k] = 0;
27.         for(j = 1;j < n;j++)     //修改其他顶点的边的权值和最小生成树顶点序号
28.             if(gm[k][j]< lowcost[j]){
```

```
29.                lowcost[j] = gm[k][j];
30.                closevertex[j] = k;
31.            }
32.        }
33. }
```

在 Prim 算法中,第一个 for 循环的执行次数为 n−1,第二个 for 循环中又包括了一个 while 循环和一个 for 循环,执行次数为 $2(n-1)^2$,所以 Prim 算法的时间复杂度为 $O(n^2)$。

3. 克鲁斯卡尔(Kruskal)算法

Kruskal 算法是一种按照图中边的权值递增的顺序构造最小生成树的方法,其构造过程如下:

(1) 设无向连通网为 G=(V,E),令 G 的最小生成树为 G',其初态为 G'=(V,{}),图中每个顶点自成一个连通分量。

(2) 按照边的权值由小到大的顺序,在 E 中选择权值最小的考察 G 的边集 E 中的各条边。若被考察的边的两个顶点属于 G' 的两个不同的连通分量,则将此边作为最小生成树的边加入 G'中,同时把两个连通分量连接为一个连通分量;若被考察边的两个顶点属于同一个连通分量,则舍去此边,以免造成回路。

(3) 重复步骤(2),当 G'中的连通分量个数为 1 时,此连通分量为 G 的一棵最小生成树。

按照 Kruskal 算法构造最小生成树的过程如图 8.21 所示。在构造过程中,按照网中边的权值由小到大的顺序,不断选取当前未被选取的边集中权值最小的边。依据生成树的概念,n 个结点的生成树,有 n−1 条边,故重复上述过程,直到选取了 n−1 条边为止,就构成了一棵最小生成树。如图 8.21(e)所示时,(v_1,v_2) 和 (v_5,v_7) 两条边的权值都是 7,任选其中一条边。最小生成树各边权值之和为 36。

可以看出,Kruskal 算法逐步增加生成树的边,与 Prim 算法相比,可称为"加边法",与 Prim 算法一样,每次选择最小边时,可能有多条权值相等的边可选,可以任选其一。

Kruskal 算法的实现如下所示:

设置一个结构数组 Edges 存储网中所有的边,边的结构类型包括构成的顶点信息和边权值,定义如下:

```
1. #define MAXEDGE   50    //图中的最大边数
2. typedef struct
3. {
4.     datatype v1;
5.     datatype v2;
6.     int cost;
7. }EdgeType;
8. EdgeType edges[MAXEDGE];
```

在结构数组 edges 中,每个分量 edges[i]代表网中的一条边,其中 edges[i].v_1 和 edges[i].v_2 表示该边的两个顶点,edges[i].cost 表示这条边的权值。为了方便选取当前权值最小的边,事先把数组 edges 中的各元素按照其 cost 域值由小到大的顺序排列。对于有 n 个

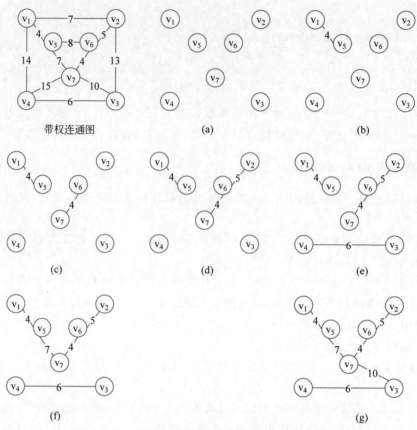

图 8.21 Kruskal 算法构造最小生成树的过程示意图

顶点的网,设置一个数组 father[n],其初值为 father[i]=−1(i=0,1,…,n−1),表示各个顶点在不同的连通分量上;然后,依次取出 edges 数组中每条边的两个顶点,查找它们所属的连通分量;假设 vf_1 和 vf_2 为两顶点所在的树的根结点在 father 数组中的序号,若 vf_1 不等于 vf_2,表明这条边的两个顶点不属于同一分量,则将这条边作为最小生成树的边输出,并合并它们所属的两个连通分量。

下面用 C 语言实现 Kruskal 算法,其中函数 Find 的作用是寻找图中顶点所在树的根结点在数组 father 中的序号。需说明的是,在程序中将顶点的数据类型定义成整型,而在实际应用中,可依据实际需要来设定。

```
1.  void Kruskal(EdgeType edges[ ],int n)
2.  {
3.      int father[MAXEDGE];
4.      int i,j,vf1,vf2;
5.      for (i = 0;i < n;i++) father[i] = −1;
6.      i = 0;
7.      j = 0;
8.      while(i < MAXEDGE && j < n − 1)
9.      {
10.         vf1 = Find(father,edges[i].v1);
11.         vf2 = Find(father,edges[i].v2);
12.         if(vf1!= vf2)
```

```
13.              {
14.                    father[vf2] = vf1;
15.                    j++;
16.                    printf("%3d%3d\n",edges[i].v1,edges[i].v2);
17.              }
18.         i++;
19.    }
20. }
21. int Find(int father[ ],int v)//寻找顶点 v 所在树的根结点
22. {
23.      int t;
24.      t = v;
25.      while(father[t]>=0)
26.          t = father[t];
27.      return(t);
28. }
```

在 Kruskal 算法中,第二个 while 循环是影响时间效率的主要操作,其循环次数最多为 MAXEDGE 次数,其内部调用的 Find 函数的内部循环次数最多为 n,所以 Kruskal 算法的时间复杂度为 O(n·MAXEDGE)。

8.7.2 最短路径

最短路径问题是图的又一个比较典型的应用问题。例如,某一地区的一个公路网,已知该网内的 n 个城市以及这些城市之间的相通公路的距离,能否找到城市 A 到城市 B 之间一条最近的通路呢? 如果将城市用点表示,城市间的公路用边表示,公路的长度作为边的权值,那么,这个问题就可转换为在带权图中,求点 A 到点 B 的所有路径中,边的权值之和最短的那一条路径。这条路径就是两点之间的最短路径,并称路径上的第一个顶点为源点(Source),最后一个顶点为终点(Destination)。

1) 单源点的最短路径问题

单源点的最短路径问题为:给定带权有向图 G=(V,E)和源点 $v_1 \in V$,求从 v_1 到 G 中其余各顶点的最短路径。迪杰斯特拉(Dijkstra)提出了一个按路径长度递增的次序产生最短路径的算法。

2) Dijkstra 基本思路

设置两个顶点的集合 S 和 T=V−S,集合 S 中存放已找到最短路径的顶点,集合 T 存放当前还未找到最短路径的顶点。初始状态时,集合 S 中只包含源点 v_1,然后不断从集合 T 中选取到顶点 v_1 路径长度最短的顶点 u 加入集合 S 中。集合 S 每加入一个新的顶点 u,都要修改顶点 v_1 到集合 T 中剩余顶点的最短路径长度值,集合 T 中各顶点新的最短路径长度值为原来最短路径长度值与顶点 u 的最短路径长度值加上 u 到该顶点的路径长度值中的较小者。此过程不断重复,直到集合 T 的顶点全部加入 S 中为止。

Dijkstra 算法的正确性可以用反证法加以证明。假设下一条最短路径的终点为 x,那么,该路径必然或者是弧(v_1,x),或者是中间只经过集合 S 中的顶点而到达顶点 x 的路径。因为假如此路径上除 x 之外有一个或一个以上的顶点不在集合 S 中,那么必然存在另外的终点不在 S 中而路径长度比此路径还短的路径,这与我们按路径长度递增的顺序产生最短

路径的前提相矛盾,所以此假设不成立。

3) Dijkstra 算法实现

定义三个一维数组 s[n],distance[n] 和 path[n],作用如下。

(1) s[n]：保存已求得最短路径终点的集合 S。s[i]=1,表示顶点 v_i 在集合 S 中,s[i]=0,表示顶点 vi 不在集合 S 中。

(2) distance[n]：用户保存源点到其余顶点之间当前的最短路径长度。如果两顶点之间不存在路径,则 distance[i]=∞。

(3) path[n]：用户存放源点到 v_j 所经过的路径,即存放所经过的若干顶点。

例如,如图 8.22 所示为一个有向带权图的邻接矩阵。

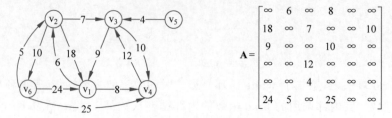

图 8.22 有向带权图及其邻接矩阵示意图

以图 8.22 为例,假设指定 v_6 作为源点。施行 Dijkstra 算法,则所得从 v_6 到其余各顶点的最短路径,运算过程中的变化状况,如图 8.23 所示。

	v_1	v_2	v_3	v_4	v_5	v_6
S	0	0	0	0	0	1
distance	24	5	∞	25	∞	∞
path	$v_6\,v_1$	$v_6\,v_2$		$v_6\,v_4$		
S	0	1	0	0	0	1
distance	23	5	12	25	∞	∞
path	$v_6 v_2\,v_1$	$v_6\,v_2$	$v_6\,v_2 v_3$	$v_6\,v_4$		
S	0	1	1	0	0	1
distance	21	5	12	22	∞	∞
path	$v_6\,v_2\,v_3\,v_1$	$v_6\,v_2$	$v_6\,v_2\,v_3$	$v_6\,v_2\,v_3\,v_4$		
S	1	1	1	0	0	1
distance	21	5	12	22	∞	∞
path	$v_6\,v_2\,v_3\,v_1$	$v_6\,v_2$	$v_6\,v_2\,v_3$	$v_6\,v_2\,v_3 v_4$		
S	1	1	1	1	0	1
distance	21	5	12	22	∞	∞
path	$v_6\,v_2\,v_3\,v_1$	$v_6\,v_2$	$v_6\,v_2\,v_3$	$v_6 v_2\,v_3\,v_4$		

图 8.23 有向带权图顶点 v6 到其他顶点最短路径求解过程示意图

8.7.3 拓扑排序

1) AOV 网

某工程或者某种流程可以分为若干个小的工程或阶段,这些小的工程或阶段就称为活动。若以图中的顶点来表示活动,有向边表示活动之间的优先关系,则这样活动在顶点上的有向图称为 AOV 网(Activity On Vertex Network)。在 AOV 网中,若从顶点 i 到顶点 j 之间存在一条有向路径,称顶点 i 是顶点 j 的前驱结点,或者称顶点 j 是顶点 i 的后继结点。若 <i,j> 是图中的弧,则称顶点 i 是顶点 j 的直接前驱结点,顶点 j 是顶点 i 的直接后继结点。

AOV 网中的弧表示了活动之间存在的制约关系。例如,计算机专业的学生必须完成一系列规定的基础课和专业课才能毕业。学生按照怎样的顺序来学习这些课程呢?这个问题可以被看成是一个大的工程,其活动就是学习每一门课程。这些课程的名称与相应代号如表 8.1 所示。

表 8.1 计算机专业的课程设置及其关系

课程代号	课程名	先修课程	课程代号	课程名	先修课程
C1	程序设计导论	无	C8	算法分析	C3
C2	数值分析	C1,C13	C9	高级语言	C3,C4
C3	数据结构	C1,C13	C10	编译系统	C9
C4	汇编语言	C1,C12	C11	操作系统	C10
C5	自动机理论	C13	C12	解析几何	无
C6	人工智能	C3	C13	微积分	C12
C7	机器原理	C3,C4			

表中,C1、C12 是独立于其他课程的基础课,而有的课却需要有先修课程,比如,学完程序设计导论、微积分和数据结构后才能学算法分析等,先行条件规定了课程之间的优先关系。这种优先关系可以用图 8.24 所示的有向图来表示。其中,顶点表示课程,有向边表示前提条件。若课程 Ci 为课程 Cj 的先行课,则必然存在有向边〈Ci,Cj〉。在安排学习顺序时,必须保证在学习某门课之前,已经学习了其先行课程。

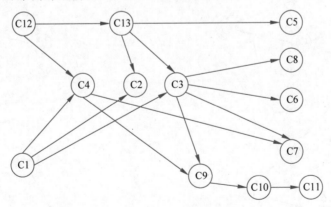

图 8.24 一个 AOV 网实例

类似的 AOV 网的例子还有很多,比如大家熟悉的计算机程序,一个可执行程序可以划分为若干个程序段(或若干语句),由这些程序段组成的流程图也是一个 AOV 网。

2) 拓扑排序

为了保证该项工程得以顺利完成，必须保证 AOV 网中不出现回路；否则，意味着某项活动会以自身作为能否开展的先决条件，这是不符合逻辑的。

所谓拓扑排序就是将 AOV 网中所有顶点排成一个线性序列，该序列满足：若在 AOV 网中由顶点 vi 到顶点 vj 有一条路径，则在该线性序列中的顶点 vi 必定在顶点 vj 之前。

测试 AOV 网是否具有回路(即是否是一个有向无环图)的方法如下：

(1) 在 AOV 网中，若顶点 i 优先于顶点 j，则在线性序列中顶点 i 仍然优先于顶点 j；

(2) 对于网中原来没有优先关系的顶点之间，如图 8.24 中的 C1 与 C13，在线性序列中也建立一个先后关系，或顶点 i 优先于顶点 j，或顶点 j 优先于顶点 i。

若某个 AOV 网中所有顶点都在它的拓扑序列中，则说明该 AOV 网不会存在回路，这时的拓扑序列集合是 AOV 网中所有活动的一个全序集合。以图 8.24 中的 AOV 网例，可以得到不止一个拓扑序列，C1,C12,C4,C13,C5,C2,C3,C9,C7,C10,C11,C6,C8 就是其中之一。显然，对于任何一项工程中各个活动的安排，都必须按拓扑有序序列中的顺序进行才是可行的。但是拓扑排序的序列不一定是唯一的。

3) 拓扑排序算法

对 AOV 网进行拓扑排序的方法和步骤是：

(1) 从 AOV 网中任意选择一个没有前驱的顶点(该顶点的入度为 0)并且输出它；

(2) 从网中删去该顶点，并且删去从该顶点发出的全部有向边；

(3) 重复上述两步，直到剩余的网中全部顶点输出为止。

这样操作的结果有两种：一种是网中全部顶点都被输出，这说明网中不存在有向回路；另一种就是网中顶点未被全部输出，这说明网中存在有向回路。

图 8.25 所示为在一个 AOV 网上进行拓扑排序的例子。

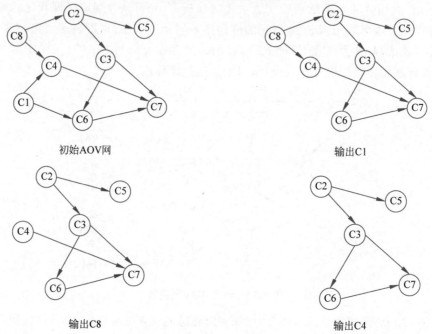

图 8.25 求拓扑序列的过程

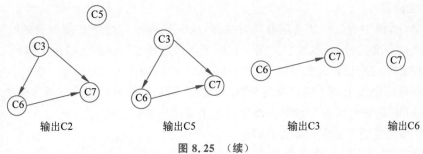

图 8.25 （续）

8.7.4 关键路径

1) AOE 网

与 AOV 网相对应的是 AOE 网(Activity on Edge Network),即以边表示活动的网,AOE 网是一个带权的有向无环图,其中,顶点表示事件,弧表示活动,边上的权值表示活动的代价(如该活动持续的时间)。通常,AOE 网可用来估算工程的完成时间。

如果用 AOE 网来表示一项工程,仅仅考虑各个子工程之间的优先关系还不够,更多的是关心整个工程完成的最短时间是多少;哪些活动的延期将会影响整个工程的进度,而加速这些活动是否会提高整个工程的效率。因此,通常在 AOE 网中列出完成预定工程计划所需要进行的活动;每个活动计划完成的时间;要发生哪些事件以及这些事件与活动之间的关系。从而可以确定该项工程是否可行,估算工程完成的时间以及确定哪些活动是影响工程进度的关键。

AOE 网具有以下两个性质:

(1) 只有在某顶点所代表的事件发生后,从该顶点出发的各有向边所代表的活动才能开始;

(2) 只有在进入一某顶点的各有向边所代表的活动都已经结束,该顶点所代表的事件才能发生。

如图 8.26 所示为一个具有 15 个活动、11 个事件的假想工程的 AOE 网。$v_1, v_2, \cdots, v_{11}$ 分别表示一个事件;$<v_1,v_2>, <v_1,v_3>, \cdots, <v_{10},v_{11}>$ 分别表示一个活动;用 $a_1, a_2, \cdots, a_{15}$ 代表这些活动。其中 v_1 称为源点,是整个工程的开始点,其入度为 0;v_{11} 为终点,是整个工程的结束点,其出度为 0。

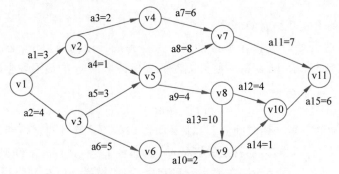

图 8.26 一个 AOE 网实例示意图

2) 关键路径

由于 AOE 网中的某些活动能够同时进行,故完成整个工程所必须花费的时间应该为源点到终点的最大路径长度(这里的路径长度是指该路径上的各个活动所需时间之和)。具有最大路径长度的路径称为关键路径。关键路径上的活动称为关键活动。关键路径长度是整个工程所需的最短工期。这就是说,要缩短整个工期,必须加快关键活动的进度。

利用 AOE 网进行工程管理时需要解决的主要问题是:

(1) 计算完成整个工程的最短路径;

(2) 确定关键路径,以找出哪些活动是影响工程进度的关键。

3) 关键路径的确定

为了在 AOE 网中找出关键路径,需要定义几个参量,并且说明其计算方法。

(1) 事件的最早发生时间 ve[k]。

ve[k]是指从源点到顶点的最大路径长度代表的时间。这个时间决定了所有从顶点发出的有向边所代表的活动能够开工的最早时间。根据 AOE 网的性质,只有进入 vk 的所有活动<vj,vk>都结束时,vk 代表的事件才能发生;而活动<vj,vk>的最早结束时间为 ve[j]+dut(<vj,vk>)。所以计算 vk 发生的最早时间的方法如式(8-3)所示:

$$ve[1] = 0 \tag{8-3}$$
$$ve[k] = \text{Max}\{ve[j] + dut(<vj,vk>)\} \quad <vj,vk> \in p[k]$$

其中,p[k]表示所有到达 vk 的有向边的集合;dut(<vj,vk>)为有向边<vj,vk>上的权值。

(2) 事件的最迟发生时间 vl[k]。

vl[k]是指在不推迟整个工期的前提下,事件 vk 允许的最晚发生时间。设有向边<vj,vk>代表从 vk 出发的活动。为了不拖延整个工期,vk 发生的最迟时间必须保证不晚于从事件 vk 出发的所有活动<vj,vk>的终点 vj 的最迟时间 vl[j]。vl[k]的计算方法如式(8-4)所示:

$$vl[n] = ve[n] \tag{8-4}$$
$$vl[k] = \text{Min}\{vl[j] - dut(<vk\text{-}vj>)\} \quad <vk,vj> \in s[k]$$

其中,s[k]为所有从 vk 发出的有向边的集合。

(3) 活动 ai 的最早开始时间 e[i]。

若活动 ai 是由弧<vj,vk>表示,根据 AOE 网的性质,只有事件 vk 发生了,活动 ai 才能开始。也就是说,活动 ai 的最早开始时间应等于事件 vk 的最早发生时间。因此,有:

$$e[i] = ve[k] \tag{8-5}$$

(4) 活动 ai 的最晚开始时间 l[i]。

活动 ai 的最晚开始时间指在不推迟整个工程完成日期的前提下,必须开始的最晚时间。若由弧<vk,vj>表示,则 ai 的最晚开始时间要保证事件 vj 的最迟发生时间不拖后。因此,应该有:

$$l[i] = vl[j] - dut(<vk,vj>) \tag{8-6}$$

根据每个活动的最早开始时间 e[i]和最晚开始时间 l[i]就可判定该活动是否为关键活动,也就是那些 l[i]=e[i]的活动就是关键活动,而那些 l[i]>e[i]的活动则不是关键活动,l[i]-e[i]的值为活动的时间余量。关键活动确定之后,关键活动所在的路径就是关键路径。

下面以图 8.26 所示的 AOE 网为例,求出上述参量,来确定该网的关键活动和关键路径。

首先,按照式(8-1)求事件的最早发生时间 ve[k]。

ve(1)=0
ve(2)=3
ve(3)=4
ve(4)=ve(2)+2=5
ve(5)=max{ve(2)+1,ve(3)+3}=7
ve(6)=ve(3)+5=9
ve(7)=max{ve(4)+6,ve(5)+8}=15
ve(8)=ve(5)+4=11
ve(9)=max{ve(8)+10,ve(6)+2}=21
ve(10)=max{ve(8)+4,ve(9)+1}=22
ve(11)=max{ve(7)+7,ve(10)+6}=28

其次,按照式(8-2)求事件的最迟发生时间 vl[k]。

vl(11)=ve(11)=28
vl(10)=vl(11)-6=22
vl(9)=vl(10)-1=21
vl(8)=min{vl(10)-4,vl(9)-10}=11
vl(7)=vl(11)-7=21
vl(6)=vl(9)-2=19
vl(5)=min{vl(7)-8,vl(8)-4}=7
vl(4)=vl(7)-6=15
vl(3)=min{vl(5)-3,vl(6)-5}=4
vl(2)=min{vl(4)-2,vl(5)-1}=6
vl(1)=min{vl(2)-3,vl(3)-4}=0

再按照式(8-3)和式(8-4)求活动 a_i 的最早开始时间 e[i]和最晚开始时间 l[i]。

活动	e	l
活动 a1	e(1)=ve(1)=0	l(1)=vl(2)-3=3
活动 a2	e(2)=ve(1)=0	l(2)=vl(3)-4=0
活动 a3	e(3)=ve(2)=3	l(3)=vl(4)-2=13
活动 a4	e(4)=ve(2)=3	l(4)=vl(5)-1=6
活动 a5	e(5)=ve(3)=4	l(5)=vl(5)-3=4
活动 a6	e(6)=ve(3)=4	l(6)=vl(6)-5=14
活动 a7	e(7)=ve(4)=5	l(7)=vl(7)-6=15
活动 a8	e(8)=ve(5)=7	l(8)=vl(7)-8=13
活动 a9	e(9)=ve(5)=7	l(9)=vl(8)-4=7
活动 a10	e(10)=ve(6)=9	l(10)=vl(9)-2=19
活动 a11	e(11)=ve(7)=15	l(11)=vl(11)-7=21
活动 a12	e(12)=ve(8)=11	l(12)=vl(10)-4=18
活动 a13	e(13)=ve(8)=11	l(13)=vl(9)-10=11

活动 a14   e(14)=ve(9)=21   l(14)=vl(10)−1=21
活动 a15   e(15)=ve(10)=22   l(15)=vl(11)−6=22

最后,比较 e[i]和 l[i]的值可判断出 a2,a5,a9,a13,a14,a15 是关键活动,关键路径如图 8.27 所示。

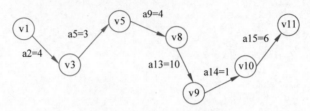

图 8.27　一个 AOE 网实例

由上述方法得到求关键路径的算法步骤为:

(1) 输入 e 条弧<j,k>,建立 AOE 网的存储结构;

(2) 从源点 v1 出发,令 ve[0]=0,按拓扑有序求其余各顶点的最早发生时间 ve[i]($1 \leqslant i \leqslant n-1$)。如果得到的拓扑有序序列中顶点个数小于网中顶点数 n,则说明网中存在环,不能求关键路径,算法终止;否则执行步骤(3)。

(3) 从汇点 vn 出发,令 vl[n−1]=ve[n−1],按逆拓扑有序求其余各顶点的最迟发生时间 vl[i]($n-2 \geqslant i \geqslant 2$);

(4) 根据各顶点的 ve 和 vl 值,求每条弧 s 的最早开始时间 e(s)和最迟开始时间 l(s)。若某条弧满足条件 e(s)=l(s),则为关键活动。

8.8　案例分析与实现

8.2 节中提到的旅行商问题类似"最短路径问题",然后我们就会联想到用 Dijkstra 算法去求得"从某一个城市出发,到其他所有剩余城市的最短路径"。对于真实地图,可以用启发式的"A 星算法"快速搜索出"从某一个城市到另一个指定城市间的最短路径"。但这个问题并非这么简单,它还要求去寻找"从某个城市开始,分别经过其他城市一次且仅一次,最后再回到这个出发城市的最短巡回路径"。要解决此问题很容易想到一种穷举的思路:假设我们要拜访 11 个城市,从城市 1 出发,最后回到城市 1。显然,从城市 1 出来后,我们随机可以选择剩余的 10 个城市之一进行拜访(这里所有城市都是连通的,总是可达的,而不连通的情况属于特殊处理,不在考虑范畴),那么很显然这里就有 10 种选择,以此类推,下一次就有 9 种选择……总的可选路线数共有 10!。

旅行商问题要从图 G 的所有周游路线中求取最小成本的周游路线,而从初始点出发的周游路线一共有(n−1)!条,即等于除初始结点外的 n−1 个结点的排列数,因此旅行商问题是一个排列问题。如果要拜访 n+1 个城市,总的可选路线数就是 n!,进而时间复杂度就是 O(n!)。

【案例实现】

以枚举方法实现旅行商问题代码如下:

在程序执行目录下建立 data.txt 文件,用于存放城市结点信息,格式如下:

```
5 5
0 7 6 1 3
7 0 3 7 8
6 3 0 12 11
1 7 12 0 2
3 8 11 2 0
```

第一行表示为 5 行 5 列，之后为各个结点的权值；

```
1.  #include <stdio.h>
2.  #include <stdlib.h>
3.  #include <string.h>
4.  #define N 5//结点个数
5.  #define MAX 1024
6.  #define MaxV 100
7.  //邻接图描述相关数据结构
8.  typedef struct Edge
9.  {
10.     int dest;
11.     int weight;
12.     struct Edge * next;
13. }Edge;
14. typedef struct {
15.     int data;
16.     struct Edge * adj;
17. } item;
18. typedef struct
19. {
20.     item vertices[MaxV];
21.     int numV, numE;
22. } AdjTWGraph;
23. AdjTWGraph g;
24. //路径求解相关数据结构
25. typedef struct Node
26. {
27.     int currentIndex;
28.     int level;
29.     struct Node * previous;
30. } Node;
31. typedef struct
32. {
33.     int currentPath[N];              //当前搜索的路径
34.     int bestPath[N];                 //当前搜索到的最优路径
35.     int cv;                          //当前分支代价总和
36.     int bestV;                       //目前搜索到的最优代价
37.     Node * root;
38. } TspBase;
39. Edge * createEdge(int d, int w)      //创建边
40. {
41.     Edge * edge = (Edge *) malloc(sizeof(Edge));
42.     edge->dest = d;
43.     edge->weight = w;
44.     edge->next = NULL;
45.     return edge;
```

```c
46.    }
47.    AdjTWGraph * Init_AdjTWGraph()                              //初始化邻接图
48.    {
49.        AdjTWGraph * adjTWGraph = (AdjTWGraph *) malloc(sizeof(AdjTWGraph));
50.        for (int i = 0; i < MaxV; i++)
51.         adjTWGraph->vertices[i].adj = NULL;
52.        adjTWGraph->numV = 0;
53.        adjTWGraph->numE = 0;
54.        return adjTWGraph;
55.    }
56.    void Free_AdjTWGraph(AdjTWGraph * adjTWGraph)                //释放邻接图
57.    {
58.        for (int i = 0; i < adjTWGraph->numV; i++)
59.        {
60.         Edge * p = adjTWGraph->vertices[i].adj;
61.          Edge * q;
62.          while (p != NULL)
63.          {
64.            q = p->next; free(p); p = q;
65.          }
66.        }
67.        free(adjTWGraph);
68.    }
69.    int GetValue(AdjTWGraph * adjTWGraph, const int i)          //获取顶点的值
70.    {
71.        return adjTWGraph->vertices[i].data;
72.    }
73.    int GetWeight(AdjTWGraph * adjTWGraph, const int v1, const int v2)   //获取边的权重
74.    {
75.        Edge * p = adjTWGraph->vertices[v1].adj;
76.        while (p != NULL && p->dest < v2) p = p->next;
77.        if (v2 != p->dest) { return 0; }
78.        return p->weight;
79.    }
80.    void InsertV(AdjTWGraph * adjTWGraph, const int v)           //插入顶点
81.    {
82.        adjTWGraph->vertices[adjTWGraph->numV].data = v;
83.        adjTWGraph->numV++;
84.    }
85.    void InsertE(AdjTWGraph * adjTWGraph, const int v1, const int v2, int weight)//插入边
86.    {
87.        Edge * q = createEdge(v2, weight);
88.
89.        if (adjTWGraph->vertices[v1].adj == NULL)
90.          adjTWGraph->vertices[v1].adj = q;
91.        else
92.        {
93.         Edge * curr = adjTWGraph->vertices[v1].adj, * pre = NULL;
94.         while (curr != NULL && curr->dest < v2)
95.         {
96.           pre = curr;
97.           curr = curr->next;
98.         }
```

```
99.      if (pre == NULL)
100.     {
101.       q->next = adjTWGraph->vertices[v1].adj;
102.       adjTWGraph->vertices[v1].adj = q;
103.     }
104.     else
105.     {
106.       q->next = pre->next;
107.       pre->next = q;
108.     }
109.   }
110.   adjTWGraph->numE++;
111. }
112. Node * createNode( int L, int V, Node * p)
113. {
114.   Node * node = (Node * ) malloc(sizeof(Node));
115.   node->level = L;
116.   node->currentIndex = V;
117.   node->previous = p;
118.   return node;
119. }
120. void swap(int * x, int * y)
121. {
122.   int z = * x;
123.   * x = * y;
124.   * y = z;
125. }                                    //计算当前路径权重之和
126. int SumV(TspBase * tsp)              //用于 FIFOBB
127. {
128.   int s = 0;
129.   for (int i = 0; i < N; i++)
130.     s += GetWeight(&g, tsp->currentPath[i], tsp->currentPath[(i + 1) % N]);
131.   return s;
132. }
133.
134. bool Valid(Node * p, int v)          //确认给定顶点是否已经访问过
135. {
136.   bool flag = true;
137.   for (Node * r = p; r->level > 0 && v; r = r->previous)
138.     flag = r->currentIndex != v;
139.   return flag;
140. }                                    //存储当前搜索路径
141. void StoreX(TspBase * tsp, Node * p) //
142. {
143.   for (Node * r = p; r->level > 0; r = r->previous)
144.   {
145.     tsp->currentPath[r->level - 1] = r->currentIndex;
146.   }
147. }                                    //清空之前的搜索数据
148. void DataClear(TspBase * tsp, bool flag)
149. {
150.   memset(tsp->currentPath, N, sizeof(int));
151.   memset(tsp->bestPath, N, sizeof(int));
```

```c
152.    if (flag)
153.    {
154.        Node * p = tsp->root, * q;
155.        while (p != NULL)
156.        {
157.            q = p->previous;
158.            free(p);
159.            p = q;
160.        }
161.    }
162. }
163. void EnumImplicit(TspBase * tsp, int k)
164. {
165.    if (k == N)
166.    {
167.        if ((tsp->cv + GetWeight(&g, tsp->currentPath[N - 1], 0)) < tsp->bestV)
168.        {
169.            tsp->bestV = tsp->cv + GetWeight(&g, tsp->currentPath[N - 1], 0);
170.            for (int i = 0; i < N; i++)
171.                tsp->bestPath[i] = tsp->currentPath[i];
172.        }
173.    }
174.    else
175.        for (int j = k; j < N; j++)
176.        {
177.            swap(&tsp->currentPath[k], &tsp->currentPath[j]);
178.            tsp->cv += GetWeight(&g, tsp->currentPath[k - 1], tsp->currentPath[k]);
179.            EnumImplicit(tsp, k + 1);
180.            tsp->cv -= GetWeight(&g, tsp->currentPath[k - 1], tsp->currentPath[k]);
181.            swap(&tsp->currentPath[k], &tsp->currentPath[j]);
182.        }
183. }
184. void Print(TspBase * tsp)                    //打印输出结果路径
185. {
186.    printf("the shortest path is");
187.    for (unsigned i = 0; i < N; i++)
188.        printf(" %d--", tsp->bestPath[i] + 1);
189.    printf("1\n");
190.    printf("minimum distance is  %d \n", tsp->bestV);
191. }
192.
193. void TspEnumImplicit(TspBase * tsp)          //隐式枚举
194. {
195.    printf("TspEnumImplicit ...");
196.    tsp->cv = 0; tsp->bestV = 10000;
197.    for (int i = 0; i < N; i++)
198.        tsp->currentPath[i] = i;
199.    EnumImplicit(tsp, 1);
200.    Print(tsp);
201. }
202. int main()
203. {
204.    int m, n;
```

```
205.    char line[MAX];
206.    int lines = 0;
207.    char *f1 = "data.txt";                        //后台参数
208.    FILE *fp1 = fopen(f1, "r");                   //创建文件指针及打开文本文件
209.                                                  //读取行和列数
210.    if(fgets(line,MAX,fp1) != NULL)
211.    {
212.      printf(line);                               //打印文本
213.      sscanf(line,"%d %d", &m, &n);
214.      for (int i = 0; i < n; i++)  InsertV(&g, i);
215.    }else
216.    {
217.      printf("data.txt 为空!");
218.      return -1;
219.    }
220.    //TODO: 读取邻接矩阵
221.    while(fgets(line,MAX,fp1) != NULL)
222.    {
223.      printf(line);                               //打印文本
224.      InsertV(&g, lines);
225.      char *p = strtok(line, " ");
226.      int i = 0;
227.      while(p != NULL)
228.      {
229.        printf("%s|\n", p);
230.        int t = atoi(p);
231.        InsertE(&g, lines, i, t);
232.        p = strtok(NULL, " ");
233.        i++;
234.      }
235.      lines++;                                    //统计行数
236.    }
237.    printf("\n一共 %d 行",lines);
238.    fclose(fp1);
239.    TspBase it;
240.    TspEnumImplicit(&it);                         //隐式枚举算法
241.    DataClear(&it, false);
242.    return 0;
243.  }
```

【运行结果】

运行结果如图 8.28 所示。

在解决旅行商问题时,以顶点 1 为起点和终点,然后求{2…N}的一个全排列,使路程 1→{2…N}的一个全排列→1 上所有边的权(代价)之和最小。所有可能解由(2,3,4,…,N) 的不同排列决定。

枚举算法的特点是算法简单,但运算量大。当问题的规模变大,循环的阶数越大,执行的速度越慢。如果枚举范围太大(一般以不超过两百万次),需要大量时间计算。如果只拜访 10 个城市,需要迭代 3628800 次,那要拜访 100 个城市,需要迭代 9.3326215443944 * 10^157 次,更多个城市的话,计算的时间开销可想而知! 从这里我们可以看出旅行商问题是个 NP 完全问题,穷举算法的效率不高,这个算法的时间复杂度是非多项式的,它的开销

```
5 5
0 7 6 1 3
|
0
|
7
|
6
|
1
|
3
|
7 0 3 7 8
|
7
|
0
|
3
|
7
|
8
|
6 3 0 12 11
|
6
|
3
|
0
|
12
|
11
|
1 7 12 0 2
|
1
|
7
|
12
|
0
|
2
|
3 8 11 2 0
|
3
|
8
|
11
|
2
|
0
|
一共 5 行TspEnumImplicit ...the shortest path is1--3--2--5--4--1
minimum distance is  20
Press any key to continue
```

图 8.28　TPS 运行结果图

大是显而易见的。那么我们该如何通过一个多项式时间复杂度的算法快速求出这个先后次序呢？目前比较主流的方法是采用一些随机的、启发式的搜索算法，比如遗传算法、蚁群算法、模拟退火算法、粒子群算法等。但这些算法都有一个缺点，就是不一定能求出最优解，只能收敛于（近似逼近）最优解，得到一个次优解，因为他们本质都是随机算法，大多都会以"一定概率接受或舍去"的思路去筛选解。各算法的实现思路都有不同，但也有互相借鉴的地方，有的与随机因子有关、有的与初始状态有关、有的与随机函数有关、有的与策略选择有关。

8.9　小结

（1）图是一种复杂的数据结构，图中每个顶点都可以有多个直接前驱和多个直接后继，所以是一种非线性的数据结构。

（2）图的存储结构有：邻接矩阵和邻接表。

（3）图的遍历就是从图的一个顶点出发，访问图中每个顶点一次并且仅一次。遍历方法有深度优先遍历和广度优先遍历。

（4）取无向图的所有顶点和一部分边构成一个子图，若其中所有顶点是连通的，但各边不构成回路,这个子图称为原图的一个生成树,同一个图可以有多个不同的生成树。对于带权的图,其各边权值之和最小的生成树称为最小生成树。常用的方法有 Prim 算法和 Kruskal 算法。

(5) 对于带权的有向图,求从一个顶点出发到其余各顶点的最短路径或求每一对顶点之间的最短路径称为最短路径问题。

(6) 若以图中的顶点来表示活动,有向边表示活动之间的优先关系,则这样活动在顶点上的有向图称为 AOV 网。

(7) 若在带权的有向图中,以顶点表示事件,以有向边表示活动,边上的权值表示活动的开销(如该活动持续的时间),则此带权的有向图称为 AOE 网。

习题 8

一、填空题

1. 具有 10 个顶点的无向图,边的总数最多为_____。
2. 若用 n 表示图中顶点数目,则有_____条边的无向图称为完全图。
3. 设无向图 G 有 n 个顶点和 e 条边,每个顶点 Vi 的度为 $di(1 \leqslant i \leqslant n)$,则 e _____。
4. G 是一个非连通无向图,共有 28 条边,则该图至少有_____个顶点。
5. 在有 n 个顶点的有向图中,若要使任意两点间可以互相到达,则至少需要_____条弧。
6. 在有 n 个顶点的有向图中,每个顶点的度最大可达_____。
7. 设 G 为具有 N 个顶点的无向连通图,则 G 中至少有_____条边。
8. n 个顶点的连通无向图,其边的条数至少为_____。
9. 在图 G 的邻接表表示中,每个顶点邻接表中所含的表结点数,对于无向图来说等于该顶点的_____;对于有向图来说等于该顶点的_____。
10. 构造连通网最小生成树的两个典型算法是_____和_____。
11. 有向图 G=(V,E),其中 V(G)={0,1,2,3,4,5},用<a,b,d>三元组表示弧<a,b>及弧上的权 d。E(G)为{<0,5,100>,<0,2,10>,<1,2,5>,<0,4,30>,<4,5,60>,<3,5,10>,<2,3,50>,<4,3,20>},则从源点 0 到顶点 3 的最短路径长度是_____,经过的中间顶点是_____。
12. 上面的图去掉有向弧看成无向图则对应的最小生成树的边权之和为_____。
13. 设有向图有 n 个顶点和 e 条边,进行拓扑排序时,总的计算时间为_____。
14. AOV 网中,结点表示_____,边表示_____。AOE 网中,结点表示_____,边表示_____。
15. 在 AOE 网中,从源点到汇点路径上各活动时间总和最长的路径称为_____。
16. 当一个 AOV 网用邻接表表示时,可按下列方法进行拓扑排序。

(1) 查邻接表中入度为_____的顶点,并进栈;

(2) 若栈不空,则①输出栈顶元素 V_j,并退栈;②查 V_j 的直接后续 V_k,对 V_k 入度处理,处理方法是_____;

(3) 若栈空时,输出顶点数小于图的顶点数,说明有_____,否则拓扑排序完成。

二、选择题

1. 图中有关路径的定义是(　　)。
　　A. 由顶点和相邻顶点序偶构成的边所形成的序列
　　B. 由不同顶点所形成的序列
　　C. 由不同边所形成的序列
　　D. 上述定义都不是
2. 设无向图的顶点个数为n,则该图最多有(　　)条边。
　　A. n−1　　　　B. n(n−1)/2　　　　C. n(n+1)/2　　　　D. n^2
3. 具有n个顶点的有向图最多有(　　)条边。
　　A. n　　　　B. n(n−1)　　　　C. n(n+1)　　　　D. n^2
4. 一个n个顶点的连通无向图,其边的个数至少为(　　)。
　　A. n−1　　　　B. n　　　　C. n+1　　　　D. nlogn;
5. 要连通具有n个顶点的有向图,至少需要(　　)条边。
　　A. n−1　　　　B. n　　　　C. n+1　　　　D. 2n
6. G是一个非连通无向图,共有28条边,则该图至少有(　　)个顶点。
　　A. 7　　　　B. 8　　　　C. 9　　　　D. 10
7. n个结点的完全有向图含有边的数目为(　　)。
　　A. n×n　　　　B. n(n+1)　　　　C. n/2　　　　D. n×(n−1)
8. 一个有n个结点的图,最少有(　　)个连通分量,最多有(　　)个连通分量。
　　A. 0　　　　B. 1　　　　C. n−1　　　　D. n
9. 在一个无向图中,所有顶点的度数之和等于所有边数的(　　)倍。
　　A. 1/2　　　　B. 2　　　　C. 1　　　　D. 4
10. 在一个有向图中,所有顶点的入度之和等于所有顶点出度之和的(　　)倍。
　　A. 1/2　　　　B. 2　　　　C. 1　　　　D. 4
11. 下列哪一种图的邻接矩阵是对称矩阵?(　　)
　　A. 有向图　　　　B. 无向图　　　　C. AOV网　　　　D. AOE网
12. 从邻接矩阵 $\mathbf{A}=\begin{bmatrix}0 & 1 & 0\\1 & 0 & 1\\0 & 1 & 0\end{bmatrix}$ 可以看出,该图共有(①)个顶点;如果是有向图该图共有(②)条弧;如果是无向图,则共有(③)条边。
　　① A. 9　　B. 3　　C. 6　　D. 1　　E. 以上答案均不正确
　　② A. 5　　B. 4　　C. 3　　D. 2　　E. 以上答案均不正确
　　③ A. 5　　B. 4　　C. 3　　D. 2　　E. 以上答案均不正确
13. 下列说法不正确的是(　　)。
　　A. 图的遍历是从给定的源点出发每一个顶点仅被访问一次
　　B. 遍历的基本算法有两种:深度遍历和广度遍历
　　C. 图的深度遍历不适用于有向图

D. 图的深度遍历是一个递归过程

14. 无向图G=(V,E),其中:V={a,b,c,d,e,f},E={(a,b),(a,e),(a,c),(b,e),(c,f),(f,d),(e,d)},对该图进行深度优先遍历,得到的顶点序列正确的是( )。

    A. a,b,e,c,d,f   B. a,c,f,e,b,d   C. a,e,b,c,f,d   D. a,e,d,f,c,b

15. 如图8.29所示,在下面的5个序列中,符合深度优先遍历的序列有多少?( )
    aebdfc   acfdeb   aedfcb   aefdcb   aefdbc

    A. 5个   B. 4个   C. 3个   D. 2个

16. 图8.30中给出由7个顶点组成的无向图。从顶点1出发,对它进行深度优先遍历得到的序列是(①),而进行广度优先遍历得到的顶点序列是(②)。

    ① A. 1354267   B. 1347652   C. 1534276
       D. 1247653   E. 以上答案均不正确
    ② A. 1534267   B. 1726453   C. 1354276
       D. 1247653   E. 以上答案均不正确

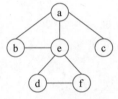
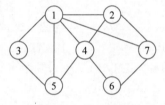

图8.29 第15题图　　　　图8.30 第16题图

17. 若从无向图的任意一个顶点出发进行一次深度优先搜索可以访问图中的所有的顶点,则该图一定是( )图。

    A. 非连通   B. 连通   C. 强连通   D. 有向

18. 用邻接表表示图进行广度优先遍历时,通常可借助( )来实现。

    A. 栈   B. 队列   C. 树   D. 图

19. 用邻接表表示图进行深度优先遍历时,通常可借助( )来实现。

    A. 栈   B. 队列   C. 树   D. 图

20. 图的深度优先遍历类似于二叉树的( )。

    A. 先序遍历   B. 中序遍历   C. 后序遍历   D. 层次遍历

21. 图的广度优先遍历类似于二叉树的( )。

    A. 先序遍历   B. 中序遍历   C. 后序遍历   D. 层次遍历

22. 图的BFS生成树的树高比DFS生成树的树高( )。

    A. 小   B. 大   C. 小于或等于   D. 大于或等于

23. 下面哪一方法可以判断出一个有向图是否有环(回路)?( )

    A. 深度优先遍历   B. 拓扑排序   C. 求最短路径   D. 求关键路径

24. 在图采用邻接表存储时,求最小生成树的Prim算法的时间复杂度为( )。

    A. O(n)   B. O(n+e)   C. $O(n^2)$ D. $O(n^3)$

25. 下面是求连通网的最小生成树的prim算法:集合VT,ET分别放顶点和边,初始为(①),下面步骤重复n−1次:a:(②);b:(③);最后:(④)。

① A. VT,ET 为空 　　　　　　　　　　B. VT 为所有顶点,ET 为空
　C. VT 为网中任意一点,ET 为空 　　D. VT 为空,ET 为网中所有边

② A. 选 i 属于 VT,j 不属于 VT,且(i,j)上的权最小
　B. 选 i 属于 VT,j 不属于 VT,且(i,j)上的权最大
　C. 选 i 不属于 VT,j 不属于 VT,且(i,j)上的权最小
　D. 选 i 不属于 VT,j 不属于 VT,且(i,j)上的权最大

③ A. 顶点 i 加入 VT,(i,j)加入 ET
　B. 顶点 j 加入 VT,(i,j)加入 ET
　C. 顶点 j 加入 VT,(i,j)从 ET 中删去
　D. 顶点 i,j 加入 VT,(i,j)加入 ET

④ A. ET 中为最小生成树
　B. 不在 ET 中的边构成最小生成树
　C. ET 中有 n−1 条边时为生成树,否则无解
　D. ET 中无回路时为生成树,否则无解

26. 下面( )算法适合构造一个稠密图 G 的最小生成树。
　　A. Prim 算法　　B. Kruskal 算法　　C. Floyd 算法　　D. Dijkstra 算法

27. 已知有向图 G=(V,E),其中 V={$V_1,V_2,V_3,V_4,V_5,V_6,V_7$},E={<$V_1,V_2$>,<$V_1,V_3$>,<$V_1,V_4$>,<$V_2,V_5$>,<$V_3,V_5$>,<$V_3,V_6$>,<$V_4,V_6$>,<$V_5,V_7$>,<$V_6,V_7$>},G 的拓扑序列是( )。
　　A. $V_1,V_3,V_4,V_6,V_2,V_5,V_7$ 　　　B. $V_1,V_3,V_2,V_6,V_4,V_5,V_7$
　　C. $V_1,V_3,V_4,V_5,V_2,V_6,V_7$ 　　　D. $V_1,V_2,V_5,V_3,V_4,V_6,V_7$

28. 一个有向无环图的拓扑排序序列( )是唯一的。
　　A. 一定　　　　　　　　　　　　B. 不一定

29. 在有向图 G 的拓扑序列中,若顶点 V_i 在顶点 V_j 之前,则下列情形不可能出现的是( )。
　　A. G 中有弧<V_i,V_j>　　　　　B. G 中有一条从 V_i 到 V_j 的路径
　　C. G 中没有弧<V_i,V_j>　　　　D. G 中有一条从 V_j 到 V_i 的路径

30. 关键路径是事件结点网络中( )。
　　A. 从源点到汇点的最长路径　　　B. 从源点到汇点的最短路径
　　C. 最长回路　　　　　　　　　　D. 最短回路

31. 下面关于求关键路径的说法不正确的是( )。
　　A. 其关键路径是以拓扑排序为基础的
　　B. 一个事件的最早开始时间同以该事件为尾的弧的活动最早开始时间相同
　　C. 一个事件的最迟开始时间为以该事件为尾的弧的活动最迟开始时间与该活动的持续时间的差
　　D. 关键活动一定位于关键路径上

32. 下列关于 AOE 网的叙述中,不正确的是( )。
　　A. 关键活动不按期完成就会影响整个工程的完成时间
　　B. 任何一个关键活动提前完成,那么整个工程将会提前完成

C. 所有的关键活动提前完成,那么整个工程将会提前完成

D. 某些关键活动提前完成,那么整个工程将会提前完成

三、判断题

1. 树中的结点和图中的顶点就是指数据结构中的数据元素。   （   ）
2. 在 n 个结点的无向图中,若边数大于 n−1,则该图必是连通图。   （   ）
3. 对 n 个顶点的无向图,其边数 e 与各顶点度数间满足等式 e=$\Sigma TD(V_i)$。 （   ）
4. 有 e 条边的无向图,在邻接表中有 e 个结点。   （   ）
5. 有向图中顶点 V 的度等于其邻接矩阵中第 V 行中的 1 的个数。   （   ）
6. 强连通图的各顶点间均可达。   （   ）
7. 强连通分量是无向图的极大强连通子图。   （   ）
8. 连通分量指的是有向图中的极大连通子图。   （   ）
9. 十字链表是无向图的一种存储结构。   （   ）
10. 无向图的邻接矩阵可用一维数组存储。   （   ）
11. 用邻接矩阵法存储一个图所需的存储单元数目与图的边数有关。   （   ）
12. 无向图采用邻接矩阵表示,图中的边数等于邻接矩阵中非零元素之和的一半。
13. 有向图的邻接矩阵是对称的。   （   ）
14. 无向图的邻接矩阵一定是对称矩阵,有向图的邻接矩阵一定是非对称矩阵。
                                                                （   ）
15. 邻接矩阵适用于有向图和无向图的存储,但不能存储带权的有向图和无向图,而只能使用邻接表存储形式来存储它。   （   ）
16. 用邻接矩阵存储一个图时,在不考虑压缩存储的情况下,所占用的存储空间大小与图中结点个数有关,而与图的边数无关。   （   ）
17. 一个有向图的邻接表和逆邻接表中结点的个数可能不等。   （   ）
18. 任何无向图都存在生成树。   （   ）
19. 不同的求最小生成树的方法最后得到的生成树是相同的。   （   ）
20. 带权无向图的最小生成树必是唯一的。   （   ）
21. 最小代价生成树是唯一的。   （   ）
22. 一个网(带权图)都有唯一的最小生成树。   （   ）
23. 连通图上各边权值均不相同,则该图的最小生成树是唯一的。   （   ）
24. 带权的连通无向图的最小(代价)生成树(支撑树)是唯一的。   （   ）
25. 最小生成树的 Kruskal 算法是一种贪心法。   （   ）
26. 求最小生成树的普里姆(Prim)算法中边上的权可正可负。   （   ）
27. 带权的连通无向图的最小代价生成树是唯一的。   （   ）
28. 最小生成树问题是构造连通网的最小代价生成树。   （   ）
29. 在图 G 的最小生成树 G1 中,可能会有某条边的权值超过未选边的权值。（   ）
30. 拓扑排序算法把一个无向图中的顶点排成一个有序序列。   （   ）
31. 拓扑排序算法仅能适用于有向无环图。   （   ）
32. 无环有向图才能进行拓扑排序。   （   ）

33. 有环图也能进行拓扑排序。( )
34. 拓扑排序的有向图中,最多存在一条环路。( )
35. 任何有向图的结点都可以排成拓扑排序,而且拓扑序列不唯一。( )
36. 即使有向无环图的拓扑序列唯一,也不能唯一确定该图。( )
37. AOV 网的含义是以边表示活动的网。( )
38. 对一个 AOV 网,从源点到终点最长的路径称作关键路径。( )
39. 关键路径是 AOE 网中从源点到终点的最长路径。( )
40. AOE 网一定是有向无环图。( )
41. 在 AOE 网中,加速其关键路径上的任意关键活动均可缩短整个工程的完成时间。( )
42. 在 AOE 图中,关键路径上某个活动的时间缩短,整个工程的时间必定缩短。( )
43. 当改变网上某一关键路径上任一关键活动后,必将产生不同的关键路径。( )

四、简答题

1. (1) G1 是一个具有 n 个顶点的连通无向图,G1 最多有多少条边? G1 最少有多少条边?

(2) G2 是一个具有 n 个顶点的强连通有向图,G2 最多有多少条边? G2 最少有多少条边?

2. 请回答下列关于图(Graph)的一些问题:

(1) 有 n 个顶点的有向强连通图最多有多少条边? 最少有多少条边?

(2) 表示有 1000 个顶点、1000 条边的有向图的邻接矩阵有多少个矩阵元素? 是否为稀疏矩阵?

(3) 对于一个有向图,不用拓扑排序,如何判断图中是否存在环?

3. 解答问题。设有数据逻辑结构为:

B=(K,R), K={k_1,k_2,…,k_9}

R={<k_1,k_3>,<k_1,k_8>,<k_2,k_3>,<k_2,k_4>,<k_2,k_5>,<k_3,k_9>,<k_5,k_6>,<k_8,k_9>,<k_9,k_7>,<k_4,k_7>,<k_4,k_6>}

(1) 画出这个逻辑结构的图示。

(2) 相对于关系 r,指出所有的开始结点和终端结点。

(3) 分别对关系 r 中的开始结点,举出一个拓扑序列的例子。

(4) 分别画出该逻辑结构的正向邻接表和逆向邻接表。

4. 已知无向图 G,V(G)={1,2,3,4},E(G)={(1,2),(1,3),(2,3),(2,4),(3,4)},画出 G 的邻接表,并说明,若已知点 I,如何根据邻接表找到与 I 相邻的点 j?

5. 首先将如图 8.31 所示的无向图给出其存储结构的邻接链表表示,然后写出对其分别进行深度、广度优先遍历的结果。

6. 已知图 8.32:

(1) 请表示图 G 的邻接矩阵和邻接表;

(2) 根据你画出的邻接表，以顶点①为根，画出图 G 的深度优先生成树和广度优先生成树。

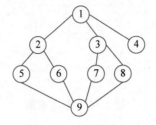

图 8.31　第 5 题图

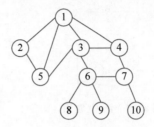

图 8.32　第 6 题图

7．已知某图的邻接表为

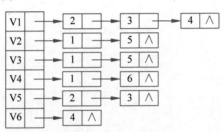

(1) 写出此邻接表对应的邻接矩阵；
(2) 写出由 v1 开始的深度优先遍历的序列；
(3) 写出由 v1 开始的深度优先的生成树；
(4) 写出由 v1 开始的广度优先遍历的序列；
(5) 写出由 v1 开始的广度优先的生成树；
(6) 写出将无向图的邻接表转换成邻接矩阵的算法。

8．根据图 8.33：
(1) 从顶点 A 出发，求它的深度优先生成树；
(2) 从顶点 E 出发，求它的广度优先生成树；
(3) 根据 Prim 算法，求它的最小生成树。

9．已知一个无向图如图 8.34 所示，要求分别用 Prim 和 Kruskal 算法生成最小树（假设以①为起点，试画出构造过程）。

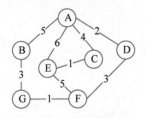

图 8.33　第 8 题图

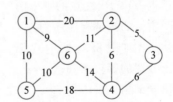

图 8.34　第 9 题图

10．G=(V,E)是一个带权的连通图，则：
(1) 请回答什么是 G 的最小生成树；
(2) 如图 8.35 所示，请找出 G 的所有最小生成树。

11. 试写出用 Kruskal 算法构造图 8.36 的一棵最小支撑(或生成)树的过程。

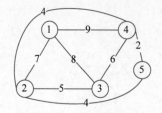

图 8.35　第 10 题图

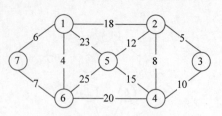

图 8.36　第 11 题图

12. 一带权无向图的邻接矩阵如下,试画出它的一棵最小生成树。

$$\begin{bmatrix} 0 & 1 & 1 & 0 & 0 & 0 \\ 1 & 0 & 1 & 2 & 0 & 0 \\ 1 & 1 & 0 & 0 & 3 & 0 \\ 0 & 2 & 0 & 0 & 1 & 1 \\ 0 & 0 & 3 & 1 & 0 & 1 \\ 0 & 0 & 0 & 1 & 1 & 0 \end{bmatrix}$$

13. 已知图的邻接矩阵为:

	V1	V2	V3	V4	V5	V6	V7	V8	V9	V10
V1	0	1	1	1	0	0	0	0	0	0
V2	0	0	0	1	1	0	0	0	0	0
V3	0	0	0	1	0	1	0	0	0	0
V4	0	0	0	0	0	1	1	0	1	0
V5	0	0	0	0	0	0	1	0	0	0
V6	0	0	0	0	0	0	0	1	1	0
V7	0	0	0	0	0	0	0	0	1	0
V8	0	0	0	0	0	0	0	0	0	1
V9	0	0	0	0	0	0	0	0	0	1
V10	0	0	0	0	0	0	0	0	0	0

当用邻接表作为图的存储结构,且邻接表都按序号从大到小排序时,试写出:

(1) 以顶点 V1 为出发点的唯一的深度优先遍历;

(2) 以顶点 V1 为出发点的唯一的广度优先遍历;

(3) 该图唯一的拓扑有序序列。

14. 已知一图如图 8.37 所示:

(1) 写出该图的邻接矩阵;

(2) 写出全部拓扑排序;

(3) 求 V1 结点到各点的最短距离。

15. (1) 对于有向无环图,叙述求拓扑有序序列的步骤;

(2) 如图 8.38 所示,写出它的四个不同的拓扑有序序列。

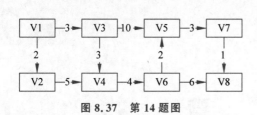
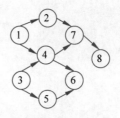

图 8.37　第 14 题图　　　　图 8.38　第 15 题图

五、算法题

1. 设无向图 G 有 n 个顶点，m 条边。试编写用邻接表存储该图的算法。(设顶点值用 1~n 或 0~n−1 编号)。

2. 在有向图 G 中，如果 r 到 G 中的每个结点都有路径可达，则称结点 r 为 G 的根结点。编写一个算法完成下列功能：

(1) 建立有向图 G 的邻接表存储结构；

(2) 判断有向图 G 是否有根，若有，则打印出所有根结点的值。

第 **9** 章

查　找

CHAPTER 9

本章学习目标
- 熟练掌握查找的相关概念和基本术语
- 理解各种查找方法的基本思想和算法特点
- 掌握等概率情况下平均查找长度的计算方法
- 掌握线性表的顺序查找方法、折半查找方法和分块查找方法
- 理解散列表的概念，散列函数构造方法，处理冲突方法

在线自测题

现实应用中，查找是非常实用的，尤其是在高效地在大量数据中找到符合条件的数据时。本章介绍如何根据不同的数据结构使用不同的方法来进行查找，包括线性表查找、树表查找和哈希表查找。

9.1 查找的基本概念

以大学生基本信息表为例,来介绍查找的基本概念,如表9.1所示。

表 9.1 大学生基本信息表

学 号	姓 名	性 别	出生年份	所属学院	所属专业
……	……	……	……	……	……
20220101	张三	男	2004	计算机学院	计算机科学
20220302	李四	女	2005	计算机学院	软件工程
20220511	王五	男	2004	计算机学院	网络工程
20220725	赵六	男	2004	商学院	工商管理
……	……	……	……	……	……

1. 查找表

查找表是由同一类型的数据元素(或记录)构成的集合。例如表9.1中全体大学生信息构成的一个数据元素的集合就是一个查找表,是查找的信息源。

2. 关键字

关键字是数据元素(或记录)中某个数据项的值,用它可以标识一个数据元素。能唯一确定一个数据元素的关键字,称为主关键字,反之称为次关键字。表中"学号"是主关键字,因为不能有相同的学号,"姓名"是次关键字,因为可能会有同名的学生。

3. 查找

查找是指根据给定的值,在查找表中确定一个关键字等于给定值的数据元素的过程。

当关键字是主关键字时,查找结果是唯一的,一旦找到,查找成功,输出找到的数据元素的信息,或指向该数据元素的位置。若整个表检查完,还没有找到,则查找失败,给出一个"空"记录或"空"指针。

关键字是次关键字时,需要查遍表中所有数据元素(记录),或在可以肯定查找失败时,才能结束查找过程。

4. 动态查找和静态查找

动态查找:在查找操作的同时,还对表进行插入、删除等修改操作。动态查找操作的表称为动态查找表。在创建表时对于给定值,如果表中存在关键字等于给定值的记录,则查找成功,否则插入关键字等于给定值的记录。

静态查找:在查找过程中仅查找某个特定关键字是否存在或查询它的属性,不对表进行任何修改。只进行静态查找的表称为静态查找表。例如,网上查询英语四六级成绩就是静态查找,对应的成绩单是静态查找表。

5. 内查找和外查找

内查找：整个查找过程全部在内存中进行。本章介绍的均为内查找。
外查找：查找过程还需要访问外存。

6. 平均查找长度

平均查找长度（Average Search Length，ASL）是指为确定数据元素在表中的位置所进行的关键字比较次数的期望值。

对于含有 n 个数据元素的表，查找成功时如式（9-1）所示：

$$ASL = \sum_{i=1}^{n} P_i \cdot C_i \tag{9-1}$$

其中，P_i 为查找表中第 i 个元素的概率，且 $\sum_{i=1}^{n} P_i = 1$。C_i 为找到表中其关键字与给定值相等的第 i 个数据元素时和给定值进行比较的关键字个数。C_i 根据查找方法不同而不同。

以上定义的数据元素类型，相当于手工绘制的表头。因为要存储大学生的信息，还需要分配一定的存储单元，即定义表长度。可以用数组的顺序存储结构，也可以用链式存储结构。

9.2 典型案例

在计算机科学领域，查找操作是一种广泛使用的基本运算，其应用范围涵盖多个场景，特别是在各类信息管理系统中有着广泛的应用。随着互联网的飞速发展和数据规模的急剧增长，一系列大数据查找算法相继问世。以学生成绩查找系统为实例，该系统以常见的查询算法为核心，实现根据学生姓名查找相应成绩的功能。在系统内，录入学生的姓名和成绩后，用户可以输入查找条件，即学生的姓名，系统会返回相应学生的成绩。如果系统中没有这个学生的信息，会返回"查无此人"的提示信息。学生成绩的存储特征与线性表相符，因此成绩查询的过程可以视为对线性表的查询操作。据此，可以采用线性表的查找方法来实现这个查询过程。

视频讲解

9.3 线性表查找

线性表查找是最简单的一种查找表的方法。基于线性表的查找方法包括顺序查找、折半查找和分块查找等。

9.3.1 顺序查找

顺序查找（Sequential Search）的思路为：从表的一端开始，依次将给定的值与记录的关键字进行比较，若找到，则查找成功，返回数据元素在表中的位置；反之，若找遍整个表都没有和给定的值相等的记录，则查找失败，返回失败信息。

顺序查找又称线性查找,是最基本的查找方法之一,既适用于顺序表,又适用于链表。以顺序存储为例,介绍顺序查找算法的实现。

数据元素类型定义如下:

```
1. typedef struct
2. {
3.     KeyType key;                    //关键字域
4.     InfoType otherinfo;             //其他域
5. }ElemType;
```

顺序存储结构定义如下:

```
1. typedef struct
2. {
3.     ElemType * elem;                //数组基地址
4.     int length;                     //表长度
5. }STBL;
```

顺序查找算法如下:

```
1. int SSearch(STBL st,KeyType key)    //在顺序表 st 中查找关键字为 key 的数据元素
2. {
3.     st.elem[0].key = key;           //0 号单元留作监视位,用来存放待查找的值 key
4.     for(i = st.length;st.elem[i].key!= key;i -- );//从表尾端向前找
5.     return i;
6. }
```

其中,数据元素从下标为 1 的数组单元开始存放,0 号单元留作监视位,用来存放待查找的值 key。若找到,则函数返回值是该元素在表中的位置,若找不到,则返回 0。

顺序查找成功时的平均查找长度 ASL,是由查找进行的比对次数的均值决定。对于有 n 个数据元素的表来说,给定值 key 与表中第 i 个元素关键字相等时,需要进行 n−i+1 次比对,即顺序查找的平均查找长度是:$ASL=\sum_{i=1}^{n}P_i(n-i+1)$。设每个数据元素的查找概率相等,即 $P_i=\frac{1}{n}$,那么等概率情况下,$ASL=\sum_{i=1}^{n}\frac{1}{n}(n-i+1)=\frac{n+1}{2}$。查找不成功时,关键字比对次数是 n+1 次。

查找长度的量级就是查找算法的时间复杂度,因此顺序查找的时间复杂度为 O(n)。

顺序查找优点是对表中数据元素的结构没有要求,顺序结构和链式结构都适用。缺点是平均查找长度较大,效率低,当 n 很大时,不适合用顺序查找。

9.3.2 折半查找

视频讲解

折半查找(Binary Search)也称二分查找,是一种较高效的查找方法。但是,折半查找的前提是线性表必须用顺序存储结构,而且表中元素按关键字已经进行排序(通常是升序)。

折半查找思路为:在有序表中,取中间元素作为比较对象。若给定值与中间元素的关键字相等,则查找成功;若给定值小于中间元素的关键字,则在中间元素的左半区继续查找;若给定值大于中间元素的关键字,则在中间元素的右半区继续查找。不断重复上述查

找过程,直到查找成功,或所查找的区域无数据元素,查找失败。为了标识每次的查找区间,用 low 表示查找区间内所有元素下标的最小值,high 为最大值,mid 为中间值。

【算法步骤】
(1) low=0;high=length-1;   //设置初始区间
(2) 当 low>high 时,查找失败;   //查找子表空,查找失败
(3) low≤high,mid=(low+high)/2;   //取中间位置
① 若 key==st.elem[mid].key,返回数据元素在表中位置//查找成功
② 若 key<st.elem[mid].key,high=mid-1;转步骤(2) //查找在左半区进行
③ 若 key>st.elem[mid].key,low=mid+1;转步骤(2)   //查找在右半区进行

【算法描述】

```
1.  int BinSearch(STBL st, KeyType key)
2.  {
3.      int low = 0, high = st.length - 1, mid;
4.      while (low <= high)                  //当前区间存在元素时循环
5.      {
6.          mid = (low + high)/2;
7.          if (st.elem [mid].key == key)    //查找成功返回元素在表中位置,即逻辑序号 mid + 1
8.              return mid + 1;
9.          if (st.elem [mid].key > key)     //继续在 st.elem [low..mid - 1]中查找
10.             high = mid - 1;
11.         else
12.             low = mid + 1;               //继续在 st.elem [mid + 1..high]中查找
13.     }
14.     return 0;
15. }
```

【例 9-1】 若已知关键字有序序列{3,4,7,9,10,15,18,27,38,43},采用折半查找法查找关键字为 7 的元素。

【解】

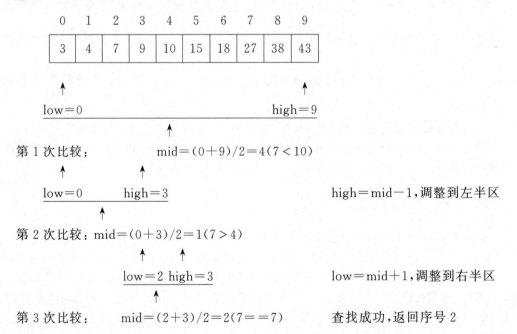

【算法分析】

折半查找的过程可以用二叉树来描述。树中每个结点对应表中的一个记录,结点值是记录在表中的位置序号。把查找区间中间位置作为根结点,左子表和右子表分别是根的左子树和右子树,得到的二叉树即为折半查找的判定树,如图 9.1 所示。

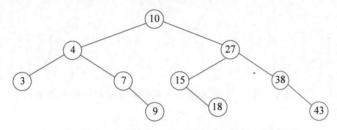

图 9.1　例 9-2 描述折半查找过程的判定树示意图

查找表中任一元素的过程,是判定树中从根到该元素结点路径上各结点关键字的比较次数,即该元素结点在树中的层次数。对于 n 个结点的判定树,树高为 h,则有 $2^{h-1}-1 < n \leqslant 2^h - 1$,即 $h-1 < \log_2(n+1) \leqslant h$,所以 $h = \lceil \log_2(n+1) \rceil$。因此折半查找在查找成功时,所进行的关键字比较次数至多为 $h = \lceil \log_2(n+1) \rceil$。

借助判定树,很容易求折半查找的平均查找长度 ASL。设有树高为 h 的满二叉树,则有序表的长度 $n = 2^h - 1$。设表中每个元素的查找是等概率的,则树的第 i 层有 2^{i-1} 个结点,因此,折半查找的平均查找长度如式(9-2)所示为:

$$\begin{aligned} \mathrm{ASL} &= \sum_{i=0}^{n} P_i C_i \\ &= \frac{1}{n}[1 \times 2^0 + 2 \times 2^1 + \cdots + h \times 2^{h-1}] \\ &= \frac{n+1}{n}\log_2(n+1) - 1 \approx \log_2(n+1) - 1 \end{aligned} \quad (9\text{-}2)$$

当 n 足够大时,ASL 趋近 $\log_2(n+1)-1$,则折半查找的时间复杂度为 $O(\log_2 n)$。折半查找时间效率比顺序查找高,但仅适用于有序表,对无序表和链表不适用。

【例 9-2】　给定 11 个数据元素的有序表{2,4,11,15,20,25,28,29,30,35,40},采用折半查找:

(1) 若查找给定值为 29 的元素,将依次与表中哪些元素比较?

(2) 若查找给定值为 5 的元素,将依次与表中哪些元素比较?

(3) 假设查找表中每个元素的概率相同,求查找成功时的平均查找长度和查找不成功时的平均查找长度。

【解】

绘制给定有序表折半查找判定树如图 9.2 所示,方形结点为不成功时查找到的结点。

(1) 查找给定值为 29 的元素,依次与表中 25,30,28,29 元素比较,共比较 4 次。

(2) 查找给定值为 5 的元素,依次与 25,11,2,4 元素比较,共比较 4 次。

(3) 查找成功时,会找到图中某个圆形结点,则平均查找长度:

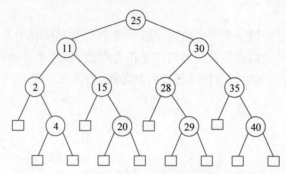

图 9.2　有 11 个元素的有序表折半查找判定树示意图

$$\text{ASL}_{\text{succ}} = \frac{1\times1 + 2\times2 + 4\times3 + 4\times4}{11} = 3$$

查找不成功时,会找到图中某个方形结点,则平均查找长度:

$$\text{ASL}_{\text{unsucc}} = \frac{4\times3 + 8\times4}{12} = 3.67$$

折半查找优点是比较次数少、查找效率高。缺点是对表的结构要求高,只适用于顺序存储的有序表。如果想用折半查找,需要先排序,而排序也耗费一定的时间。另外,对顺序表的插入和删除操作需要移动表中将近一半的元素,这也很耗费时间。因此,折半查找不适用于数据元素经常变动的线性表。

9.3.3　分块查找

分块查找(Blocking Search)又称为索引顺序查找,是一种性能介于顺序查找和折半查找之间的查找方法。分块查找要求将查找表分成若干个子表,并对子表建立索引表,查找表的每一个子表由索引表中的索引项确定。索引项包括两个字段:关键字字段(用于存放对应子表中的最大关键字值);指针字段(用于存放指向对应子表的指针),并且要求索引项按关键字字段有序。查找时,先用给定值 key 在索引表中检测索引项,以确定查找目标所在的块(由于索引项按关键字字段有序,可用顺序查找或折半查找)。然后在块内进行顺序查找,因为块内无序,只能进行顺序查找。

【例 9-3】　关键字集合为:87,43,17,32,78,8,63,49,35,71,22,83,18,52,按关键字值 32,63,87 分为三块建立的查找表及其索引表如图 9.3 所示:

设要查找的 key=35,先将 key 与索引表中各最大关键字进行比较,因为 32<key<63,则关键字为 35 的记录若存在必定在第二个子表中,第二个子表范围是从整个表的第 6 个记录到第 10 个记录,则在这个范围内进行顺序查找,找到则查找成功,找不到则失败。

分块查找由索引表查找和子表查找两步完成。设 n 个数据元素的查找表分为 m 个子表,且每个子表均为 t 个元素,则 t=n/m。这样,分块查找的平均查找长度如式(9-3)所示:

$$\text{ASL} = \text{ASL}_{\text{索引表}} + \text{ASL}_{\text{子表}} = \frac{1}{2}(m+1) + \frac{1}{2}\left(\frac{n}{m}+1\right) = \frac{1}{2}\left(m+\frac{n}{m}\right)+1 \quad (9\text{-}3)$$

可见,平均查找长度不仅和表的总长度 n 有关,而且和所分的子表个数 m 有关。对于表长 n 确定的情况下,m 取 $\sqrt{n}$ 时,ASL=$\sqrt{n}$+1 达到最小值,时间复杂度为 O(n)。

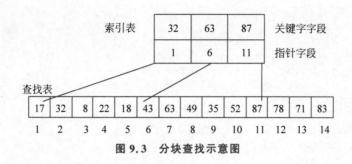

图 9.3 分块查找示意图

9.4 树表的查找

前面介绍了三种线性表查找方法,其中折半查找效率较高,但由于折半查找只适用于顺序表且要求关键字有序,因此,当表的插入或者删除操作比较频繁时,需要移动表中很多记录。大量的移动会耗费很多时间,导致折半查找的优点也大打折扣。若想高效地对动态查找表进行查找操作,可采用几种特殊的二叉树作为查找表的组织形式,将它们统称为树表。下面将介绍二叉排序树和平衡二叉树上进行查找和修改等操作的方法。

9.4.1 二叉排序树

1. 二叉排序树定义

在前面的 7.6 节介绍过二叉排序树的定义及创建。总结起来就是,二叉排序树(Binary Sort Tree)左子树上所有结点的值均小于它的根结点的值,右子树上所有结点的值均大于它的根结点的值,它的左、右子树又分别是二叉排序树。

由定义可知,二叉排序树的一个特质:中序遍历一棵二叉树时可以得到一个结点值递增的有序序列。因此,可通过构造一棵二叉排序树将一个无序序列变成有序序列。对图 9.4 中的二叉排序树进行中序遍历可以得到一个值递增序列:{12,30,45,53,57,60,65,72,88,94,99}。

接下来介绍二叉排序树的查找、插入、创建及删除过程及算法,因为插入及创建操作都是基于查找操作的,因此先介绍查找。

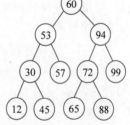

图 9.4 二叉排序树示例

2. 二叉排序树的查找

【算法步骤】

(1) 若查找树为空,查找失败,返回空指针;
(2) 若查找树非空,将给定值 key 与查找树的根结点关键字比较:
① 若相等,查找成功,返回根结点指针;
② 若 key 小于根结点关键字,在左子树上递归查找;
③ 若 key 大于根结点关键字,在右子树上递归查找。
以二叉链表作为二叉排序树的存储结构,先定义每个结点的类型如下:

```
1. typedef struct
2. {
3.     KeyType  key;              //关键字字段
4.     InfoType otherinfo;        //其他数据字段
5. }ElemType;                      //结点数据类型
6. typedef struct BSTNode
7. {
8.     ElemType data;             //数据元素字段
9.     struct BSTNode *lc, *rc;   //左、右孩子指针字段
10. }BSTNode, *BSTree;             //二叉树结点类型
```

【算法描述】

```
1. BSTree BSTSearch(BSTree bt, KeyType key)
2. {
3. //在树 bt 中递归查找关键字等于 key 的元素,若成功则返回指向该元素结点的指针,否则返回空指针
4.     if((bt == NULL) || (key == bt->data.key))    //树为空或者已找到,查找结束
5.         return bt;
6.     else if(key < bt->data.key)
7.         return BSTSearch(bt->lc,key);            //在左子树中继续查找
8.     else
9.         return BSTSearch(bt->rc,key);            //在右子树中继续查找
10. }
```

3. 二叉排序树的插入

二叉排序树的插入是以查找为基础的。将一个新结点插入到树中,需要从根结点向下查找,当树中不存在该结点时才可以插入,并作为树的一个叶结点。

【算法步骤】

(1) 若二叉排序树为空,则待插入的新结点 *N 作为根结点插入空树中;

(2) 若二叉排序树非空,则将 key 与根结点的关键字 bt->data.key 进行比较:

① 若 key 小于 bt->data.key,则将 *N 插入左子树;

② 若 key 大于 bt->data.key,则将 *N 插入右子树。

【算法描述】

```
1. void BSTInsert(BSTree &bt, ElemType elem)
2. {
3. //当 bt 中不存在关键字等于 elem.key 的元素时,则插入该元素
4.     if(bt == NULL)                               //原树为空,新插入的结点为根结点
5.     {
6.         BSTree N = (BSTNode *) malloc(sizeof(BSTNode));
7.         N->data = elem;
8.         N->lc = N->rc = NULL;
9.         bt = N;
10.    }
11.    else if(elem.key < bt->data.key)
```

```
12.            BSTInsert (bt -> lc, elem);      //将 * N 插入左子树
13.        else
14.            BSTInsert (bt -> rc, elem);      //将 * N 插入右子树
15. }
```

4. 二叉排序树的创建

创建一棵二叉排序树是从空树开始的,每输入一个结点,经过查找操作,将新结点插入合适的位置上。设有关键字数组 arr[0…n-1],将数组中关键字生成一棵二叉排序树。

【算法步骤】

(1) 将二叉排序树 bt 初始化为空树;

(2) 当 i<n 时,循环执行将 arr[i] 插入二叉排序树 bt 中。

【算法描述】

```
1. BSTNode * BSTCreate(KeyType arr[ ], int n)
2. {
3. //返回二叉排序树根结点指针
4.     BSTNode * bt == NULL;              //初始化 bt 为空
5.     i = 0;
6.     while(i<n)
7.     {
8.         ElemType elem;
9.         elem .key = arr[i];
10.        BSTInsert(bt,arr[i]);          //在 bt 中插入关键字 arr[i]
11.        i++;
12.    }
13.    return bt;                         //返回根指针
14. }
```

5. 二叉排序树的删除

被删除的结点可能是二叉排序树的任何结点,删除后,要根据其位置不同而修改其双亲结点及相关结点的指针,从而保证还是一棵二叉排序树。

【算法步骤】

设待删除的结点为 * p(p 为指向待删结点的指针),其双亲结点为 * f,其左子树 pl 及右子树 pr,以下分三种情况:

(1) * p 结点为叶结点,由于删去叶结点后不影响整棵树的特性,所以,只需将被删结点的双亲结点相应指针域改为空指针;

(2) * p 结点只有左子树 pl 或只有右子树 pr,此时,只需让 pl 或 pr 成为双亲结点 * f 的左子树即可;

(3) * p 结点既有左子树 pl 又有右子树 pr,可按中序遍历保持有序进行调整。

设删除 * p 结点前,中序遍历序列为:{…Bl,B,…Ql,Q,Sl,S,P,Pr,F,…},则删除 * p 结点后,可以有下面两种处理方法:

① 令 * p 左子树为 * f 的左子树,而 * p 的右子树为 * s 的右子树;

② 令 * p 的直接前驱(或直接后继)代替 * p,再从树中删除它的直接前驱(或直接后继)。

【算法描述】

```
1.  void BSTDelete (BSTree &bt, KeyType key)
2.  {
3.      //从二叉排序树中删除关键字等于key的结点
4.      BSTNode * p = bt;
5.      BSTNode * f = NULL, * q = NULL, * s = NULL;      //初始化
6.      //从根开始查找关键字等于key的结点 * p
7.      while(p)
8.      {
9.          if(p->data.key == key)                       //找到关键字等于key的结点 * p,跳出循环
10.             break;
11.         f = p;
12.         if(p->data.key > key)
13.             p = p->lc;
14.         else
15.             p = p->rc;
16.     }
17.     if(p == NULL)                                    //找不到被删结点
18.         return ;
19.     //处理3种情况: * p左右子树均不空、只有左子树、只有右子树
20.     if((p->lc) &&( p->rc))                           //左右子树均不空
21.     {
22.         q = p;
23.         s = p->lc;
24.         while(s->rc)
25.         {
26.             q = s;
27.             s = s->rc;
28.         }
29.         p->data = s->data;
30.         if(q!= p)
31.             q->rc = s->lc;
32.         else
33.             q->lc = s->lc;
34.         delete s;
35.         return;
36.     }
37.     else if(!p->rc)                                  //被删结点只有左子树
38.     {
39.         q = p;
40.         p = p->lc;
41.     }
42.     else if(!p->lc)                                  //被删结点只有右子树
43.     {
44.         q = p;
45.         p = p->rc;
46.     }
47.     //将p所指的子树接到其双亲结点 * f相应位置上
48.     if(!f)
49.         bt = p;
50.     else if(q == f->lc)
51.         f->lc = p;
```

```
52.        else
53.            f -> rc = p;
54.        delete q;
55.    }
```

9.4.2 平衡二叉树

平衡二叉树(Balanced Binary Tree)是由苏联数学家 Adelson-Velskii 和 Landis 提出，所以又称 AVL 树。非空平衡二叉树是具有如下两个特质的二叉排序树：左子树和右子树的深度差的绝对值不超过 1；左子树和右子树也是平衡二叉树。谈及平衡二叉树就要提到平衡因子，结点的平衡因子是该结点左子树与右子树的高度差。由平衡二叉树的定义可知，其所有结点的平衡因子只能是 -1、0、1 之中的一个。换言之，如果结点的平衡因子的绝对值大于 1，则该树就不是平衡二叉树。如图 9.5 所示的左侧的树是平衡二叉树，而右侧的树有一个结点的平衡因子是-2，可见右侧树就不是平衡二叉树。

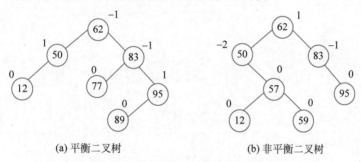

图 9.5 平衡二叉树与非平衡二叉树示意图

在平衡二叉树上插入或删除结点后，可能使树失去平衡，因此，需要对失去平衡的树进行平衡化调整。一般情况下，设失去平衡的最小子树根结点为 A，则失去平衡后进行调整的规律可以归纳为 4 种情况。

1) LL 型

因为在 A 结点的左孩子(设为 B)的左子树 Bl 上插入了结点 N，使得 A 的平衡因子由 1 变为 2，引起了失衡，则需要进行一次向右的顺时针旋转操作，如图 9.6 所示，h 代表深度。

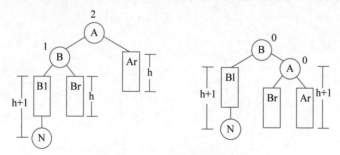

图 9.6 LL 型调整操作示意图

2) RR 型

因为在 A 结点的右孩子(设为 B)的右子树 Br 上插入了结点 N，使得 A 的平衡因子由

−1变为−2,引起了失衡,则需要进行一次向左的逆时针旋转操作,如图9.7所示。

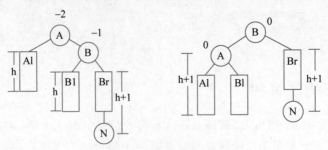

图9.7　RR型调整操作示意图

3) LR型

因为在A结点的左孩子(设为B)的右孩子(设为C)的左子树Cl上插入了结点N,使得A的平衡因子由1变为2,引起了失衡,则需要进行两次旋转操作。第一次对B及其右子树逆时针旋转,让C成为B的根,成为LL型;第二次进行LL型的顺时针旋转,如图9.8所示。

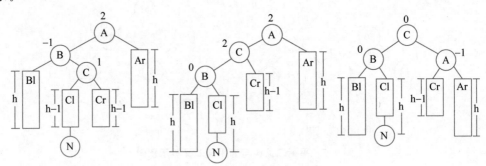

图9.8　LR型调整操作示意图

4) RL型

因为在A结点的右孩子(设为B)的左孩子(设为C)的左子树Cl上插入了结点N,使得A的平衡因子由−1变为−2,引起了失衡,则需要进行两次旋转操作。先顺时针右旋转,再逆时针左旋转,正好与LR型对称,原始图和插入后的效果如图9.9所示。

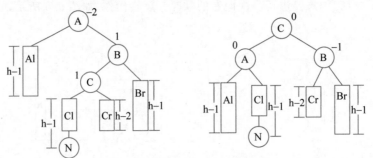

图9.9　RL型调整操作示意图

上面介绍了平衡二叉树结点的插入操作,接下来介绍平衡二叉树的查找。

平衡二叉树的查找过程和二叉排序树查找过程完全相同。而前面小节介绍过在最坏的情况下,二叉排序树的时间复杂度为 O(n)。对于平衡二叉树这种特殊的二叉排序树,它的时间复杂度如何计算呢?对平衡二叉树来说,在查找过程中与给定值进行比较的关键字个数不会超过树的深度。我们先分析深度为 h 的平衡二叉树所具有的最少结点数 N。

设 N_h 表示深度为 h 的平衡二叉树中含有的最少结点数。显然,$N_0=0$,$N_1=1$,$N_2=2$,并且 $N_h=N_{h-1}+N_{h-2}+1$。利用归纳法可得:当 $h\geqslant 0$ 时,$N_h=F_{h+2}-1$,而 F_k 约等于 $\Phi^h/\sqrt{5}$(其中 $\Phi=\dfrac{1+\sqrt{5}}{2}$),则 N_h 约等于 $\Phi^{h+2}/\sqrt{5}-1$。即:有 n 个结点的平衡二叉树的最大深度为 $\log\Phi(\sqrt{5}(n+1))-2$。因此,有 n 个结点的平衡二叉树的平均查找长度 ASL 为 $O(\log_2 n)$,算法的时间复杂度也是 $O(\log_2 n)$。

9.5 哈希表查找

视频讲解

9.5.1 哈希表的基本概念

前面几节讨论的是基于线性表、树表结构的查找方法,这些方法的核心过程是进行关键字比较。记录在存储结构中的位置与其关键字无直接关系,查找时间与表长度有关,结点数量多的时候,查找需要大量与无效结点关键字进行比较的过程,速度会很慢。理想情况是可以根据关键字直接获得其对应的数据元素位置,也就是关键字与数据元素间一一对应。这就是哈希查找(又叫散列查找)的思想,它通过对元素的关键字值进行某种运算,直接求出元素地址,而不需要反复比较。

在记录的存储位置 p 和其关键字 key 之间建立一个确定的对应关系 H,使得 p=H(key),称这个对应关系 H 为哈希函数,p 为哈希地址。

哈希表指一个有限连续的地址空间,用来存储按哈希函数计算得到相应哈希地址的数据记录。通常哈希表的存储空间是一个一维数组,哈希地址是数组的下标。

不同的关键字可能得到相同的散列地址,即 $key_1 != key_2$,而 $H(key_1)=H(key_2)$,这种现象称为冲突。具有相同函数值的关键字对该哈希函数来说称为同义词,即 key_1 与 key_2 互称同义词。

哈希查找主要需要解决两个问题,第一个就是如何构造哈希函数(选择的哈希函数应尽可能简单,每个关键字只有一个哈希地址;该函数计算出的地址应大致均匀分布,少浪费空间);第二个就是如何解决冲突。

9.5.2 哈希表的构造方法

1. 除留余数法

设哈希表长度为 m,选择一个不大于 m 的数 p,让关键字对 p 取余,得到的就是哈希地址如式(9-4)所示:

$$H(key) = key \% p \tag{9-4}$$

使用除留余数法,选取合适的 p 很重要,p 一般选取质数。

【例 9-4】 设哈希表长度 m=13,采用除留余数法建立如下关键字集合的哈希表:{3,

74,60,43,67,90,46,31,29,36,77}。

【解】
根据题意,关键字个数 n=11,表长 m=13,则除留余数法的哈希函数为:
H(key)=key % p
p 应为小于或等于 m 的质数,假设 p 取值 13。
H(3)=3,H(74)=9,H(60)=8,H(43)=4,
H(67)=2,H(90)=12,H(46)=7,H(31)=5,
H(29)=3,H(36)=10,H(77)=12。
发现关键字 3 和 29 的地址都是 3,关键字 90 和 77 的地址都是 12,存在冲突。将在 9.5.3 节介绍解决冲突的方法。

2. 直接定址法

取关键字的某个线性函数值为哈希地址,这类函数是一一对应的函数,不会产生冲突,但要求地址集合与关键字集合大小相同,因此,对于较大的关键字集合不适用,如式(9-5)所示。

$$H(key) = a * key + b \quad (a,b 为常数) \tag{9-5}$$

3. 数字分析法

如果事先知道关键字集合,并且每个关键字的位数比哈希表的地址位数多,每个关键字由 n 位数组成,如 $k_1, k_2, \cdots, k_n$,则可以从关键字中提取数字分布比较均匀的若干位作为哈希地址。例如,有 80 个记录,其关键字为 7 位十进制数。设哈希表的长度为 100,则可以取两位十进制数组成哈希地址,原则是分析 80 个关键字,使获得的哈希地址尽量避免冲突。设 80 个关键字中的一部分如下:

```
   ……
7 4 7 9 5 2 3
7 4 9 1 4 8 3
7 4 8 2 6 9 3
7 4 8 7 2 7 0
7 4 8 6 3 0 7
7 4 9 8 0 5 7
7 4 9 9 6 7 7
7 4 9 3 9 1 7
   ……
① ② ③ ④ ⑤ ⑥ ⑦
```

对上述关键字分析发现,第①和第②位都是 7 和 4,第③位只能取 7、8、9,第⑦位只能取 3、7、0,因此这四位都不可取。由于中间的④⑤⑥三位可看成近乎随机的,因此可取其中任意两位作为哈希地址。

数字分析法适用的情况是事先必须明确知道所有关键字每一位上各种数字的分布情况。

4. 折叠法

将关键字分割成位数相同的几部分,最后一部分位数可以不同,然后将这几部分的叠加和作为哈希地址,就叫作折叠法。

有两种叠加方法。

(1) 移位叠加法:将各部分的最后一位对齐相加;

(2) 边界叠加法:从一端向另一端沿各部分分界来回折叠后,最后一位对齐相加。

折叠法适用于哈希地址的位数较少,而关键字位数较多,难以直接从关键字中找到取值分散的位数的情况。

9.5.3 哈希冲突的解决方法

哈希查找的性能与三个因素有关,分别是装填因子、哈希函数及解决冲突的方法。

装填因子是指哈希表中已存入的元素数个数与哈希地址空间个数的比值,比值越小,冲突的可能性就越小,反之则冲突可能性越大。因为,比值越小意味着少量的数据要存入大量的空间内,冲突可能性就相应减小。

哈希函数的选择也很重要,一个好的哈希函数可以使哈希地址尽可能均匀分布在哈希地址空间上,减少冲突发生。

选择一个好的哈希函数固然可以在一定程度上减少冲突,但是,不能保证完全没有冲突,所以,找到解决冲突的方法也很重要。在【例 9-4】中,用除留余数法得到的地址出现了两处冲突,可以通过接下来介绍的一些方法来解决冲突。通常可以分为两类方法:开放定址法和拉链法。

1. 开放定址法

开放定址法指在出现哈希冲突时在哈希表中找一个新的空闲位置来存放元素。如果找的位置被占用,就继续找下一个,直到找到一个空闲的位置为止。寻找新的空闲位置的方法又分为线性探测法和二次探测法。

1) 线性探测法

如式(9-6)所示。

$$d_0 = H(key)$$
$$d_i = (d_{i-1} + 1) \% m (1 \leqslant i \leqslant m-1) \quad (9\text{-}6)$$

其中,d_0 是发生冲突的地址,m 是哈希表的长度。

【例 9-5】 设哈希表长度 m=13,采用除留余数法建立如下关键字集合的哈希表:{3, 74,60,43,67,90,46,31,29,36,77},采用线性探测法解决冲突。

【解】

H(key)=key % p,根据题意,p=m=13

H(3)=3,H(74)=9,H(60)=8,H(43)=4,

H(67)=2,H(90)=12,H(46)=7,H(31)=5,

H(29)=3   冲突

d_0=3,d_1=(3+1)%13=4   仍冲突

d_2=(4+1)%13=5   仍冲突

$d_3 = (5+1) \% 13 = 6$

$H(36) = 10$

$H(77) = 12$ 冲突

$d_0 = 12, d_1 = (12+1) \% 13 = 0$

综上,可得到哈希表 H[0…12],如表 9.2 所示。

表 9.2 哈希表 H[0…12]

下标	0	1	2	3	4	5	6	7	8	9	10	11	12
key	77		67	3	43	31	29	46	60	74	36		90
探测次数	2		1	1	1	1	4	1	1	1	1		1

2)二次探测法

如式(9-7)所示:

$$d_0 = H(key)$$
$$d_i = (d_0 \pm i^2) \% m \quad (1 \leqslant i \leqslant m-1) \quad (9\text{-}7)$$

其中,d_0 是发生冲突的地址,m 是哈希表的长度。

此外,还有一种伪随机探测法,探测的增量是伪随机数序列。

采用哪种方法要根据方法的优缺点来决定。线性探测法的优点是只要哈希表未满,总能找到一个不发生冲突的地址,将元素填进去;缺点是会产生"二次堆积"(处理同义词的冲突过程中又发生了非同义词之间的冲突)。二次探测法和伪随机探测法的优点是可以避免"二次堆积";缺点是不能保证一定可以找到不冲突的地址。

2. 拉链法

拉链法的基本思路是把具有相同哈希地址的记录放在同一个单链表中,称为同义词链表。若有 m 个哈希地址,则有 m 个单链表,并用数组来存放各个链表的头指针,凡是哈希地址相同的记录都被以结点方式插入到对应的头结点的单链表中。

【例 9-6】 关键字序列为{47,18,29,11,27,81,33,8,14,50,37,78,21},哈希函数为:

H(key)=key % 11,建立哈希表,利用拉链法处理冲突如图 9.10 所示。

【解】

拉链法的优点:方法比较简单,无堆积现象,平均查找长度较短;结点空间动态分配,适合于表长度不定的情况;数据规模较大时,相对于开放定址法而言,拉链法更节省空间;因为是用链表存储,所以删除结点的操作更容易。

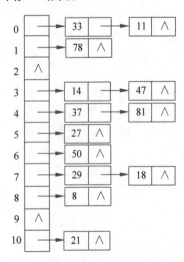

图 9.10 拉链法处理冲突的哈希表示意图

9.5.4 哈希表查找算法分析

哈希表的查找和创建过程基本一致,一部分关键字可通过哈希函数直接找到地址,其他的关键字在处理冲突后依然能找到地址。而产生冲突后的查找仍然是给定值与关键字进行比较的过程。所以,依然可以用平均查找长度来衡量哈希表查找效率。

查找过程中,关键字的比较次数,取决于产生冲突的多少,冲突少则查找效率高,冲突多则查找效率低。因此,影响产生冲突多少的因素,也是影响查找效率的因素。影响冲突多少有三个因素,分别是哈希表的装填因子、哈希函数及处理冲突的方法。

哈希表的装填因子定义:

$$\alpha = \frac{\text{填入表中的元素个数}}{\text{哈希表的长度}}$$

α是哈希表装满程度的标志。α与"填入表中的元素个数"成正比,α越大,填入表中的元素越多,产生冲突的可能性就越大;α越小,填入表中的元素越少,产生冲突的可能性就越小。

哈希函数的"好坏"直接影响冲突产生的频率,但通常我们会设定所选的哈希函数是"均匀的",则哈希函数对平均查找长度的影响可以忽略。

数据元素查找等概率情况下,相同的关键字集合、相同的哈希函数,采用不同的处理冲突方法,得到的平均查找长度可能不同。

哈希方法存取速度快,较节省空间,支持静态查找和动态查找,但由于存取是随机的,因此不便于顺序查找。

9.6 案例分析与实现

9.2节引入的案例,其数据元素之间逻辑结构是线性表结构,本节进行存储结构设计及对应算法实现。

思路如下。
(1) 用线性表表示学生的信息;
(2) 然后用一个字符串 s1 来存放命令语言(即"insert""find""end");
(3) 每次输入,都先将命令语言与"insert""find""end"做比较,再分别执行相应操作;
(4) 输入"insert"将后续输入信息存入线性表中;
(5) 输入"find",先将后续输入信息存入另一个字符串 s2 中,然后将字符串 s2 与学生表中的每一个元素进行比较如有相同,则输出其成绩,否则输出-1;
(6) 输入"end",结束。

【案例实现】

1. 数据结构定义

```
1.    //学生成绩结构定义
2.    typedef struct
3.    {
4.        char name[20];
5.        int grade;
6.    }ElemType;
```

```
7.    typedef struct
8.    {
9.        ElemType stu[MAXSIZE];
10.       int length;
11.   }STBStu;
```

2. 算法实现

```
1.    #include <stdio.h>
2.    #include <string.h>
3.    #define MAXSIZE 50
4.    typedef struct
5.    {
6.        char name[20];
7.        int grade;
8.    }ElemType;
9.    typedef struct
10.   {
11.       ElemType stu[MAXSIZE];
12.       int length;
13.   }STBStu;
14.   int main()
15.   {
16.       char a1[] = { "insert" };
17.       char a2[] = { "find" };
18.       char a3[] = { "end" };
19.       char s1[50], s2[50];
20.       STBStu s;
21.       int i = 0;
22.       while (scanf("%s", s1))
23.       {
24.           if (strcmp(s1, a1) == 0)
25.           {
26.               scanf("%s %d", s.stu[i].name, &s.stu[i].grade);
27.               s.length++;
28.               i++;
29.           }
30.           if (strcmp(s1, a2) == 0)
31.           {
32.               int j = 0;
33.               scanf("%s", s2);
34.               int flag = 0;
35.               for(j = 0; j < i; j++)
36.               {
37.                   if(strcmp(s2, s.stu[j].name) == 0)
38.                   {
39.                       flag = 1;
40.                       break;
41.                   }
42.               }
43.               if (flag == 0)
```

```
44.            printf(" - 1\n");
45.         else
46.            printf(" % d\n", s.stu[j].grade);
47.         j++;
48.      }
49.      if (strcmp(s1, a3) == 0)
50.         break;
51.   }
52. }
```

运行结果如图 9.11 所示。

```
insert zhang 90
insert li 89
insert wang 95
insert zhao 70
find zhang
90
find wang
95
find shao
-1
```

图 9.11 学生成绩查询系统运行结果

9.7 小结

(1) 介绍查找的基本概念,介绍现实生活中需要使用查找的案例——学生成绩查询系统。

(2) 线性表查找:在查找过程中仅查找某个特定关键字是否存在或查询关键字的属性,查找方法包括顺序查找、折半查找、分块查找。线性表查找的优点是简单,缺点是不适用所有情况,使用需要满足一些前提条件,如折半查找需要待查序列是有序的。

(3) 树表查找:包括二叉排序树查找和平衡二叉树查找。树表查找可以高效的对动态查找表进行查找操作。

(4) 哈希表查找:选取哈希函数,并按关键字计算元素的存储位置并存放。若出现同义词,会导致地址冲突,可采用开放定址法、拉链法等解决冲突。

习题 9

一、单选题

1. 假设在有序线性表 a[20]上进行折半查找,平均查找长度为(   )。
   A. 10.5   B. 4   C. 3.7   D. 4.1
2. 设有一组关键字为{42,15,36,2,68,20,11,28},采用除留余数法加拉链法构造哈希表,哈希函数为 H(key)= key ％ 13,则哈希地址为 2 的链表中有(   )个记录。
   A. 1   B. 2   C. 3   D. 4

3. 在表长为 n 的链表中进行顺序查找,若查找每个元素的概率相同,则平均查找长度为(　　)。
   A. ASL=n
   B. ASL=(n+1)/2
   C. ASL=$\sqrt{n}$+1
   D. ASL=$\log_2(n+1)-1$

4. 下面有关折半查找的叙述中,正确的是(　　)。
   A. 数据元素必须有序排列,可以采用顺序存储,也可以采用链式存储
   B. 数据元素必须有序排列,而且只能从大到小排列
   C. 数据元素必须有序排列,且必须采用顺序存储
   D. 数据元素可以有序排列,也可以无序排列

5. 对有 14 个数据元素的有序表 A[14]进行折半查找,搜索到 A[4]的关键字等于给定值,此时元素比较顺序依次为(　　)。
   A. A[1],A[2],A[3],A[4]
   B. A[1],A[14],A[7],A[4]
   C. A[7],A[5],A[3],A[4]
   D. A[7],A[3],A[5],A[4]

6. 一个有序表为{2,3,11,12,32,43,45,62,73,77,86,95,99},当折半查找值为 86 的结点时,(　　)次比较后查找成功。
   A. 2　　　　B. 3　　　　C. 4　　　　D. 5

7. 折半查找有序表{4,7,10,12,20,30,50,70,88,98},若待查找的关键字值为 57,则将依次与表中(　　)比较大小,查找结果是失败。
   A. 20,70,50
   B. 30,88,50
   C. 30,88,70,50
   D. 20,70,30,50

8. 有一个长度为 12 的有序表,按折半查找法对其进行查找,在表内各元素等概率情况下查找成功所需的平均比较次数为(　　)。
   A. 35/12　　B. 37/12　　C. 39/12　　D. 41/12

9. 对包含 n 个元素的哈希表进行查找,平均查找长度为(　　)。
   A. O(n)　　B. $O(\log_2 n)$　　C. $O(n^2)$　　D. 不直接依赖于 n

10. 在查找过程中,不做增加、删除或修改的查找称为(　　)。
    A. 静态查找　　B. 内查找　　C. 动态查找　　D. 外查找

11. 链表适用于哪种查找(　　)。
    A. 顺序查找
    B. 折半法查找
    C. 顺序查找,也可以折半查找
    D. 随机查找

12. 对具有 n 个元素的表做折半法查找时,时间复杂度为(　　)。
    A. O(1)　　B. $O(\log_2 n)$　　C. O(n)　　D. $O(n^2)$

13. 下列关于折半查找的判定树,说法错误的是(　　)。
    A. 折半查找的判定树一定是二叉树
    B. 折半查找的判定树不一定是二叉树
    C. 折半查找中,查找表中任一元素时,需要与关键字的比较次数即为该元素结点在树中的层次数

D. 折半查找的时间复杂度为 $O(\log_2 n)$

14. 若有一个长度为 64 的有序表,现用折半查找的方法查找某一元素,则查找不成功,最多需要比较多少次(   )。

    A. 3   B. 5   C. 7   D. 9

15. 要进行哈希查找,则线性表(   )。

    A. 必须以顺序方式存储

    B. 必须以链表方式存储

    C. 必须以散列方式存储

    D. 既可以顺序方式,也可以链表方式存储

二、判断题

1. 折半查找法不要求待查找表的关键字必须有序。   (   )
2. 在二叉排序树中,根结点的值都小于左孩子结点的值。   (   )
3. 哈希表查找的基本思想是由关键字的值决定数据的存储地址。   (   )
4. 选择好的哈希函数完全可以避免哈希冲突的发生。   (   )
5. 采用分块查找,索引表有序,查找表块内无序。   (   )

三、应用题

1. 已知一个有序顺序表,其关键字为{5,12,17,25,30,46,50,66,69,75},请给出用折半查找方法查找关键字值 50 的查找过程。

2. 画出对长度为 10 的有序表进行折半查找的判定树,求其等概率时平均查找长度。

3. 给定结点的关键字序列为:32,27,36,1,68,20,84,30,56,12。设哈希表的长度为 13,哈希函数为:$H(K)=K \% 13$。试画出用线性探测法解决冲突时所构造的哈希表。

第 10 章

排　序

CHAPTER 10

在线自测题

本章学习目标
- 理解排序的基本概念
- 掌握各种内排序方法的基本思路、特点及排序过程
- 理解如何根据问题的要求选择排序方法

本章先介绍排序的概念和相关术语,再介绍各种内排序方法的基本思想、算法特点,最后分析各种排序算法的排序过程和时间复杂度。

10.1 排序的基本概念

排序(Sorting)是计算机程序设计中的一种重要操作,其功能是对一个数据元素集合或序列重新排列成一个按数据元素某个项值有序的序列。作为排序依据的数据项称为"排序码",即数据元素的关键字。

为了便于查找,通常期望计算机中的数据表是按关键字有序的。若关键字是主关键字,则对于任意待排序序列,经排序后得到的结果是唯一的;若关键字是次关键字,排序结果可能不唯一,这是因为存在具有相同关键字的数据元素,这些元素在排序过程中,它们之间的位置关系与排序前可能不一致。

若对一个序列,使用某个排序方法进行排序,且具有相同关键字元素间的位置关系,排序前与排序后保持一致,称此排序方法是稳定的;而不能保持一致的排序方法则称为不稳定的。

排序分为两类:内排序和外排序。内排序:指待排序列完全存放在内存中所进行的排序过程,适合不太大的元素序列。外排序:指排序过程中还需访问外存储器,足够大的元素序列,因不能完全放入内存,只能使用外排序。

本章中,涉及的关键字类型和数据元素类型统一说明如下:

```
1. typedef int datatype;              //datatype 为序列中的数据类型
2. typedef struct
3. {
4.     datatype key;                  //关键字字段,可以是整型、字符串型、构造类型等
5.     ……                            //其他字段
6. }rectype;
```

10.2 典型案例

【例 10-1】 社区 0~12 岁儿童疫苗注射信息管理系统。

为了防止儿童被传染病感染,从儿童出生起到 12 岁,要被注射各种疫苗。每个儿童都会有一本预防接种证,上面有 9 种免费的疫苗需要儿童接种。除了这 9 种疫苗之外,还有其他付费疫苗,家长可根据自己的情况自愿接种。为了辅助社区医院儿童疫苗接种工作的开展,需要编写程序实现以下功能:

1. 社区儿童信息录入,信息包括社区编号、社区名、社区 0~12 岁儿童人数、社区儿童疫苗注射人数、社区儿童疫苗注射率;
2. 输出显示社区信息;
3. 将社区信息按社区儿童人数升序排序,并进行显示(采用直接插入排序算法)。
4. 将社区信息按社区儿童疫苗注射人数降序排序,并进行显示(采用冒泡排序算法)。
5. 将员工信息按社区儿童疫苗注射率升序排序,并进行显示(采用直接选择排序算法)。

视频讲解

10.3 插入排序

插入排序的基本思想是：每次将一个待排序的元素，按其关键字大小插入到已经排好序的子表中的适当位置，直到全部元素插入完成为止。本节介绍两种插入排序方法，即直接插入排序和希尔排序。

10.3.1 直接插入排序

直接插入排序的基本思路：把待排序的元素存放在数组 r[1…n] 中。排序过程中数组 r 被划分成两部分：有序表部分和无序表部分。初始时有序表只有 1 个元素，为 r[1]；无序表中包含有 n−1 个元素，为 r[2]~r[n]。排序过程中，每次取出无序表中第 1 个元素存放到 r[0] 位置，将 r[0] 中的元素与有序表中的元素从后向前依次比较，直至将该元素插到有序表的适当位置上，使之成为新的有序表，这样经过 n−1 次插入后，无序表变成空表，而有序表包含 n 个元素，排序完毕。

【例 10-2】 假设数组 r 有 8 个待排序的记录，它们的关键字分别为：(36,25,48,12,65,41,20,36)。在直接插入排序的过程中，我们将一个记录的插入过程称为一趟排序（或一次排序）。直接插入排序每趟排序的具体过程如图 10.1 所示。其中，方括号表示无序表，圆括号表示有序表。为了区别两个相同的关键字 36，我们在后一个关键字 36 的下方加了一个下画线以示区别。

趟数		r[0]							
0	i=1	**36**	(36)	【25	48	12	65	41	20	36】
1	i=2	**25**	(25 | 36)	【48	12	65	41	20	36】
2	i=3	**48**	(25	36	48)	【12	65	41	20	36】
3	i=4	**12**	(12	25	36	48)	【65	41	20	36】
4	i=5	**65**	(12	25	36	48	65)	【41	20	36】
5	i=6	**41**	(12	25	36	41	48	65)	【20	36】
6	i=7	**20**	(12	20	25	36	41	48	65)	【36】
7	i=8	**36**	(12	20	25	36	36	41	48	65)

图 10.1 直接插入排序示意图

直接插入排序算法如下：

```
1. void Insert_Sort(rectype r[ ])           //直接插入排序
2. {
3.     int i, j, n = NUM;                   //NUM 为实际输入的记录数
4.     for(i = 2; i <= n; i++)              //i <= NUM 条件很重要
5.     {
6.         r[0] = r[i];                     //r[0]是监视哨
7.         j = i-1;                         //依次插入记录 r[1], …, r[NUM]
8.         while(r[0].key < r[j].key)       //查找 r[i]合适插入位置
9.             r[j+1] = r[j- -];            //将大于 r[i].key 记录后移
10.        r[j+1] = r[0];                   //将 r[i]插到有序表合适位置上
11.    }
12. }
```

上述算法中记录 r[0]为"监视哨",有两个作用:一是在进入查找循环之前,它保存了 r[i]的值,使其不会因记录的后移而丢失 r[i]的内容;二是在 while 循环中"监视"下标变量 j 是否越界,一旦越界(即 j<0),r[0]将自动控制 while 循环的结束,从而避免了在 while 循环中每一次都要检测 j 是否越界(即省略了循环条件 j≥1)。

【算法分析】

直接插入排序算法时间复杂度可分最好、最坏和平均三种情况来考虑。

直接插入排序算法是由两重循环组成的,对于由 n 个记录组成的文件,外循环表示要进行插入排序的趟数,内循环表示完成一趟排序所要进行的记录关键字之间的比较和记录的后移。

当参加排序的记录关键字已按升序排列时,这是最好的情况。在这种情况下,每趟排序过程中,while 语句的循环次数为 0,仅需进行一次关键字的比较,且不需要后移记录。但是,在进入 while 循环之前,将 r[i]保存到"监视哨"r[0]中需移动一次记录,在该循环结束之后,将"监视哨"r[i]插到 r[j+1]中也需移动一次记录。

因此,每趟排序过程中,关键字比较次数为 1,记录的移动次数为 2。整个排序过程中,关键字总的比较次数最小值 C_{min} 和记录总的移动次数最小值 M_{min} 如式(10-1)所示:

$$C_{min} = \sum_{i=2}^{n} 1 = (n-1) = O(n)$$
$$M_{min} = \sum_{i=2}^{n} 2 = 2(n-1) = O(n)$$
(10-1)

当参加排序的记录关键字按逆序排列时,这是最坏的情况。在这种情况下,第 i 趟排序过程中,while 语句的循环次数为 i,有序区中所有 i−1 个记录均向后移动一个位置,再加上 while 循环前后的两次移动,因此,在每趟排序过程中,关键字的比较次数为 i,记录的移动次数为 i−1+2。那么整个排序过程中,关键字总的比较次数的最大值 C_{max} 和记录移动次数最大值 M_{max} 如式(10-2)所示:

$$C_{max} = \sum_{i=2}^{n} i = \frac{1}{2}(n+2)(n-1) = O(n)$$
$$M_{max} = \sum_{i=2}^{n} (i-1+2) = \frac{1}{2}(n+4)(n-1) = O(n^2)$$
(10-2)

在平均情况下,参加排序的原始记录关键字是随机排列的。我们可取上述最小值和最大值的平均值,作为直接插入排序所需的平均比较次数和平均移动次数。因为第 i 趟排序过程中,关键字的平均比较次数为(1+i)/2,记录的平均移动次数为(i+3)/2,因此,对于 n 个记录进行直接插入排序时,总共需要进行 n−1 趟排序才能完成排序运算,其关键字的平均比较次数 C_{avg} 和记录的平均移动次数 M_{avg} 如式(10-3)所示:

$$C_{avg} = \sum_{i=2}^{n} \left(\frac{i+1}{2}\right) = \frac{1}{4}(n+4)(n-1) = O(n^2)$$
$$M_{avg} = \sum_{i=2}^{n} \left(\frac{i+1+2}{2}\right) = \frac{1}{4}(n+8)(n-1) = O(n^2)$$
(10-3)

直接插入排序算法的时间复杂度为 $O(n^2)$。直接插入排序所需的辅助空间是一个"监视哨",其作用是暂时存放待插入的元素,故空间复杂度为 $O(1)$。直接插入排序是稳定的排序方法,直接插入排序的算法简单,容易实现。当记录数 n 很大时,不适合进行直接插入排序。

10.3.2 希尔排序

希尔排序又称缩小增量排序，是 1959 年由 D. L. Shell 提出的，较直接插入排序方法有较大的改进。希尔排序基本思路是：不断把待排序的记录分成若干个小组，然后对同一组内的记录进行排序。

希尔排序的过程如下：

(1) 以 $d_1(0 < d_1 < n-1)$ 为步长(增量)，把数组 r 中的 n 个元素分为 d_1 个小组，将所有下标距离为 d_1 的记录放在同一组中；

(2) 对每个组内的记录分别进行直接插入排序。这样一次分组排序过程称为一次排序；

(3) 以 $d_2(d_1 > d_2)$ 为步长(增量)，重复上述步骤，直到 $d_i = 1$，把所有 n 个元素放在一个组内，进行直接插入排序为止。该次排序结束时，整个序列的排序工作完成。

在希尔排序中，增量序列的选取到目前为止尚未得到一个最佳值，但最后一次排序时的增量值必须为 1。一般选取增量序列的规则是：取 d_{i+1} 为 $d_i/3 \sim d_i/2$ 之间的数。最简单的方法是取 $d_{i+1} = d_i/2$。

【**例 10-3**】 假设数组 r 有 14 个待排序的记录，它们的关键字分别为：39,80,76,41,13,29,50,78,30,11,100,7,41,86。

【**解**】 步长因子分别取 5、3、1，则排序过程如图 10.2(a)和图 10.2(b)所示。

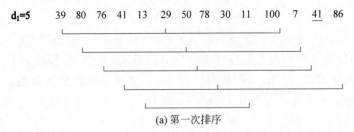

(a) 第一次排序

子序列分别为{39，29，100}，{80，50，7}，{76，78，41}，{41，30，86}，{13，11}。

第一趟排序结果： 29　7　41　30　11　39　50　76　41　13　100　80　78　86

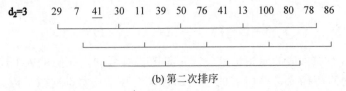

(b) 第二次排序

子序列分别为{29，30，50，13，78}，{7，11，76，100，86}，{41，39，41，80}。

第二趟排序结果： 13　7　39　29　11　41　30　76　41　50　86　80　78　100

　　　d₃=1　　13　7　39　29　11　41　30　76　41　50　86　80　78　100

此时，序列基本"有序"，对其进行直接插入排序，得到最终结果：

　7　11　13　29　30　39　41　41　50　76　78　80　86　100

图 10.2 希尔排序示意图

希尔排序算法实现如下：

```
1. void Shell_Sort(rectype r[ ])
2. {
3.     int i, n, jump, change, temp, m;       //change 为交换标志，jump 为增量步长
```

```
4.     jump = NUM;                        //NUM 为顺序表的实际长度
5.     n = NUM;
6.     while(jump > 0)
7.     {
8.         jump = jump/2;                 //取步长 di + 1 = di/2
9.         do
10.        {
11.            change = 0;                //change = 0 表示未交换
12.            for(i = 1; i <= n - jump; i++)
13.            {
14.                m = i + jump;          //取增量为 di + 1 = di/2 的希尔排序 - 2
15.                if(r[i].key > r[m].key)
16.                {
17.                    temp = r[m].key;
18.                    r[m].key = r[i].key;
19.                    r[i].key = temp;
20.                    change = 1;        //change = 1 表示有交换
21.                }
22.            }                          //本趟排序完成
23.        }while(change == 1);           //当 change = 0 时终止本趟排序
24.    }                                  //当 jump = 1 且 change = 0 时终止
25. }
```

【算法分析】

希尔排序比直接插入排序速度快。但希尔排序算法的时间复杂度分析比较复杂，排序实际所需的时间取决于各次排序时增量的个数和增量的取值。大量研究证明，若增量序列的取值比较合理，希尔排序算法的时间复杂度为 $O(n\log_2 n) \sim O(n^2)$，大致为 $O(n^{1.5})$。希尔排序算法的空间复杂度为 $O(1)$。

由于希尔排序是按增量分组进行排序的，所以希尔排序是一种不稳定的排序方法。

10.4 交换排序

视频讲解

利用交换记录位置进行排序的方法称为交换排序。交换排序的基本思路是：两两比较待排序记录的关键字，若发现两个记录关键字的次序相反时则进行交换，直到没有反序的记录为止。交换排序的特点是：通过记录的交换将关键字较大的记录向文件的尾部移动，而将关键字较小的记录向文件的前部移动。本节将介绍两种常用的交换排序：冒泡排序和快速排序。

10.4.1 冒泡排序

冒泡排序的基本思路：将待排序的记录排列成一个垂直的序列。把记录想象成水箱里的气泡，其关键字相当于气泡的重量。对所有待排序的记录扫描一趟以后，通过两个相邻记录之间的比较和交换，使得气泡下沉或上升到其重量应该到的最终位置上。

冒泡排序的具体过程：把第 n 个记录的关键字与第 n−1 个记录的关键字进行比较，如果 r[n].key < r[n−1].key，则交换两个记录 r[n] 和 r[n−1] 的位置，否则不交换；然后再把第 n−1 个记录的关键字与第 n−2 个记录的关键字进行比较；以此类推，直到第 2 个记录与第一个记录的关键字比较完为止，这个过程就称为一趟冒泡排序。

在整个冒泡排序过程中，首先对 n 个待排序的记录进行第一趟冒泡排序，将关键字最小的记录上浮到数组的第一个单元中；然后对剩下的 n−1 个记录进行第二趟冒泡排序，使关键字次小的记录上浮到数组第二个单元中;重复进行 n−1 趟后,轻者上浮而重者下沉,则整个冒泡排序结束。

【例 10-4】 假设 n=8,数组 r 中 8 个记录的关键字分别为:(53,36,48,36,60,17,18,41),用冒泡法进行排序,请说明排序的过程。

【解】 第一趟冒泡排序过程如图 10.3 所示,冒泡排序全部过程则如图 10.4 所示。在图 10.4 中,第一行为初始的关键字序列,从第二行起依次为各趟冒泡排序的结果,黑方括号括起来的记录为当前的无序区。

```
初始关键字序列【53    36    48    36    60    17    18    41】
第一次两两比较【53    36    48    36    60    17    18←→41】    41>18,满足要求,不交换。
第二次两两比较【53    36    48    36    60    17←→18    41】    18>17,满足要求,不交换。
第三次两两比较【53    36    48    36    60←→17    18    41】    17<60,不满足要求,交换。
第四次两两比较【53    36    48    36←→17    60    18    41】    17<36,不满足要求,交换。
第五次两两比较【53    36    48←→17    36    60    18    41】    17<48,不满足要求,交换。
第六次两两比较【53    36←→17    48    36    60    18    41】    17<36,不满足要求,交换。
第七次两两比较【53←→17    36    48    36    60    18    41】    17<53,不满足要求,交换。
第一趟冒泡结果(17)【53    36    48    36    60    18    41】
```

图 10.3 第一趟冒泡排序过程示意图

```
趟数        【53    36    48    36    60    17    18    41】
1  i=1  (17)【53    36    48    36    60    18    41】
2  i=2  (17   18)【53    36    48    36    60    41】
3  i=3  (17   18    36)【53    36    48    41    60】
4  i=4  (17   18    36    36)【53    41    48    60】
5  i=5  (17   18    36    36    41)【53    48    60】
6  i=6  (17   18    36    36    41    48)【53    60】
7  i=7  (17   18    36    36    41    48    53)【60】
```

图 10.4 冒泡排序示意图

冒泡排序算法(从下往上扫描的冒泡排序)程序实现如下:

```
1.  void Bubble_Sort(rectype r[ ])
2.  {
3.      int i, j,   noswap = 0,   n = NUM;          //noswap 为交换标志
4.      rectype  temp;
5.      for(i = 1; i < n; i++)                       //进行 n−1 趟冒泡排序
6.      {
7.          noswap = 1;                              //noswap = 1 表示没有记录交换
8.          for(j = n; j > i; j−−)                   //从下往上扫描
9.              if(r[j].key < r[j−1].key)            //交换记录
10.             {
11.                 temp.key = r[j−1].key;
12.                 r[j−1].key = r[j].key;
13.                 r[j].key = temp.key;
14.                 noswap = 0;
15.             }
16.         if(noswap)
17.             break;
18.     }
19. }
```

对 n 个记录进行冒泡排序时,至多进行 n-1 趟排序。如果本趟冒泡排序过程没有交换任何记录,则说明全部记录已经有序,排序就此结束。为此,需在算法中设置一个标志变量 noswap,用于判断本趟冒泡排序过程是否有记录交换。在每趟冒泡排序之前,置 noswap=1;本趟排序过程中若有交换记录,则置 noswap=0;每趟冒泡排序之后,若 noswap=1,则表明全部记录已经有序,算法可以就此终止。

【算法分析】

冒泡排序的执行时间与待排序记录的原始状态有很大关系。若原始记录的初始状态是递减有序(即按"逆序"排列)的,这时需要进行 n-1 趟排序,每趟冒泡排序要进行 n-i 次关键字的比较($1 \leqslant i \leqslant n-1$),且每次比较都必须交换两个记录的位置,记录移动次数为 3 次。这是最坏的情况,此时关键字的比较次数 C_{max} 和记录的移动次数 M_{max} 均达到最大值,如式(10-4)所示。

$$C_{max} = \sum_{i=2}^{n-1}(n-i) = \frac{1}{2}(n-1) = O(n^2)$$

$$M_{max} = \sum_{i=2}^{n-1}3(n-i) = \frac{3}{2}n(n-1) = O(n^2)$$

(10-4)

因此,在最坏的情况下,冒泡排序的时间复杂度为 $O(n^2)$。若原始记录的初始状态是递增有序(即按"正序"排列)的,这时只需进行一趟冒泡排序过程就能结束排序。在排序过程中,记录关键字总的比较次数为 n-1 次,记录总的移动次数为 0 次。这是最好的情况,此时 $C_{min}=n-1$,$M_{min}=0$,冒泡排序的时间复杂度为 $O(n)$。在平均情况下,冒泡排序的比较次数和移动次数大约是最坏情况的一半。因此,冒泡排序算法的平均时间复杂度为 $O(n^2)$,冒泡排序算法的空间复杂度为 $O(1)$。显然冒泡排序算法是一种稳定的排序方法。

在一般情况下,冒泡排序比直接插入排序和直接选择排序需要移动记录的次数多,所以它是这三种简单排序方法中速度最慢的一个。但是,当原始的记录序列为有序时,则冒泡排序又是三者中速度最快的一种排序方法。

10.4.2 快速排序

快速排序也是一种交换排序,是对冒泡排序的改进,是目前所有排序方法中速度最快的一种。在冒泡排序中,记录的比较和交换是在相邻两个单元中进行的,记录每次的交换只能上移或者下移一个相邻位置,因而总的比较次数和移动次数比较多;而在快速排序中,记录的比较和移动从两端向中间进行,关键字大的记录一次就能交换到后面单元,关键字较小的记录一次就能交换到前面单元,记录每次移动的距离比较远,因而总的比较次数和移动次数比较少。

快速排序的基本思路是:在待排序的 n 个记录中任意选择一个记录作为标准记录(通常选第一个记录作为标准记录),以该记录的关键字为基准,将当前的无序区划分为左右两个较小的无序子区,使左边无序子区中各记录的关键字均小于基准记录的关键字,使右边无序子区中各记录的关键字均大于或等于基准记录的关键字,而标准记录则位于两个无序区的中间位置上(也就是该记录最终排序的位置上),分别对左右两个无序区继续进行上述的划分过程,直到无序区中所有的记录都排好序为止。在快速排序中,将待排序区间按照标准记录关键字分为左右两个无序区的过程称为一趟快速排序(或一次划分)。

【例 10-5】 假设 n=8,数组 r 中 8 个记录的关键字分别为:(49,38,65,97,76,13,27,49),试给出其第一趟快速排序的划分过程和结果。

【解】 若选取第一个记录作为标准记录 temp,则快速排序第一次划分过程如图 10.5 所示,方括号内为待排序的无序区。带方框和阴影的数据是标准记录 temp 的关键字 49,在划分过程中它并没有真正进行交换,而是在划分结束时才将其放到正确的位置上。

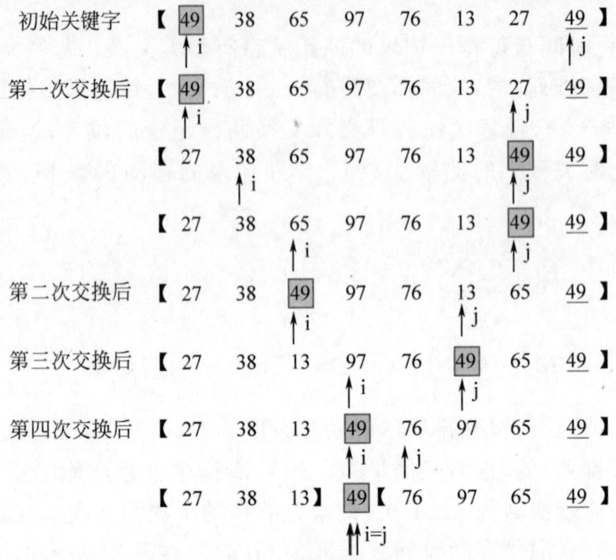

```
初始关键字      【 49  38  65  97  76  13  27  49 】
                   ↑i                           ↑j
第一次交换后    【 49  38  65  97  76  13  27  49 】
                   ↑i                      ↑j
                【 27  38  65  97  76  13  49  49 】
                       ↑i                  ↑j
                【 27  38  65  97  76  13  49  49 】
                           ↑i              ↑j
第二次交换后    【 27  38  49  97  76  13  65  49 】
                           ↑i          ↑j
第三次交换后    【 27  38  13  97  76  49  65  49 】
                               ↑i      ↑j
第四次交换后    【 27  38  13  49  76  97  65  49 】
                               ↑i  ↑j
                【 27  38  13】49【76  97  65  49 】
                               ↑↑i=j
```

图 10.5 快速排序示意图

显然,经过一次划分后,标准记录将整个无序区分成左右两个无序区,用同样的方法对左右两个无序区继续进行划分,直到各个子区间的长度为 1 时终止。图 10.6 是在快速排序执行过程中,每一次划分后关键字的排列情况,图中加阴影的记录为本次快速排序的基准记录。

```
初始关键字序列  【49    38    65    97    76    13    27    49】
第一趟排序后    【27    38    13】  49   【76    97    65    49】
第二趟排序后    【13】  27   【38】  49   【49】  65   【76】 【97】
第三趟排序后     13    27    38    49    49   【65】  76    97
最后结果         13    27    38    49    49    65    76    97
```

图 10.6 快速排序序列

一趟快速排序的具体操作如下。

(1) 将标准记录 r[s]保存到临时变量 temp 中,temp=r[s];

(2) 令 j 从 n 起向左扫描,将 r[j].key 与 temp.key 进行比较,直到找到第一个满足 temp.key>r[j].key 条件的记录时停止,然后将 r[j]移到 r[i]的位置上;

(3) 令 i 从 i+1 起向右扫描,将 r[i].key 与 temp.key 进行比较,直到找到第一个满足 temp.key<r[i].key 条件的记录时停止,然后将 r[i]移到 r[j]的位置上;

(4) 反复交替执行步骤(2)和步骤(3),直到指针 i 和 j 指向同一个位置(即 i=j)时为止,此时 i 就是标准记录 temp 最终存放的位置,因此将 temp 存放到 r[i]单元就完成了一次划分过程。

至此,一趟快速排序过程完成,数组被分成 r[s..i-1]和 r[i+1..t]两个部分。
一次划分过程及完整的快速排序算法如下:

```
1. int  Partition(rectype r[ ],int s,int t)    //快速排序算法中一趟划分函数
2.   {
3.     int i,j;
4.     rectype temp;
5.     i = s;j = t;temp = r[i];                //初始化,temp 为基准记录
6.     do{
7.         while((r[j].key > = tmp.key)&&(i < j))
8.             j -- ;
9.         if(i < j)
10.            r[i++] = r[j];                   //交换 r[i]和 r[j]
11.        while((r[i].key < = temp.key)&&(i < j))
12.            i++;
13.        if(i < j)
14.            r[j--] = r[i];                   //交换 r[i]和 r[j]
15.     }while(i!= j);                          //i = j,则一次划分结束
16.     r[i] = temp;                            //最后将基准记录 temp 定位
17.     return(i);
18.   }
```

快速排序算法如下:

```
1. void  Quick_Sort(rectype r[ ],int hs,int ht;)//对 r[hs]到 r[ht]进行快速排序
2. {
3.    int i;
4.    if(hs < ht) {                             //只有一个或无记录时不需要排序
5.       i = partition(r,hs,ht);                //r[hs]到 r[ht]一次划分
6.       Quick_Sort(r,hs,i-1);                  //递归处理左区间
7.       Quick_Sort(r,i+1,ht);                  //递归处理右区间
8.    }
9. }
```

【算法分析】
在快速排序中,若把每一次划分用的标准记录作为根结点,把划分所得到的左区间和右区间看成是根结点的左子树和右子树,那么整个排序过程就对应着一棵具有 n 个结点的二叉排序树,所需划分的层数就等于所对应的二叉排序树的高度减 1,所需划分的区间数就等于所对应的二叉排序树中的分支结点数,如图 10.7 所示。

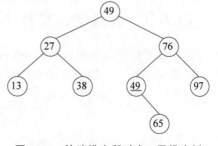

图 10.7 快速排序所对应二叉排序树示意图

快速排序算法的执行时间取决于标准记录的选择。如果每次排序时所选的标准记录值都是当前子序列的"中间数",那么该记录排序的终止位置应该位于该子序列的中间,这样就把原来的子序列分解成两个长度基本相等的更小序列。在这种情况下,由快速排序过程所得到的二叉排序树是一棵理想平衡树,每次划分所得到的左区间和右区间的长度大致相等。由于理想平衡树的结点数 n 与高度 h 的关系为:$\log_2 n < h \leqslant \log_2 n + 1$,所以快速排序总的比较次数 $C_n \leqslant (n+1)\log_2 n$。

通过上述分析可知,在最好的情况下,快速排序得到的是一棵理想平衡树,其算法的时间复杂度为 $O(n\log_2 n)$。当 n 较大时,快速排序是已介绍的几种排序方式中速度最快的一种排序方法。

在平均情况下,快速排序得到的是一棵随机的二叉排序树。算法平均时间复杂度是 $O(n\log_2 n)$。但是,在最坏的情况下,若原始记录序列已经有序,且每次都选取第一个记录作为标准记录,则快速排序得到的二叉排序树退化成一棵单枝树,也称为"退化树"。

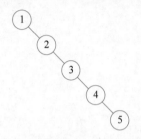

图 10.8 快速排序所对应退化树示意图

如图 10.8 所示的二叉排序树就是对 5 个正序记录(1,2,3,4,5)进行快速排序得到的退化树。在这种情况下,快速排序必须进行 n−1 趟排序,而每趟排序过程中需要进行 n−i 次比较。

此时,快速排序退化为"慢速排序",成为最差的排序方法,其算法的时间复杂度为 $O(n^2)$。快速排序算法要用堆栈临时保存递归调用的参数,堆栈空间的使用个数由递归调用次数决定。在最好的情况下,快速排序算法的空间复杂度为 $O(\log_2 n)$;在最坏的情况下,快速排序算法要递归处理(n−1)次,其空间复杂度为 $O(n)$;在平均情况下,快速排序的空间复杂度为 $O(\log_2 n)$。快速排序也是一种不稳定的排序方法。

视频讲解

10.5 选择排序

选择排序的基本思路是:从每一趟待排序的元素中选出关键字最小的元素,顺序放在已排好序的子表的最后,直到全部元素排序完毕。由于选择排序方法每一趟总是从无序区中选出最小(或最大)的关键字,所以适用于从大量的元素中选择一部分排序元素的情况。本节介绍两种选择排序方法:直接选择排序和堆排序。

10.5.1 直接选择排序

直接选择排序的基本思路是:首先从所有待排序的记录中选出关键字最小的记录,将它与待排序的第一个记录互相交换位置;然后从去掉最小的关键字记录后剩余的记录中,再选出关键字最小的记录并将它与第二个记录交换位置;其余类推,直到所有记录都排完为止。

【例 10-6】 假设 n=8,数组 r 中 8 个记录关键字为:(53,36,48,36,60,17,18,41),若用直接选择法进行排序,请说明排序过程。

【解】 如图 10.9 所示,是直接选择排序的过程示意图。在排序过程中,每次选择和交换记录后各关键字位置的变动情况如图所示,图中方括号表示待排序区间,它是一个无序表,圆括号则表示有序表。

直接选择排序的算法如下:

```
初始关键字序列：   【53   36   48   36   60   17   18   41】
第一趟排序结果：   (17)【36   48   36   60   53   18   41】
第二趟排序结果：   (17   18)【48   36   60   53   36   41】
第三趟排序结果：   (17   18   36)【48   60   53   36   41】
第四趟排序结果：   (17   18   36   36)【60   53   48   41】
第五趟排序结果：   (17   18   36   36   41)【53   48   60】
第六趟排序结果：   (17   18   36   36   41   48)【53   60】
第七趟排序结果：   (17   18   36   36   41   48   53)【60】
```

图 10.9　直接选择排序示意图

```
1. void  Select_Sort(rectype r[ ])                    //直接选择排序函数
2. {
3.      rectype temp;
4.      int i, j, k, n = NUM;                         //NUM 为实际输入记录数
5.      for(i = 0;i <= n - 1;i++)                     //做 n-1 趟选择排序
6.      {
7.          k = i;
8.          for(j = i + 1; j < n; j++)
9.              if(r[j].key < r[k].key)
10.                 k = j;
11.         if(k!= i)
12.         {
13.             temp = r[i];                          //交换记录 r[i]和 r[k]
14.             r[i] = r[k];
15.             r[k] = temp;
16.         }
17.     }
18. }
```

【算法分析】

在直接选择排序算法中，总共要进行 n-1 趟选择和交换才能完成排序工作。直接选择排序的比较次数与记录关键字的初始状态无关。无论关键字的初始状态如何，每趟选择排序都要进行 n-i 次比较，才能找出关键字最小的记录，即第一趟排序需要比较 n-1 次，第二趟排序要比较 n-2 次，……，第 n-1 趟排序只要比较 1 次，所以关键字总的比较次数的最大值 C_{max} 如式(10-5)所示：

$$C_{max} = \sum_{i=1}^{n-1}(n-i) = \frac{1}{2}n(n-1) = O(n^2) \tag{10-5}$$

记录的移动次数与记录关键字的初始状态有关。在最好的情况下，其初始的记录关键字为正序，每趟排序不用交换记录，记录移动次数为 0 次；在最坏的情况下，其初始的记录关键字为反序，每趟排序都要交换记录，记录移动次数为 3 次。因此，该算法总的移动次数最好时为 $M_{min} = 0$，最坏时为 $M_{max} = 3(n-1)$。由此可见，直接选择排序总时间复杂度仍是 $O(n^2)$。直接选择排序只需要一个临时单元交换记录，因此直接选择排序的空间复杂度为

O(1)。直接选择排序同样是不稳定的排序方法。

10.5.2 堆排序

设有 n 个元素的序列 $k_1,k_2,\cdots,k_n$,当且仅当满足所有非叶结点的值均大于或等于(或均小于或等于)其子女结点的值,称为大根堆(小根堆),即所有子树的根结点的值是最大(或最小)的。

堆排序(Heap Sort)是在直接选择排序方法的基础上借助于完全二叉树的结构而形成的一种排序方法,是完全二叉树顺序存储结构的应用。

例如关键字序列{75,38,62,15,26,49,58,17,6}和{10,15,50,25,30,80,76,38,49}满足堆的条件,分别为大根堆和小根堆,其对应的完全二叉树及顺序存储结构如图 10.10 所示。

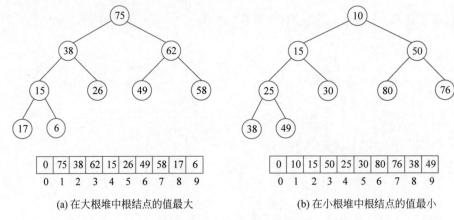

图 10.10 两个堆示意图

1) 初始堆的建立

堆排序的关键是建立初始堆。堆的建立方法有多种,在此介绍使用筛选法建立初始堆。已知,对于一棵具有 n 个结点的完全二叉树,若从 1 开始对树中结点编号,则编号为 1~n/2 的结点为分支结点,编号大于 n/2 的结点为叶结点。对于每个编号为 i 的分支结点,它的左孩子和右孩子结点的编号分别为 2i 和 2i+1。除编号为 1 的根结点外,对于每个编号为 i 的结点,其双亲结点的编号均为 i/2。

筛选法建立初始堆的基本思路:首先,将待排序的记录序列按原始顺序存放到一棵完全二叉树的各个结点中。然后根据堆的定义将完全二叉树中子树都调整为堆。由于完全二叉树中所有编号为 i>n/2 的叶结点 K_i 都没有孩子结点,以这些结点 K_i 为根的子树均已经是堆,因此,我们只需要从完全二叉树中编号最大的分支结点 K_i 开始,依次对 i=n/2,n/2−1,n/2−2,$\cdots$,1 为根的分支结点进行"筛运算",以便形成以每个分支结点为根的堆。对树的根结点 K_1 完成"筛选"后,则整个树就构成一个初始堆。

【例 10-7】 假设待排序的序列有 10 个记录,它们的关键字序列为:(45,36,18,53,72,30,48,93,15,36),要求用筛选法建立其初始堆,并画出建立初始堆的过程示意图。

【解】 用筛选法建立初始堆的过程如图 10.11 所示。由于结点数 n=10,所以从编号为 i=n/2=5 的结点 K_5=72 开始,到树的根结点时为止,依次对每个分支结点进行"筛运算"。图 10.11(a)是按原始记录的关键字序列建立的完全二叉树,图 10.11(b)~(f)是依次对每个分支结点进行"筛运算"的过程和结果,图 10.11(f)是最后建成的初始堆。

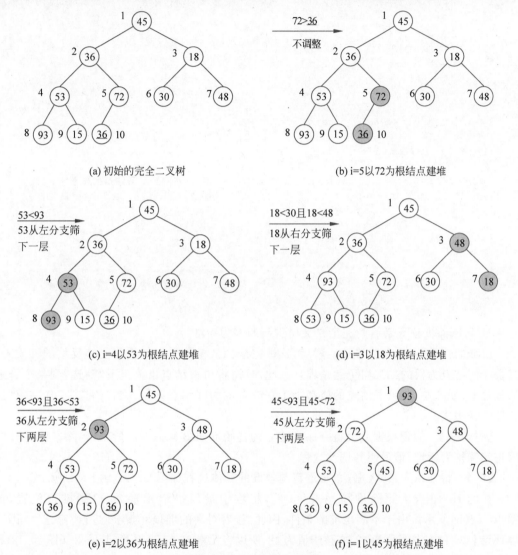

图 10.11 筛选法构造堆

"筛运算"的具体过程如下。

以分支结点 K_i 为根结点,将根结点的关键字 K_i 与两个孩子中关键字较大者 K_j($j=2i$ 或 $j=2i+1$)进行比较;

若 $K_i \geqslant K_j$,说明以 K_i 为根的子树已构成堆,则"筛运算"结束;

若 $K_i \leqslant K_j$,则将 K_i 与 K_j 互换位置;互换后若破坏了以 K_j 为根的堆,就继续将根结点 K_j 与新的孩子结点中关键字较大者进行比较,其余类推,直到 K_j 的关键字大于或等于两个孩子结点的关键字或者使其成为叶结点时为止。这样以 K_i 为根的子树就构成一个堆。"筛运算"的过程就像"过筛子"一样,将较小的关键字逐层"筛选"下去,把最大的关键字逐层"筛选"上来,所以将建堆的过程形象地称为"筛运算"。

对 r[i]进行"筛运算"的函数 Shift()：

```c
1.  void Shift(rectype r[],int i,int m)      //堆的筛选算法——在r[i]到r[m]中调整堆
2.  {
3.      int j;
4.      rectype temp;
5.      temp = r[i];
6.      j = 2 * i;
7.      while (j <= m)                         //j≤m, r[2 * i]是r[i]的左孩子
8.      {
9.          if ((j<m)&&(r[j].key<r[j+1].key))
10.             j++;                           //j 指向 r[i]左右孩子中关键字大者
11.         if(temp.key < r[j].key)            //若孩子关键字大于父亲结点
12.         {
13.             r[i] = r[j];                   //将 r[j]调到父亲结点的位置上
14.             i = j;                         //修改 i 和 j 的值,以便继续"筛"结点
15.             j = 2 * i;
16.         }
17.         else
18.             j = m + 1;
19.     }                                      //调整完毕,退出循环
20.     r[i] = temp;                           //将被筛选的结点放入正确的位置
21. }
```

2）将删除堆顶元素后的完全二叉树重新调整为新堆

由堆的性质可知,删除堆顶元素后,这棵完全二叉树除了根结点可能违反堆的性质外,其余任何结点为根的二叉树仍然是堆。因此,只需将树根结点由上至下"筛选"到某个合适的位置上,使其左、右孩子结点的值都小于它或者成为叶结点即可。当"筛选"工作结束时,新堆已经构成。

【例 10-8】 假设根据其关键字序列建立的初始堆如图 10.12(a)所示,删除堆顶元素 93 后将其调整为新堆,请说明其调整过程。

【解】 将堆顶元素 93 删除,并重新调整堆的具体过程如图 10.12(b)～(d)所示。

在例 10-8 中,当删除堆顶元素 93 后,将堆中最后一个元素 36 放到堆顶位置,如图 10.12(b)所示。由于不满足堆的条件,因此,接着对新的堆顶元素 36 进行"筛选"。因为堆顶元素 36 的左孩子值为 72,右孩子值为 48,所以将元素 36 与 72 互换,其结果如图 10.12(c)所示。由于交换位置后,元素 36 的新左、右孩子值分别为 53 和 45,仍然不能满足堆的条件；因此,继续将元素 36 与其左孩子 53 互换位置,其结果如图 10.12(d)所示。经过这次交换后,元素 36 与其左孩子值 36 相等且大于其右孩子值 15,已经满足堆的条件,此次"筛选"工作结束,新堆已经重新建立。

3）堆排序

堆排序是一种利用堆的特性进行排序的方法。堆排序的基本思路是：根据原始记录的关键字序列建立初始堆,使得堆顶元素是关键字最大的记录,然后删除堆顶元素并将其保存到数组中；继续调整剩余的记录关键字序列使之重新构成一个新堆,再删除堆顶元素得到关键字为次大的记录并将其保存到数组中；如此反复,直到堆中只有一个记录时为止。此时,数组中所有元素是一个按记录关键字从小到大顺序排列的有序序列。

实现堆排序的具体过程如下：

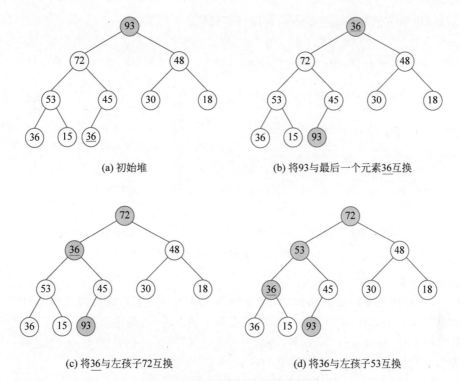

图 10.12 删除堆顶后堆的调整示意图

(1) 将待排序的记录按顺序输入完全二叉树中,然后用筛选函数 Shift()建立初始堆;
(2) 将堆顶元素 r[1]与堆中最后一个元素 R[n]互换,使 r[n]成为最大关键字;
(3) 用筛选函数 Shift()将树根结点 r[1]继续"筛选"到合适的位置上,重新构成新堆;
(4) 重复上述步骤(2)、(3),经过 n−1 次交换和"筛选"后,就完成了堆排序。
堆排序算法的 C 语言描述如下:

```
1.  void Heap_Sort(rectype r[ ])      //对数组 r[1]到 r[NUM]进行堆排序
2.  {
3.      rectype temp;
4.      int i, n;
5.      n = NUM;                      //NUM 为数组的实际长度
6.      for(i = n/2; I > 1; i−− )     //建立初始堆
7.          Shift(r, i, n);
8.      for(i = n; i > 1; i−− )       //进行 n−1 趟筛选、交换和调整
9.      {
10.         temp = r[1];              //将堆顶元素 r[1]与最后一个元素交换
11.         r[1] = r[i];
12.         r[i] = temp;
13.         Shift(r, 1, i−1);         //将元素 r[1]到 r[i−1]重新调整为堆
14.     }
15. }
```

【例 10-9】 假设 n=8,数组 r 中的关键字序列为(36,25,48,12,65,43,20,58),请用图形表示堆排序的全部过程。

【解】 本例省略构建堆构建过程,图 10.13(a)所示为构堆时数组 r 中每趟的变化情况;

图 10.13(b)中带方框的关键字表示已排序的关键字。

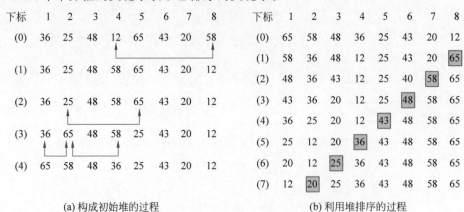

(a) 构成初始堆的过程　　　　　　　　(b) 利用堆排序的过程

图 10.13　堆排序过程示意图

【算法分析】

堆排序的时间主要由建立初始堆的时间和不断调整重建新堆的时间这两部分构成。建立初始堆时,调用 Shift()函数对每个非叶结点自上而下进行"筛选",需要进行 n/2 次"筛运算";重建新堆时,每次进行"筛运算"将根结点"下沉"到合适的位置上,需要进行 n−1 次"筛运算",因此整个堆排序过程需要进行 n−1+[n/2]次"筛运算"。

在每次"筛选"过程中,父子或兄弟结点关键字的比较次数和记录的移动次数都不会超过完全二叉树的高度。显然,具有 n 个结点的完全二叉树的高度 $h = \log_2 n + 1$,每次筛运算总的比较次数不超过 $\log_2 n + 1$,记录的移动次数不会超过比较次数,因此,每次筛运算的时间复杂度为 $O(\log_2 n)$,n/2 次筛运算总的时间复杂度为 $O(n\log_2 n)$。那么堆排序总的时间复杂度就是 $O(n\log_2 n)$。在最坏的情况下,堆排序算法的时间复杂度也是 $O(n\log_2 n)$。堆排序是一种就地排序方法。在排序中只需一个辅助单元,其算法的空间复杂度为 $O(1)$。

堆排序同样是一种不稳定的排序方法。这是因为在堆排序过程中,需要进行不相邻记录之间的交换和移动。堆排序是对选择排序的一种改进,适合待排序的记录数 n 比较大的情况。

10.6　归并排序

归并排序是逐步将多个有序子表经过若干次归并操作,最终合并成一个有序表的过程。所谓归并,就是将两个或多个有序表合并成一个有序表的过程。

归并的方式有多种,若将两个有序表合并成一个有序表则称为二路归并,同理,有三路归并、四路归并等。二路归并排序是最常用的排序方法,它既适合内排序,也适合外排序,本节仅介绍二路归并排序。

10.6.1　一次归并

二路归并排序的基本思路如下:

(1) 将有 n 个原始记录的无序表看成是由 n 个长度为 1 的有序子表组成;

(2) 将相邻的两个有序子表进行归并,即将第一个表和第二个表合并,第三个表和第四个表合并,……。若最后只剩下一个表,则进入下一趟归并,这样就得到 n/2 个长度为 2 或 1 的有序表,称此为一趟归并;

(3) 重复步骤(2),直到归并第 $\log_2 n$ 趟以后得到一个长度为 n 的有序表为止。

【例 10-10】 假设有 9 个记录,其关键字为:(34,39,31,20,50,10,14,28,17),说明二路归并排序的执行过程。

二路归并排序的过程如图 10.14 所示。进行第 1 趟归并时,共有 9 个有序子表,两两归并后,共有 5 个有序子表,其中前 4 个有序子表的长度为 2,最后一个有序子表的长度为 1;继续执行二路归并过程,经过第 4 趟归并后,就得到一个长度为 9 的有序表。

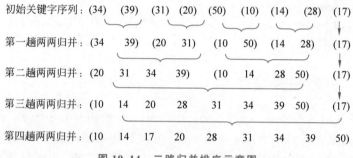

图 10.14 二路归并排序示意图

从二路归并排序的执行过程可以看出,归并排序包含以下两种基本操作:

(1) 一次归并:将两个位置相邻长度为 L 的有序子表合并成一个长度为 2L 的有序子表。

(2) 一趟归并:依次将 m 个长度为 L 的相邻有序子表从左向右两两进行归并,得到个数为 m/2 且长度为 2L 的相邻有序子表。

假设 a[low…m] 和 a[m+1…high] 表示存储在同一个数组中并且相邻的两个有序子表。若将两个相邻的有序子表合并成一个有序表 r[low…high],则两个相邻有序子表的一次归并过程如下:

(1) 将下标变量初始化,设置 3 个变量 i,j,k 分别指向这些有序子表的起始位置,它们的初值分别为: i=low,j=m+1,k=low;

(2) 归并时,依次比较数组 a[i] 和 a[j] 的关键字,取关键字小者复制到数组 r[k] 中,即:
若 a[i].key < a[j].key,则 r[k]=a[i],i=i+1,k=k+1;
若 a[i].key > a[j].key,则 r[k]=a[j],j=j+1,k=k+1;

(3) 重复上述步骤(2),直到其中某个有序子表全部合并到数组 r[low…high] 为止;

(4) 将另外一个有序子表的剩余记录全部复制到数组 r[low…high] 中;

(5) 如果两个相邻的有序子表 a[low…m] 和 a[m+1…high] 中的全部记录都复制到有序表 r[low…high] 中,则算法结束。

两个相邻有序子表的一次归并算法为:

```
1. void Merge(rectype r[ ],rectyp a[ ],int low,int mid,int high)
2. //两个相邻有序子表,合并结果存到r[low]~r[high]中
3. {
4.     int i, j, k;
```

```
5.      i = low;
6.      j = mid + 1;
7.      k = low;
8.      while((i <= mid) && (j <= high))        //两个相邻有序子表归并
9.      {
10.         if(a[i].key <= a[j].key)            //取两表中小者复制
11.             r[k++] = a[i++];
12.         else
13.             r[k++] = a[j++];
14.     }
15.     while(i <= mid)
16.         r[k++] = a[i++];                    //复制第一个有序子表剩余记录
17.     while(j <= high)
18.         r[k++] = a[j++];                    //复制第二个有序子表剩余记录
19. }
```

10.6.2 一趟归并排序

一趟归并排序的基本思路：把若干个长度为 length 的相邻有序子表，从左到右两两进行归并，得到个数减半的若干个长度为 2×length 的相邻有序子表。一趟归并算法设计中要注意的一个问题是：若表中记录数 n 是 2×length 的整数倍时，两两归并正好完成 n 个记录的一趟归并排序；若 n 不是 2×length 的整数倍，则必须对剩余的表长不足 length 和不足 2×length 的情况分别进行处理。这时具体的处理方法是：

（1）若剩余记录个数大于 length 而小于 2×length，将前 length 个记录作为一个子表，把另外剩余的记录作为最后一个子表，然后用同样的一趟归并算法进行排序；

（2）若剩余的记录个数小于 length，不用进行两两归并，直接将它们复制到数组中。

一趟归并排序的步骤如下：

（1）初始化变量，将变量 i 指向当前待归并的第一个有序表的起始位置；

（2）对相邻的有序子表进行一次归并；

（3）最后分别处理表的长度不足 length 和不足 2×length 的情况。

一趟归并排序算法如下：

```
1.  //二路归并——依次将相邻的有序子表两两归并
2.  void Merge_pass(rectype r[ ], rectype r1[ ], int length)
3.  //对数组 R 进行一趟归并,并将结果存放在数组 R1 中,length是一趟归并中有序子表长度
4.  {
5.      int i, j, n = NUM;                      //NUM 为数组的实际长度
6.      i = 1;                                  //i 指向第一对有序子表的起点
7.      while ((i + 2 * length - 1) <= n)
8.      {
9.          merge(r, r1, i, i + length - 1, i + 2 * length - 1);
10.         i = i + 2 * length;                 //i 指向下一对有序子表起点
11.     }
12.     if(i + length - 1 < n)                  //处理表长不足 2×length 的部分
13.         merge(r, r1, i, i + length - 1, n);
14.     else                                    //处理子文件个数为奇数,表长小于 length
15.         for(j = i; j <= n; j++)             //将最后一个有序子表复制到 r1 中
```

```
16.         r1[j] = r[j];
17. }
```

10.6.3 二路归并排序

二路归并排序就是多次调用一趟归并排序过程。第 1 趟归并时,有序子表的长度为 1,每趟归并后有序子表的长度为上一次长度的 2 倍,当有序子表的长度为 n 时,则排序结束。

二路归并排序算法如下:

```
1. void Merge_Sort(rectype r[ ])
2. {
3.      int i,length,r[MAX],r1[MAX];
4.      length = 1;                    //归并长度从 1 开始
5.      while(length < NUM)
6.      {
7.          merge_pass(r,r1,length);   //一趟归并结果放 r1 中
8.          length = 2 * length;       //归并后有序表的长度加倍
9.          merge_pass(r1, r, length); //再次归并,结果放 r 中
10.         length = 2 * length;       //将归并后有序表长度加倍
11.     }
12. }
```

【算法分析】

二路归并排序的时间复杂度等于归并的趟数与每一趟时间复杂度的乘积。将 n 个记录进行二路归并时,其归并趟数最多为 $\log_2 n + 1$。在每一趟归并中,记录关键字的比较次数和记录的移动次数均不超过记录的总个数 n,因此,每趟归并的时间复杂度为 $O(n)$,二路归并排序总的时间复杂度为 $O(n\log_2 n)$。

二路归并排序的最大缺点是增加了 n 个记录的辅助数组用于临时存放数据,因此,二路归并排序的空间复杂度为 $O(n)$。归并排序是一种稳定的排序方法。

10.7 各种内排序方法的比较和选择

从前面的比较和分析可知,每一种排序方法都有其优缺点,适用于不同的情况。在实际应用中,应根据具体情况进行选择。

各种内排序算法之间的比较如表 10.1 所示,主要从以下 7 个方面综合考虑:①时间复杂度;②空间复杂度;③稳定性;④算法的简单性;⑤参加排序的数据规模 n;⑥记录本身的信息量的大小;⑦关键字的结构和初始状态。

表 10.1 排序方法比较

排序方法	时间复杂度			空间复杂度	稳定性	简单性
	平均情况	最好情况	最坏情况			
冒泡排序	$O(n^2)$	$O(n)$	$O(n^2)$	$O(1)$	稳定	简单
直接插入	$O(n^2)$	$O(n)$	$O(n^2)$	$O(1)$	稳定	简单

续表

排序方法	时间复杂度			空间复杂度	稳定性	简单性
	平均情况	最好情况	最坏情况			
直接选择	$O(n^2)$	$O(n^2)$	$O(n^2)$	$O(1)$	不稳定	简单
希尔排序	$O(n^{1.5})$			$O(1)$	不稳定	较复杂
快速排序	$O(nlog_2 n)$	$O(nlog_2 n)$	$O(n^2)$	$O(log_2 n)$	不稳定	较复杂
堆排序	$O(nlog_2 n)$	$O(nlog_2 n)$	$O(nlog_2 n)$	$O(1)$	不稳定	较复杂
归并排序	$O(nlog_2 n)$	$O(nlog_2 n)$	$O(nlog_2 n)$	$O(n)$	稳定	较复杂

1) 时间复杂度

常用的内排序方法按平均时间复杂度可分为 3 类:

(1) 平方阶 $O(n^2)$ 排序,一般称为简单排序,例如,直接插入排序、直接选择排序和冒泡排序;

(2) 线性对数阶 $O(nlog_2 n)$ 排序,例如,堆排序、归并排序和快速排序;

(3) $O(n^{1+e})$ 阶排序,例如,希尔排序,e 是介于 0 和 1 之间的常数。

从表 10.1 中可以看出,在平均情况下,堆排序、归并排序和快速排序的时间复杂度均为 $O(nlog_2 n)$,它们都能达到较快的排序速度。进一步分析可知,快速排序是上述排序中平均速度最快的排序方法。在最好的情况下,当参加排序的原始数据基本有序或局部有序时,冒泡排序和直接插入排序是速度最快的排序方法,其时间复杂度为 $O(n)$;在最坏的情况下,堆排序和归并排序速度最快,其时间复杂度为 $O(nlog_2 n)$。

2) 空间复杂度

所有排序方法的空间复杂度可归为 3 类:

(1) 归并排序属于第一类,它的空间复杂度为 $O(n)$;

(2) 快速排序属于第二类,其空间复杂度为 $O(log_2 n)$;

(3) 其他排序方法属于第三类,其空间复杂度为 $O(1)$;

由此可知,归并排序的空间复杂度最差。

3) 稳定性

所有的排序方法可分为稳定排序和不稳定排序两种。从表 10.1 中可知,直接插入排序、冒泡排序和归并排序是稳定的排序;而直接选择排序、堆排序、快速排序和希尔排序是不稳定的排序。

4) 算法的简单性

插入排序、选择排序和冒泡排序都是简单的排序方法,而希尔排序、快速排序、堆排序和归并排序都可以看成是对某一种简单排序方法的进一步改进。改进后的排序方法比对应的排序方法要复杂。

5) 参加排序的数据规模 n

当 n 比较小时,采用简单的排序方法比较好;当 n 很大时,采用时间复杂度为 $O(nlog_2 n)$ 的排序方法比较好。这是因为,若 n 越小,则 n^2 与 $nlog_2 n$ 的差距就越小,采用简单排序算法效率比较高;若 n 越大,则 n^2 与 $nlog_2 n$ 的差距就越大,选用快速排序、堆排序和归并排序算法效率高。

6) 记录本身的信息量

记录本身的信息量大,表明记录所占用的存储字节数多,移动记录所需要的时间也就越多,这对移动记录次数较多的算法不利。例如,在简单排序算法中,直接选择排序移动记录的次数为 n 数量级,冒泡排序和直接插入排序为 n^2 数量级,所以当记录本身信息量比较大时,对直接选择排序算法有利,而对冒泡排序和直接插入排序不利。在堆排序、快速排序、归并排序和希尔排序中,记录本身信息量的大小对它们的影响区别不大。

7) 关键字的初始状态

若参加排序的原始记录关键字的初始状态是基本有序的,则应选用冒泡排序、直接插入排序或随机的快速排序。

下面为综合考虑所得出的大致结论:

(1) 若参加排序的记录数 n 较小(如 n≤50),且记录按关键字基本有序或局部有序,则选择直接插入排序和冒泡排序的效率最高。若要求稳定排序,则应选择直接插入排序;

(2) 若待排记录数 n 较小(如 n≤50)时,可用简单的排序方法,如直接插入排序、冒泡排序和直接选择排序。这些排序算法比较简单。由于直接选择排序记录的移动次数比直接插入排序和冒泡排序要少,因此,当记录本身信息量较大时,采用直接选择排序比较好;

(3) 若参加排序的记录数 n 较大时,则应选择时间复杂度为 $O(nlog_2 n)$ 的排序方法,例如,快速排序、堆排序或归并排序。快速排序目前被认为是在平均情况下最好的排序方法。若参加排序的记录关键字是随机分布的,则快速排序算法的平均运行时间最短。堆排序不会出现快速排序可能出现的最坏情况,并且只需要一个辅助存储空间。堆排序和快速排序都是不稳定的排序,若要求稳定的排序,并且内存空间容许,则应采用归并排序;

(4) 若参加排序的记录数 n 较大,且记录按关键字基本有序(为正序)或局部有序,则采用堆排序和归并排序比较好;

(5) 本章所述的内排序算法,都是在一维数组上实现的。当记录本身信息量比较大时,为避免耗费大量时间移动记录,可以用链表作为存储结构。

10.8 案例分析与实现

本章 10.2 节中【例 10-1】社区 0~12 岁儿童疫苗注射信息管理系统,主要是对社区现有儿童疫苗注射信息按需进行排序并显示信息。本节对社区 0~12 岁儿童疫苗注射信息管理系统进行排序算法的设计及实现。

【问题实现】

```
1. #include<stdio.h>
2. #include<stdlib.h>
3. #include<string.h>
4. #define MAXSIZE 50
```

1. 数据结构定义

```
1. typedef struct community
2. {
```

```
3.      char id[10];                        //社区编号
4.      char community_name[20];            //社区名
5.      int community_numberofchildren;     //社区儿童人数
6.      int vaccination_children;           //社区儿童疫苗注射人数
7.      float vaccine_injection_rate;       //社区儿童疫苗注射率
8. }Com;
9. typedef struct sqlist
10. {
11.     Com data[MAXSIZE];                  //定义顺序表存储社区信息
12.     int length;
13. }SqList;
```

2. 算法实现

1)初始化社区信息表

```
1. int InitList(SqList *&L)
2. {
3.      L = (SqList *)malloc(sizeof(SqList));   //动态分配顺序表
4.      L->length = 0;                          //初始化顺序表中元素个数
5.      return 1;
6. }
```

2)录入社区信息

```
1. int CreateList(SqList *&L)
2. {
3.      int i;
4.      int n;
5.      InitList(L);                        //先调用完成初始化
6.      printf("请输入社区数:\n");
7.      scanf("%d",&n);
8.      printf("请依次输入社区儿童疫苗注射的相关信息:\n");
9.      Com e;                              //定义结构体变量e
10.     for(i = 0;i < n;i++)
11.     {
12.         printf("请输入第%d个社区编号:\n",i+1);
13.         scanf("%s",&e.id);
14.         printf("请输入第%d个社区名:\n",i+1);
15.         scanf("%s",&e.community_name);
16.         printf("请输入第%d个社区儿童人数:\n",i+1);
17.         scanf("%d",&e.community_numberofchildren);
18.         printf("请输入第%d个社区儿童注射疫苗人数:\n",i+1);
19.         scanf("%d",&e.vaccination_children);
20.         e.vaccine_injection_rate = float(e.vaccination_children)/e.community_numberofchildren;
21.         L->data[i] = e;                 //将信息存入结构体变量e中,再赋值给数组元素
22.     }
23.     L->length = n;                      //实时更新表中元素个数
24.
25.     printf("------------ok------------------\n");
26.     return 1;
27. }
```

3) 显示社区信息

```
1. void ShowList(SqList *L)
2. {
3.     int i;
4.     Com e;                                    //定义结构体变量 e
5. //循环将数组中元素值赋值给结构体变量 e,并输出显示
6.     for(i = 0;i < L -> length;i++)
7.     {
8.         e = L -> data[i];
9.         printf("%s    %s    %d    %d    %f",e.id,e.community_name,e.community_
   numberofchildren,e.vaccination_children,e.vaccine_injection_rate);
10.        printf("\n");
11.    }
12.    printf("------------------------------------------------------- \n");
13. }
```

4) 将社区信息按社区儿童人数升序排序,并显示(采用直接插入排序算法)。

```
1. void insert_sort(SqList *&L)
2. {
3.     int i,j;
4.     Com tmp;                                  //定义结构体变量 tmp
5.     for(i = 1;i < L -> length;i++)
6.     {
7.         tmp = L -> data[i];                   //tmp 是监视哨
8.         j = i - 1;
9. while(j >= 0&&tmp.community_numberofchildren < L -> data[j].community_numberofchildren)
10.        {
11.            L -> data[j + 1] = L -> data[j];  //将大的记录后移
12.            j -- ;
13.        }
14.        L -> data[j + 1] = tmp;               //将 data[i]插入有序表合适位置
15.    }
16.    ShowList(L);
17. }
```

5) 将社区信息按社区儿童疫苗注射人数降序排序,并显示(采用冒泡排序算法)。

```
1. void bubble_sort(SqList *&L)
2. {
3.     int i,j;
4.     Com tmp;                                  //定义结构体变量 tmp
5.     bool exchange;                            //exchange 为交换标志
6.     for(i = 0;i < L -> length;i++)
7.     {
8.         exchange = false;                     //exchange = false 表示没有记录交换
9.         for(j = L -> length - 1;j > i;j -- )
10.        {
11.                                              //交换记录
12.            if(L -> data[j].vaccination_children > L -> data[j - 1].vaccination_children)
13.            {
```

```
14.                    tmp = L->data[j];
15.                    L->data[j] = L->data[j-1];
16.                    L->data[j-1] = tmp;
17.                    exchange = true;
18.                }
19.            }
20.            if(!exchange)
21.                break;
22.        }
23.        ShowList(L);
24. }
```

6) 将社区信息按社区儿童疫苗注射率升序排序,并显示(采用直接选择排序算法)。

```
1.  void select_sort(SqList *&L)
2.  {
3.      int i,j,k;
4.      Com tmp;                            //定义结构体变量 tmp
5.      for(i=0;i<L->length-1;i++)
6.      {
7.          k=i;
8.          for(j=i+1;j<L->length;j++)
9.          {
10.             if(L->data[j].vaccine_injection_rate<L->data[k].vaccine_injection_rate)
11.             {
12.                 k=j;
13.             }
14.         }
15.         //两条记录进行交换
16.         if(k!=i)
17.         {
18.             tmp=L->data[i];
19.             L->data[i]=L->data[k];
20.             L->data[k]=tmp;
21.         }
22.     }
23.     ShowList(L);
24. }
```

3. 主函数

```
1.  int main()
2.  {
3.      SqList *L=NULL;                                     //顺序表
4.      int i;
5.      do{
6.          printf("************************                        \n");
7.          printf("\t\t|   社区 0~12 岁儿童疫苗注射管理系统         |\n");
8.          printf("\t\t|                菜单                        |\n");
9.          printf("\t\t|   (1) 录入社区数据                         |\n");
10.         printf("\t\t|   (2) 显示社区信息                         |\n");
11.         printf("\t\t|   (3) 按社区儿童人数升序显示社区信息       |\n");
12.         printf("\t\t|   (4) 按社区儿童疫苗注射人数降序显示社区信息|\n");
```

```
13.         printf("\t\t| (5) 按社区儿童疫苗注射率升序显示社区信息|\n");
14.         printf("\t\t| (0) 退出                                    |\n");
15.         printf("*********************************************\n");
16.         printf("\nPlease select(1,2,3,4,5,0):");
17.         scanf(" % d",&i);
18.         switch(i)
19.            {
20.                case 1:
21.                    CreateList(L);
22.                    break;
23.                case 2:
24.                    ShowList(L);
25.                    break;
26.                case 3:
27.                    insert_sort(L);
28.                    break;
29.                case 4:
30.                    bubble_sort(L);
31.                    break;
32.                case 5:
33.                    select_sort(L);
34.                    break;
35.                case 0:
36.                    exit(0);
37.                default:
38.                    printf("输入有误,请重新输入!\n");
39.                    break;
40.            }
41.      }while(1);
42.      return 0;
43.}
```

【运行结果】

社区信息录入运行结果如图 10.15 所示。

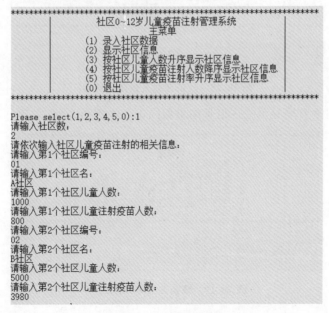

图 10.15 社区信息录入

社区信息显示运行结果如图 10.16 所示。

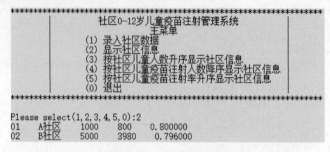

图 10.16　社区信息显示

社区人数升序显示社区信息结果如图 10.17 所示。

图 10.17　社区人数升序显示

社区疫苗注射人数降序显示社区信息结果如图 10.18 所示。

图 10.18　疫苗注射人数降序显示

社区疫苗注射率升序显示社区信息结果如图 10.19 所示。

图 10.19　疫苗注射率升序显示

10.9 小结

(1) 排序是软件设计中最常用的运算之一。排序分为内部排序和外部排序,涉及多种排序的方法。内部排序是将待排序的记录全部放在内存的排序。

(2) 插入排序的原理:向有序序列中依次插入无序序列中待排序的记录,直到无序序列为空,对应的有序序列即为排序的结果,其主旨是"插入"。

(3) 交换排序的原理:先比较关键字的大小,如果逆序就进行交换,直到有序,其主旨是"若逆序就交换"。

(4) 选择排序的原理:先找关键字最小的记录,再放到已排好序的序列后面,依次选择,直到全部有序,其主旨是"选择"。

(5) 归并排序的原理:依次对两个有序子序列进行合并,直到合并为一个有序序列为止,其主旨是"合并"。

习题 10

一、填空题

1. 大多数排序算法都有两个基本的操作:_____和_____。

2. 在对一组记录(54,38,96,23,15,72,60,45,83)进行直接插入排序时,当把第 7 个记录 60 插入有序表时,为寻找插入位置至少需比较_____次。

3. 在插入和选择排序中,若初始数据基本正序,则选用_____;若初始数据基本反序,则选用_____。

4. 在堆排序和快速排序中,若初始记录接近正序或反序,则选用_____;若初始记录基本无序,则最好选用_____。

5. 对于 n 个记录的集合进行冒泡排序,在最坏的情况下所需要的时间是_____。若对其进行快速排序,在最坏的情况下所需要的时间是_____。

6. 对于 n 个记录的集合进行归并排序,所需要的平均时间是_____,所需要的附加空间是_____。

7. 对于 n 个记录的表进行二路归并排序,整个归并排序需进行_____趟。

8. 设要将序列(Q,H,C,Y,P,A,M,S,R,D,F,X)中的关键字按字母序的升序重新排列,则冒泡排序一趟扫描的结果是_____;初始步长为 4 的希尔(Shell)排序一趟的结果是_____;二路归并排序一趟扫描的结果是_____;快速排序一趟扫描的结果是_____;堆排序初始建堆的结果是_____。

9. 在堆排序、快速排序和归并排序中,若只从存储空间考虑,则应首先选取_____方法,其次选取快速排序方法,最后选取归并排序方法;若只从排序结果的稳定性考虑,则应选取_____方法;若只从平均情况下最快考虑,则应选取_____方法;若只从最坏情况下最快并且要节省内存考虑,则应选取_____方法。

二、选择题

1. 将 5 个不同的数据进行排序,至多需要比较(　　)次。
    A. 8　　　　　　B. 9　　　　　　C. 10　　　　　　D. 25
2. 排序方法中,从未排序序列中依次取出元素与已排序序列(初始时为空)中的元素进行比较,将其放入已排序序列的正确位置上的方法,称为(　　)。
    A. 希尔排序　　　B. 冒泡排序　　　C. 插入排序　　　D. 选择排序
3. 从未排序序列中挑选元素,并将其依次插入已排序序列(初始时为空)的一端的方法,称为(　　)。
    A. 希尔排序　　　B. 归并排序　　　C. 插入排序　　　D. 选择排序
4. 对 n 个不同的关键字进行冒泡排序,在下列哪种情况下比较的次数最多?(　　)
    A. 从小到大排列好的　　　　　　B. 从大到小排列好的
    C. 元素无序　　　　　　　　　　D. 元素基本有序
5. 对 n 个不同的关键字进行冒泡排序,在元素无序的情况下比较的次数为(　　)。
    A. n+1　　　　　B. n　　　　　　C. n−1　　　　　D. n(n−1)/2
6. 快速排序在下列哪种情况下最易发挥其长处?(　　)
    A. 被排序的数据中含有多个相同关键字
    B. 被排序的数据已基本有序
    C. 被排序的数据完全无序
    D. 被排序的数据中的最大值和最小值相差悬殊
7. 对有 n 个记录的表作快速排序,在最坏情况下,算法的时间复杂度是(　　)。
    A. $O(n)$　　　　B. $O(n^2)$　　　C. $O(n\log_2 n)$　　D. $O(n^3)$
8. 若一组记录的关键字为(46,79,56,38,40,84),则利用快速排序的方法,以第一个记录为基准得到的一次划分结果为(　　)。
    A. 38,40,46,56,79,84　　　　　　B. 40,38,46,79,56,84
    C. 40,3846,56,79,84　　　　　　　D. 40,38,46,84,56,79
9. 下列关键字序列中,(　　)是堆。
    A. 16,72,31,23,94,53　　　　　　B. 94,23,31,72,16,53
    C. 16,53,23,94,31,72　　　　　　D. 16,23,53,31,94,72
10. 堆是一种(　　)排序。
    A. 插入　　　　　B. 选择　　　　　C. 交换　　　　　D. 归并
11. 堆的形状是一棵(　　)。
    A. 二叉排序树　　B. 满二叉树　　　C. 完全二叉树　　D. 平衡二叉树
12. 若一组记录的关键字为(46,79,56,38,40,84),则利用堆排序的方法建立的初始堆为(　　)。
    A. 79,46,56,38,40,84　　　　　　B. 84,79,56,38,40,46
    C. 84,79,56,46,40,38　　　　　　D. 84,56,79,40,46,38
13. 下述几种排序方法中,要求内存最大的是(　　)。
    A. 插入排序　　　B. 快速排序　　　C. 归并排序　　　D. 选择排序

三、判断题

1. 如果某种排序算法不稳定,则该排序方法就没有实用价值。　　　　(　　)
2. 希尔排序是不稳定的排序。　　　　　　　　　　　　　　　　　　(　　)
3. 冒泡排序是不稳定的排序。　　　　　　　　　　　　　　　　　　(　　)
4. 对 n 个记录进行快速排序,所需的平均时间是 O(nlogn)。　　　　　(　　)
5. 堆排序所需的时间与待排序的记录个数无关。　　　　　　　　　　(　　)
6. 当待排序的元素个数很多时,为了交换元素的位置要占用较多的时间,这是影响时间复杂度的主要因素。　　　　　　　　　　　　　　　　　　　　　　　　　(　　)
7. 快速排序在任何情况下都比其他排序方法速度快。　　　　　　　　(　　)
8. 对快速排序来说,初始序列为正序或反序都是最坏的情况。　　　　(　　)
9. 采用归并排序可以实现外排序。　　　　　　　　　　　　　　　　(　　)
10. 采用希尔排序时,若原始关键字的排序杂乱无序,则效率最高。　　(　　)

四、简答题

1. 已知序列{3,20,23,46,3,30},请给出采用冒泡排序法对该序列作升序排列时每一趟的排序结果。注意:需要标注出有序区。

2. 已知序列{35,14,26,49,5,26},请给出采用直接插入排序法对该序列作升序排列时的每一趟的排序结果。注意:需要标注出有序区。

3. 已知序列{36,84,67,41,17,24,50,78,30,9,100,3,41,95},请给出采用希尔排序法对该序列作升序排列时的每一趟的排序结果(三趟排序的步长因子分别取 5、3、1)。注意:需要标注出有序区。

4. 已知序列{45,34,62,93,86,11,23,45},请给出采用快速排序法对该序列作升序排列时的每一趟的排序结果。注意:需要标注出有序区。

5. 已知序列{15,29,46,37,8,29},请给出采用简单选择排序法对该序列作升序排列时的每一趟的排序结果。注意:需要标注出有序区。

6. 已知序列{12,6,4,11,10,2,3,8,5,7,9,1}请给出采用二路归并排序法对该序列作升序排列时的每一趟的排序结果。注意:需要标注出有序区。

五、算法题

1. 完成如下程序

```
int BinSearch(SeqList * R,int n,KeyType K)
{
//在有序表 R[0..n-1]中进行二分查找,成功时返回结点的位置,失败时返回-1
  int low = 0,high = n-1,mid;        //置当前查找区间上、下界的初值
  while(            )
  {
    if(R[low].key == K)
      return low;
    if(R[high].key == k)
      return high;                    //当前查找区间 R[low..high]非空
```

```
            ;
    if(R[mid].key == K)
        return mid;              //查找成功返回
    if(R[mid].key < K)
        low = mid + 1;           //继续在 R[mid + 1 … high]中查找
    else
        high = mid - 1;          //继续在 R[low … mid - 1]中查找
    }
    if(            )
        return - 1;              //当 low > high 时表示所查找区间内没有结果,查找失败
}
```

2. 以单项链表为存储结构,写出一个直接选择排序的算法。

参 考 文 献

[1] 李春葆.数据结构教程[M].5版.北京:清华大学出版社,2017.
[2] 严蔚敏,吴伟民.数据结构[M].北京:清华大学出版社,2014.
[3] 严蔚敏,李冬梅,吴伟民.数据结构(C语言版)[M].2版.北京:人民邮电出版社,2021.
[4] 王雅轩,李绍华,陶永鹏,等.实用数据结构[M].沈阳:辽宁人民出版社,2010.

图书资源支持

感谢您一直以来对清华版图书的支持和爱护。为了配合本书的使用,本书提供配套的资源,有需求的读者请扫描下方的"书圈"微信公众号二维码,在图书专区下载,也可以拨打电话或发送电子邮件咨询。

如果您在使用本书的过程中遇到了什么问题,或者有相关图书出版计划,也请您发邮件告诉我们,以便我们更好地为您服务。

我们的联系方式:

清华大学出版社计算机与信息分社网站: https://www.shuimushuhui.com/

地　　址:北京市海淀区双清路学研大厦 A 座 714

邮　　编:100084

电　　话:010-83470236　010-83470237

客服邮箱:2301891038@qq.com

QQ:2301891038(请写明您的单位和姓名)

资源下载:关注公众号"书圈"下载配套资源。

书圈

清华计算机学堂

观看课程直播